普通高等教育"十四五"规划教材

健康安全环境(HSE)概论

李雪琴　张秀兰　赵基钢　主　编

魏　忠　张海洋　李江兵　副主编

中国石化出版社

内 容 提 要

本书将健康安全环境理论知识与思想政治教育相结合，通过学习化工工程师的工程伦理准则、工程师的伦理责任、责任关怀实施准则等方面的内容，让学生理解化工类工程师的职业性质、职业道德与责任，并具备正确的价值观。重点介绍了 HSE 管理体系基本知识、化工 HSE 法律法规体系、风险管理、工艺安全管理、化学品的危险性及产品安全监管、安全仪表系统及功能安全、设备完整性管理、职业健康、事故与应急管理、危险与可操作性分析、环境保护与治理。

本书适合作为高等学校、大中专院校化工及相关专业教材使用。

图书在版编目(CIP)数据

健康安全环境(HSE)概论 / 李雪琴,张秀兰,赵基钢主编.—北京:中国石化出版社, 2022.8
普通高等教育“十四五”规划教材
ISBN 978-7-5114-6810-9

Ⅰ.①健… Ⅱ.①李… ②张… ③赵… Ⅲ.①安全生产-环境管理-安全管理体系-高等学校-教材 Ⅳ.①TB496

中国版本图书馆 CIP 数据核字(2022)第 142117 号

中国石化出版社出版发行

地址:北京市东城区安定门外大街 58 号
邮编:100011　电话:(010)57512500
发行部电话:(010)57512575
http://www.sinopec-press.com
E-mail:press@sinopec.com
北京柏力行彩印有限公司印刷
全国各地新华书店经销

*

710×1000 毫米 16 开本 19.75 印张 350 千字
2023 年 4 月第 1 版　2023 年 4 月第 1 次印刷
定价:58.00 元

《健康安全环境(HSE)概论》
编写人员

主　　编　李雪琴　张秀兰　赵基钢

副 主 编　魏　忠　张海洋　李江兵

参编人员　彭文才　袁　军　王荣杰　邓人攀

　　　　　徐小琳　吕　银　陈　凯　白兰莉

　　　　　王宗元　李　萌

序言

随着当今世界的生活水平质量不断提高，人们对自身安全、文明生产和美丽的环境的需求日益增加。健康、安全、环境(HSE)关系着每一个人的生命健康和财产的安全，影响着生态环境和社会环境。因此，将HSE理念植入工程人才的培养环节，让学生具备HSE的意识、理念和行动，是他们应该具备的科学素养和职业素养，也是他们在今后的工作和学习中要追求和关注的一个方向，更是他们进入化工行业的第一课。

《健康安全环境(HSE)概论》以学生能力与素质的培养为核心，充分调动和发挥学生自主学习的积极性和创造性，在培养学生专业能力的同时注意培养学生职业核心能力。同时，将健康安全环境理论知识与思想政治教育相结合，从诚信品质、职业道德、责任意识、敬业精神、社会责任等方面，弘扬健康安全环境文化，继承文化精髓，提高学生素养及培养正确的价值观，并能够让学生正确处理善与恶、诚实与虚伪、荣誉与耻辱等职业道德之间的冲突，守住职业道德底线，成为德才兼备的优秀人才，实现更全面的发展。

编著者在编写过程中，力求使本书具有以下特色：

(1) 将健康安全环境理论知识与思想政治教育相结合，使学生具备正确的价值观。

(2) 结合化工专业特点，用先进、系统的HSE教学内容带动HSE课程的建设和发展，在此基础上，使学生系统地掌握HSE方面的理论知识。

(3) 丰富HSE教材内容中的教学案例，选用典型化工事故教学案例激发学生的学习兴趣，并提高学生分析、解决问题的能力。

本书可作为化工及化工相关专业的本科教材，也可作为化学化工专业教师、化工工程师、高校学生、HSE 职场新人、HSE 工程师、HSE 管理者和从事化工相关工作的科研及工程技术人员的参考书。

在《健康安全环境(HSE)概论》编写过程中，不仅编者们竭尽了全力，也得到了很多专家、同行的支持和帮助：天津大学张金利教授、华东理工大学修光利教授给予了高水平的指点；中国石化青岛安全工程研究院首席专家刘小辉对本书的提纲提出了很多宝贵的建议；南京聚高工程技术有限公司朱东利工程师花费了大量时间和精力为本书提出了详细的修改意见；石河子大学化学化工学院魏忠教授、李明书记和李洪玲教授给予了热情关怀和指导；本教材还得到了石河子大学化学工程与技术一流学科建设经费的支持，在此表示深深的感谢！

由于 HSE 相关的知识体系庞大广博，编者水平有限，书中难免有不妥之处，敬请读者批评指正，以便修订时调整与改进。

目 录

绪 论

第一节 HSE的基础知识

一、HSE的定义

HSE这3个字母分别对应Health、Safety和Environment这3个英文单词。通常大家所说的HSE，泛指职业健康安全环境标准或职业健康安全环境管理体系。

Health(健康)广义上泛指一个人身体上并无任何职业疾病、职业伤害，在社会、心理和精神上仍然能够维持一种完善的状态。可以简单地理解为“让人们在不远的将来不受职业疾病的困扰”。在大多数情况下，很多慢性职业疾病的发生不是当时工作的时候发生的，刚开始接触一些，可能当时并没有对自身有什么大的影响，但可能由于接触时间长或接触剂量大了，在若干年后人们可能会遭遇职业疾病的困扰。

Safety(安全)是指在生产过程中，能够为劳动者不断改善劳动条件、消除不安全因素，保证劳动者职业健康和生命安全，不发生死亡、急救、受伤和未遂事件等，保证企业财产不受损失。可以理解为“让人们没有处于危险的环境，不要让人们受伤，人们就是安全的”。安全将对人们的生命、健康、财产的损害控制在人们可接受水平的一种相对的状态。一个人没有发生伤口、骨折，可以说这个人是相对安全的。

Environment(环境)是指与人们生活相关、影响人们生活的各种自然因素的总和，它不仅包括直接影响的各种自然因素的组合，而且包括间接影响的人与自然因素间相互形成的生态、社会关系的组合，如工作环境、自然环境、人文环境和社会环境及其组合等。人们要做到保护环境、不浪费资源、保护生态。人们通常所理解的保护环境，是指通过保护人类生活的自然环境，如大气环境、土壤环境、水环境、地质环境和生物环境等，让人们及人们的后代都可以一直健康、安全地生存下去。

HSE基础教育坚持的基本要义就是，HSE保护的是每一个人最基本的、健康安全的生存权益。

二、HSE课程的意义

HSE这门课程的相关知识是工科毕业生们应该具备的一种科学素养和职业素

养，更是同学们在今后的工作和学习中要追求和关注的一个方向。在即将走上工作岗位的大学生(包括研究生)中开设 HSE 课程，主要有两方面的意义。

1. 使学生具备 HSE 方面的素养

近年来，网上报道很多高校发生校园安全事故，包括一些著名的高校也都有安全事故的发生，高校校园安全已经受到了社会各界的广泛关注。仔细分析这些事故的发生原因，主要是校园内的一些安全防范意识存在问题，特别是事故发生之后我们吸取了多少教训，就会反映出我们在 HSE 方面的认识的不足。

通过本书的学习，学生们能够学习有关 HSE 方面的理论基础知识，意识到安全事故的危害性，学会如何面对危害、识别风险，认识到安全的重要性，增强在校园内的安全责任意识，树立 HSE 文化观念，具备 HSE 方面的素养，从而做出更专业的判断去规避风险。

2. 满足学生未来工作的需求

校内的学生关心的是自己的就业问题，而校外的企业则更关注自身的存亡问题。最显著的有关企业存亡的问题之一涉及保护环境。国家颁布了《中华人民共和国环境保护法》等一系列涉及保护环境的法律、法规等。不能满足环境保护要求的企业，随时都在消亡。

毕业后的学生进入社会后会看到听到很多不同的言论，比如“工厂要做 HSE，就会破产”“企业没有钱，所以做不了 HSE”。希望大家开阔视野，了解社会更全面的经济发展前景。当国家提出可持续发展战略时，这必将意味着其具有深刻丰富的内在意义。企业为什么要讲 HSE、要做 HSE，因为它对企业的发展和生存具有积极正面的影响。比如：HSE 相关工作的主要目的是，通过对 HSE 风险管理，预防事故的发生，生产运行按环境影响评价和排污许可证要求进行，环境排放符合限值要求。为了降低业务和服务的中断风险，确保公司业务和服务能持续开展。

现在我国越来越多的公司都在开展 HSE 工作。特别是跨国 500 强老牌企业和集团开展 HSE 的工作已经有几十年的历史，并积累了丰富的 HSE 实践经验，因为它们发现没有 HSE，公司业务就不可能稳定持续。目前，公司必须依据国家 HSE 相关的法律法规要求在公司内设置 HSE 工作岗位。因为每个公司需对其运营过程中 HSE 相关事务负责，生产活动产生的废水、废气、固体废物和噪声排放等都要达标，并且要符合控制限值，发生人身伤亡事故和员工职业健康损失，公司要承担法律责任和赔偿。

HSE 适用于各行各业，特别对于化工、制造、加工等面向市场的行业更重要，通过学习本书将会满足学生未来对 HSE 方面基础知识的需求，有利于学生在今后的工作中更好地应对 HSE 方面带来的新挑战。

第二节　HSE的产生

一、HSE的产生过程

1. 环境保护系列标准的产生

20世纪人类出现了多起环境污染公害事件，造成了居民非正常伤害和死亡，使得全球性环境问题变得越来越棘手。面对这些环境问题，专业人士开始关注全球的环境问题。1972年6月5日，联合国在瑞典斯德哥尔摩召开了“联合国人类环境会议”，会议通过了《人类环境宣言》，将每年的6月5日定为“世界环境日”。1987年，挪威在环境保护方面提出《我们的共同未来》，报告中首次提出了“可持续发展”的理念。

20世纪80年代开始，美国和西欧的一些公司开始建立各自的环境管理模式以响应“可持续发展”的号召，这是环境管理体系发展的雏形。1985年，荷兰首次提出建立企业环境管理体系的概念，1988年进行试行。

1990年欧洲制定了两个环境相关标准，第一个标准为英国所制定的BS 7750；第二个标准是欧盟的环境管理系统，称为生态管理和审核法案(Eco-Management and Audit Scheme，EMAS)。这两个标准为公司提供了环境管理的方法，很多公司试用这些标准后，取得了较好的环境、经济效益，并在欧洲得到了推广和实施。这些标准和许可制度的实践活动为后续系列标准的产生奠定了坚实的基础。

1992年6月，在巴西的里约热内卢举办了联合国人类环境与发展大会，会议通过了《关于环境与发展的里约热内卢宣言》《21世纪议程》和《关于森林问题的原则声明》这三个文件，对人类的可持续发展具有里程碑意义。

1993年6月，国际标准化组织(ISO)成立了环境管理技术委员会(ISO/TC 207)，主要负责研究、制定和实施环境管理方面的国际标准方面的工作，并在1996年10月颁布了ISO 14000系列标准，这一系列标准是有关环境保护方面的管理标准。

2. 职业健康安全管理体系标准的产生

人类活动过程中，一些发生的意外事故和职业危害已经威胁到人类的生命和健康，同时，职业工伤和职业病成为人类的最严重的死因之一。英国健康与安全执行局(Health and Safety Executive)的研究报告显示，意外事故、职业工伤和职业病所造成的损失，占到英国企业获利的5%~10%。如果采取合理的职业健康安全措施，可降低赔偿费用，提高生产效率，从而提高经济增长率。

国际社会普遍认可一致的观点是：不可以牺牲劳动者的职业健康安全利益为代价来换取低成本和经济发展，应当把维护劳动者人权和健康权、提高生命质量放在首要位置。这也成为推进职业健康安全管理体系发展的最基本动力。

20 世纪 80 年代以来，一些发达国家(美国、英国、日本、澳大利亚等)率先开展了各自职业健康安全管理体系的活动。

1996 年，英国颁布了 BS 8800《职业健康安全管理体系指南》国家标准。同期，美国制定了关于《职业安全卫生管理体系》的指导性文件。

1997 年，挪威颁布了《职业健康安全管理体系认证标准》；日本制定了《职业健康安全管理体系导则》；澳大利亚和新西兰提出了《职业健康安全管理体系原则、体系和支持技术通用指南》草案。

1999 年，英国制定了职业健康安全评价系列(Occupational Health and Safety Assessment Series，OHSAS)标准，即 OHSAS 18001《职业健康安全管理体系——规范》和 OHSAS 18002《职业健康安全管理体系——OHSAS 18001 实施指南》；中国颁布了《职业安全卫生管理体系试行标准》。

2001 年，国际劳工组织发布了《职业安全健康管理体系导则》；中国颁布了《职业健康安全管理体系规范》(GB/T 28001—2001)。

2007 年，OHSAS 18001—1999 换版为 OHSAS 18001—2007。

2018 年 3 月 12 日，ISO 发布了职业健康与安全新标准 ISO 45001—2018。

目前，职业健康安全管理体系(Occupation Health Safety Management System，OHSMS)的推行是一个大趋势，许多国家和国际组织已开始在本国和所在地区实施 OHSMS 认证，但 OHSMS 还没有统一的国际标准，各组织可选择相应标准进行贯标和通过认证。

3. HSE 管理体系的形成

HSE 管理体系源自石油石化行业，它的形成和发展是石油企业多年管理经验积累的结果，也是石油石化行业发展到一定时期的必然结果。在石油石化行业发展的早期，由于生产技术落后，人们只关注对资源的盲目需求和破坏性的开采，而不考虑这种方式对人类的不利影响。随着世界上几起重大安全事故的爆发，人们开始注意到安全对企业发展的重要作用，由此推动了企业在安全方面的快速发展。同时，世界海上石油企业几十年的工作管理实践，极大地推动了各石油企业安全管理和保护环境的进程。

20 世纪 60 年代以前，注重基于安全角度的要求，不断提高劳动者所使用防护设备的防护程度，并利用自动控制方法提高过程的安全防护性能。20 世纪 70 年代以后，开始研究人类行为的影响以及人与环境的关系对安全的影响。20 世纪 80 年代以后，企业开发了一系列安全管理技术。

HSE 管理的先驱是壳牌石油公司，它是 HSE 管理体系的创始人。1985 年，壳牌石油公司率先提出了加强石油勘探开发安全管理的理念和具体操作模式；1986 年，壳牌石油公司以文件形式确定安全管理工作，并形成了手册，HSE 管理体系初见端倪；随后，1987 年和 1988 年，壳牌石油公司分别颁布了环境管理准则和职业健康管理指南。

1987年，瑞士桑多兹(Sandoz)化学公司的一个化学品仓库发生火灾；1988年，英国北海帕波尔阿尔法平台发生爆炸，造成165人死亡，爆炸事故直接促成了英国海上安全局的设立。这极大地促进了石油工业安全工作的发展和提高，促进了HSE作为一个整体的管理体系模式的形成。1989年，壳牌石油公司发布了HSE政策指南，标志着HSE管理体系的开始，自此形成了HSE管理体系。

由于HSE管理在实际管理工作中密不可分，通常把HSE整合成一个整体的管理体系，是HSE三位一体的管理体系，称为HSE管理体系。目前，HSE管理体系采用的是一套先进、系统、有效、科学、规范的一体化管理模式，它通过实施一系列的风险评价管理，确保员工健康，保障企业安全，保护环境不被破坏。

二、国内和国外HSE管理体系的区别

HSE管理体系是20世纪80年代后期发展起来的一种HSE管理方法。它采用一系列的分析方法来识别和评估企业中可能发生的事故。通过规划(Plan)、实施(Do)、检查(Check)和改进(Action)四个阶段，采用系统化、结构化、程序化和全员化的管理模式，全程参与和监控，提前采取预防措施，及时避免各类安全事故。

我国HSE起步比国外晚10年左右，和国外的HSE发展相比还存在一定差距，主要体现如下方面。

1. HSE管理体系的承诺和责任

中国石化企业对HSE有公开的承诺，但比较形式化，做出的承诺缺少踏踏实实的态度。国内石化企业最高管理者是HSE的最终责任人，企业内部建立了上下各级管理者的HSE责任，HSE与其他业务部门并没有紧密结合，许多业务部门的管理者往往把HSE看作是一种额外的责任。

外国石化公司总裁应做出HSE承诺，向外界阐明企业对HSE的理念和责任；且各层级管理人员自上而下针对方针、政策和目标都有明确的承诺。国外石化企业的各级管理人员将HSE管理体系视为最重要的任务之一，并通过参与高级HSE审核来实施HSE职责，完成每年的高级HSE审核报告；与此同时，在业务工作中应充分考虑HSE要求，对部门的HSE绩效负责等。

2. HSE意识和理念

我国石化企业已意识到HSE管理体系的重要性，必须将HSE考虑进安全生产“五同时”，将安全生产与环境保护指标作为企业考核的指标。企业高度重视HSE管理，具体落实HSE内容包括：每年年初召开的第一次会议是以安全生产与环境保护为主题的大会，实施的第一个文件是强调安全生产和环境保护的相关文件，通过要求所有人都去做的方式来落实HSE意识和理念。中国石油天然气集团有限公司和中国石油化工集团有限公司已经把HSE的相关内容融入企业的

核心经营理念中。

国外石化企业重视HSE管理体系的重要地位，把HSE意识和理念作为首要事务，通过研讨的方式来提高管理者的HSE意识，并投入充足的人力、物力、资源作为实施HSE的保障。很多国外石化企业已把HSE当作企业文化的核心价值观。例如，杜邦公司的核心价值包括善待员工，要求员工遵守职业道德和把安全、环境作为核心价值。

3. HSE组织结构

国内石化企业高度重视HSE职能机构的建立，会逐级建立相应的HSE机构，包括专业的HSE管理体系机构和HSE监督机构。国内石化企业各级均设有HSE委员会，负责企业内部的HSE决策和规划工作。除此之外，经常设立安全与环保部门(科)等管理部门，这个部门往往与质量管理部门相结合；或按专业分工的方式设立相应的部门，如安全管理部、环境管理部等，或进一步细化为消防安全管理部、交通安全管理部等。

国外石化企业HSE管理体系虽然机构小，但是企业的每位管理者都是HSE的领导者，会不断调整HSE功能以满足商业结构调整的需要。他们要负责所在业务单元的HSE事务。企业通常都单独设有HSE管理部门，具体部门的设置上会有HSE审计管理部门、应急响应管理部门、安全管理部门、环境管理部门。

4. HSE实施和运行

国内石化企业建立了HSE相关的文件化程序和工作指南，在一些具体指导方针上，考虑HSE更多集中在企业内部，而不是外部的HSE问题。国内石化企业有比较完善的管理体系和制度，但大多数HSE管理体系是在企业原有部门的基础上引入的，与现有业务结合不紧密，容易出现“两张皮”的问题。国内石化企业一般以“安措费、环措费、安保基金”的形式投资HSE，对年度考核优秀者给予HSE奖励，这将有助于HSE保持良好运行状态。

国外石化企业制定系统的HSE程序和指南，如排放废物管理、危险有害废物管理、事故处理等都会给出详细的规定和程序。在一些具体HSE事务的规定上，国外石化企业对整个HSE管理体系规划得非常全面，对HSE管理体系投入了丰富的资源，对HSE管理体系的价值进行了评价。国外许多石化企业都建立了HSE奖励制度，并将奖金的颁奖仪式视为公司的重要活动，获奖者都以获得HSE相关荣誉而自豪。

5. 员工和承诺

国内石化企业侧重硬性强调按要求和标准执行，采取从上到下逐级强制实施，这种方式会打击员工主动参与的积极性。企业管理层要求员工必须参与HSE管理，开展HSE活动，但是员工对HSE管理体系的参与积极性不高，全员参与性不理想。此外，国内石化企业为员工提供了大量的HSE管理相关的培训会，特别是对新进员工，三级安全教育已成为制度，但培训效果需要进一步改进。国内石化企业对员工实行 HSE 风险抵押金，根据 HSE 表现好坏程度决定是否给予 HSE 奖励。

国外石化企业强调以人为本，通过 HSE 奖励方式来强化员工的参与和承诺，注重培养员工的意识和主动性，所以国外石化企业员工主动执行 HSE 的意识较强，每个员工都会关注身边的 HSE，并报告 HSE 相关的潜在事故；同时，企业要求员工要完成一定数量的 HSE 潜在事故报告，有些石化公司要求基层单位每周要开一次全员 HSE 例会，进一步增强了员工的参与意识。此外，国外石化企业重视员工的培训工作，为各部门不同层次的员工和管理者提供较多的 HSE 管理体系培训机会。

6. 事故的认识和处理

国内很多石化企业对发生的事故实行通报制度，但对小事故会有遮丑、隐瞒不报的做法，特别是一些小的事故只在内部进行处理，缺乏经验分享。此外，企业对事故的调查和处理，主要是为了界定事故的严重程度和追究责任，在事故处理的技术性调查分析、事故统计、事故考核指标等方面需进一步提升。

国外石化企业特别是集团化的大型石化企业，可实现企业内部快速分享 HSE 事故。企业有专门的负责人来分析和处理事故，并进行大量的事故原因分析工作，这样做可以很好地避免重复犯同样的错误。国外石化企业对工伤的重视程度非常高，它们还将承包商的工伤和事故也计入企业的 HSE 统计，要求大小事故一律上报，比如员工的手被玻璃划破这样的小事故也不例外，并建立起一套科学的事故统计指标体系，如百万工时损失统计等。

7. 环境保护

国内石化公司在对待环境问题上，已由先前的被动模式逐步向主动模式进行，随着国内对环境保护的法律要求越来越严格，企业也开始逐步转变观念向着“绿色低碳”方向发展。中国石油化工集团有限公司在保护环境方面坚持可持续发展和低碳发展的原则，公司印发了《中国石化环境保护管理办法》，明确将建立中国石化环境监测体系、环境绩效考核制度、环境事件问责处分制度等，全面实施绿色低碳战略，大力推进清洁生产，全面提高污染防治水平，构建环境友好型企业。

国外石化公司非常重视环境问题，把遵守法律作为首要任务，在任何生产活动中都需避免与法律相冲突。企业关注的环境问题已经从工业过程污染控制发展到工业生态、社会环境和可持续发展。例如，许多石油公司制定了减少温室气体排放的计划来保护环境，同时发布环境或 HSE 相关报告，公开保护环境问题的重要性。

三、为什么要推行 HSE

生命的本质来自健康的身体和生存的环境。然而，在当今快速发展的社会中，我们在为生活创造物质财富的同时，也在不断地破坏我们赖以生存的环境。噪声、工伤、污水排放等问题，已经对人们的生活造成困扰，破坏了人们生活的环境。在这种情况下，需要一种先进的管理模式来防止事故的发生，保护我们的健康和生活环境，在保证人、物和环境安全的前提下，创造出更多的财富。

1. 从事故预防方面来看，推行 HSE 管理体系是必要的

2001 年 4 月，中国石油化工集团有限公司开始全面实施 HSE 管理。HSE 管理提前进行风险分析，确定自身活动可能产生的危害和后果，从而采取有效的预防手段和控制措施，以减少可能造成的人员伤害、财产损失和环境污染。相比于传统的管理方法“安全第一，预防为主”的要求，HSE 管理体系的要求更合理，对风险进行分析和评估胜于预防，然后再采取控制措施，在发生事故时，将可能的伤害、财产损失和环境污染降至最低。HSE 管理体系实施后，全员通过学习 HSE 相关内容，掌握风险分析是预防事故发生的有效手段。因此，根据企业生产活动的特点，对可能发生的事故进行分析，避免发生事故。目前，企业各层级都有风险评估和风险降低措施报告，这是 HSE 管理体系倡导的风险分析和隐患整改。实践表面，实施 HSE 管理后，企业事故发生案例显著减少。

2. 从环境保护方面来看，推行 HSE 管理体系是必要的

为保障人类生存和发展的需要，中国政府在《国民经济发展“九五”规划》和《2010 年远景规划纲要》中提出了国家可持续发展战略，将环境保护作为基本国策。石油和石化行业的经营风险高，对环境的影响范围大。事实上，生活在油田的人们非常清楚石油造成的环境污染。

HSE 管理体系中的环境保护实际上是对人类健康的保护，这比我们传统的劳动保护更进一步。与以往的安全、行业健康、环境保护标准和技术规范不同，HSE 管理体系采取了积极主动的预防措施，将 HSE 管理体系融入企业总的管理体系中。环境污染、安全事故和职业病基本都是由于管理制度不健全、技术落后、工艺设计缺陷或生产控制不到位引起的。只有通过实施全面的管理和控制，建立一套 HSE 管理体系，才能显著降低事故的发生率，减少环境污染和防治职业病，从而提高企业的经济效益。

3. 从企业参与国际竞争来看，推行 HSE 管理是必要的

中国加入世贸组织，既带来了挑战，也带来了机遇。企业要生存和发展，必须参与国际竞争。自从一些大型国际石油公司实施 HSE 管理以来，国际石油行业对中国石化企业提出了 HSE 管理要求。不实施 HSE 管理的企业，对外合作将受到限制。HSE 管理的实施可以促进我国的管理与国际管理标准接轨，树立企业的良好形象，为企业顺利进入国际市场做好前期准备。

在中国石化企业重组、改制、上市以及中国加入 WTO 的过程中，实施与国际接轨的 HSE 管理是十分及时的。当今世界的生活水平和质量不断提高，人们对自身安全、文明生产和美丽的环境的需求日益增加。基于此，如果继续按照传

统的做法发展，而不按照国际标准执行，如何应对挑战？一旦企业发生事故，既给企业造成巨大的经济损失，又会带来环境污染的问题。此外，这也将会给人们留下这个企业技术落后、生产和管理水平不好的印象，从而与当地居民的关系恶化，那这个企业将如何继续生产？更别提企业经济效益如何提升了。如果实施HSE管理，不断减少和防止事故的发生，可以大大减少事故处理费用，提高经济效益，满足职工、社会对安全的需求，对环境和健康的需求，并能树立企业的良好形象，从而将企业的经济效益、环境效益和社会效益有机结合起来。

石油石化企业的生产具有高温、高压、毒性、易燃、易爆等特点，是高风险行业。因此，在中国石油化工集团有限公司实施HSE管理是必不可少的。实施HSE管理，从我国的实际情况出发，同时借鉴国外企业良好的HSE管理经验，不断学习，不断积累经验，让这种为世界上大多数石油公司所接受的新的管理方法逐步转变成为自己的行为和管理准则，以促进我国的HSE发展。

参考文献

[1] 修光利，李涛，徐新良，等. 企业环境健康安全风险管理[M]. 北京：化学工业出版社，2017.

[2] 周松景，唐玉兰，陈伟琼. 推行HSE管理体系提高环境管理水平[J]. 油气田环境保护，2000，10(4)：40-41.

[3] 中国石油天然气集团公司. 石油天然气工业健康、安全与环境管理体系(SY/T 6276—1997)[S]. 北京：石油工业出版社，1997.

第一章

HSE管理体系基础知识

第一节　HSE 管理体系的发展

一、HSE 管理体系的概念

健康、安全与环境管理体系（Health，Safety and Environment Management System），简称为 HSE 管理体系或 HSE MS，它是一个管理健康（H）、安全（S）与环境（E）的体系，包含组织机构、职责、做法、程序、过程和资源等要素，体现企业的一体化管理思想。这些要素通过先进、科学的运行模式有机地融合到一起，形成一个不断变化和发展的动态管理系统，其建立也是一个不断发展的过程。

1931 年，美国安全工程师海因里希（Heinrich）提出了著名的“安全金字塔”理论，如图 1-1 所示，它统计分析了 55 万件机械事故发生的概率，其中死亡和重伤事故 1666 件、轻伤 48334 件，其余则为无伤害事故。由此得出：在机械伤亡事故中，死亡、重伤、轻伤和无伤的比例是 1∶29∶300，这是国际上定义的事故法则。根据该法则，在 1 次致命的重伤事故背后，有 29 起轻伤事故，在 29 起轻伤事故背后，存在 300 起不安全行为和不安全状况。

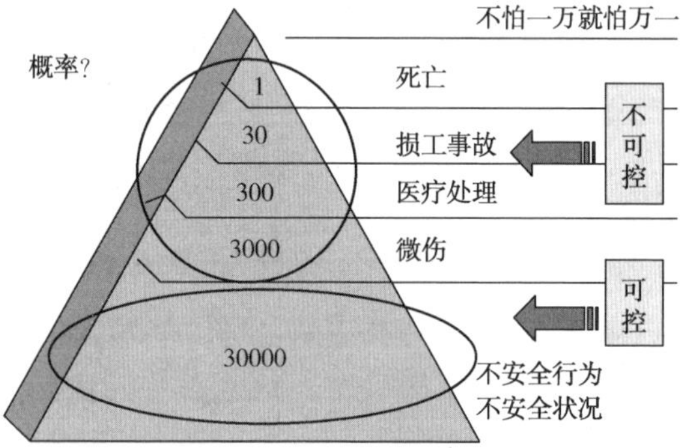

图 1-1　“安全金字塔”理论

从海因里希“安全金字塔”塔底向上分析可以看出，如果没有对不安全行为和不安全状况采取有效的控制措施，可能形成 300 起无伤害事故；如果对 300 起无伤害事故控制失效，则可能导致29起轻微伤害事故；如果进一步控制失效，则可能导致1起重大事故(如死亡)的发生。

“安全金字塔”理论揭示了事故预防原理：要防止大事故，就必须防止小事故的伤害；要预防轻伤事故，就必须预防无伤害事故；为了防止无伤害性事故，必须消除不安全行为和不安全状况；而能否消除不安全行为和不安全状况，则取决于日常管理是否到位，这是预防重大事故发生的最重要的基础性工作。

实际生产活动中，需做好日常安全管理工作，消除“安全金字塔”的最底层的不安全行为和不安全状况，从而实现预防重大事故的出现，实现全员安全。

1. 人的不安全行为

不安全行为是指造成事故的人的错误行为。这包括导致事故的不安全行为，以及按照安全程序应该做但没有做的行为。不安全行为反映了事故的人为原因。人的不安全行为包括如下内容：①操作失误、忽视安全、警告；②导致安全装置失效；③使用不安全的设施；④用手代替工具操作；⑤物体存放不当；⑥违规进入危险场所；⑦攀、乘坐在不安全的位置；⑧在起吊物体下作业、走动、停留；⑨机器运转时从事加油、检修、调整、焊接、拆卸、清扫等工作；⑩相互打闹、注意力不集中；⑪未使用合适的个人防护用品；⑫未戴安全帽、穿工作鞋等；⑬易燃、易爆等危险品物品处理不当；⑭设备、车辆超速运行。

2. 物的不安全状况

物的不安全状况指能导致事故发生的物质条件，其主要包括如下内容：①防护、保险、信号等装置缺乏或有缺陷；②设备、设施、工具、附件有缺陷；③个人防护用品(PPE)缺乏或有缺陷；④生产场地不安全；⑤现场管理混乱；⑥环境影响(噪声、气候)；⑦照明不足；⑧通道堵塞；⑨设计不安全；⑩安全距离不足；⑪制动失灵；⑫公共危害。

二、HSE管理体系的发展

1989年，形成了HSE管理体系。紧接着世界上发生的几起重大事故极大地推动了HSE管理体系的快速发展。例如：1989年的埃克森(EXXON)公司瓦尔迪兹号油轮(VALDEZ)漏油事件引起了国际工业界的广泛关注，极大地推动了HSE管理体系的发展和完善。

1991年，在海牙召开了“第一届油气勘探、开发的健康、安全、环保国际会议”，HSE这一理念开始被大家认可。同年，壳牌石油公司颁布了HSE方针指南；1992年，颁布了安全管理体系标准EP92-01100。

1994年，在印度尼西亚雅加达举行了“石油和天然气开发安全和环境保护国际会议”。此次大会由国际石油工程师协会(SPE)主办，并得到国际石油工业保护协会(IPICA)和美国石油地质学家协会(AAPG)的支持，世界各地的主要石油公司都参加了会议，HSE活动在世界各地迅速扩大。中国石油天然气集团有限公司(CNPC)派代表团参加，意味着中国开始关注重视 HSE 管理体系。1994 年 7 月，壳牌石油公司为石油工业国际勘探开发论坛(E&P 论坛)制定了《开发和使用健康、安全和环境管理体系指南》。同年 9 月，壳牌石油公司正式发布了《健康安全环境管理体系》。自此，HSE 作为一个整体的集成管理体系开始在石油工业企业中出现。

1995 年，中国派代表参加了国际标准化组织特别工作组工作；1996 年 1 月，ISO/TC 67 SC6 分委员会发布 ISO/CD 14690《石油天然气工业健康、安全与环境管理体系》，成为石油工业全面实施 HSE 管理体系的里程碑。HSE 管理体系在世界范围内已经进入了蓬勃发展的时期。我国也进入了 HSE 管理体系的发展阶段。1996 年 9 月，原中国石油天然气集团有限公司组织人员对 ISO/CD 14690《石油天然气工业健康、安全与环境管理体系》进行了翻译和改进。

1997 年 6 月，中国石油天然气集团有限公司正式颁布了中华人民共和国石油天然气行业标准《石油和天然气工业健康、安全与环境管理体系》(SY/T 6276—1997)，这使我国石油天然气工业与国际标准接轨，树立了中国石油企业的良好形象，使其顺利进入国际市场。同时发布了《石油地震队健康、安全与环境管理规范》《石油天然气钻井健康、安全与环境管理体系指南》等行业标准，推动了 HSE 的发展。

1999 年 10 月，国家经贸委发布《职业安全卫生管理体系试行标准》；1999 年 12 月，中国石油天然气集团有限公司根据 SY/T 6276—1997 石油天然气行业标准和国际石油勘探开发论坛 HSE 指南，并考虑到与 ISO 9000 质量管理体系、ISO 14000 环境管理体系及中国职业安全卫生管理体系所涉及的主要要素的兼容性，印发了《中国石油天然气集团公司健康、安全和环境管理体系管理手册》，标志着中国石油天然气集团有限公司 HSE 管理体系的全面实施。

2001 年 2 月，中国石油化工集团有限公司发布了《中国石油化工集团安全、环境与健康(HSE)管理体系》《油田企业安全、环境与健康(HSE)管理规范》和《炼油化工企业安全、环境与健康(HSE)管理规范》等，形成了 HSE 管理体系标准系列体系。2001 年 12 月，国家经贸委发布了《职业安全卫生管理体系指导意见》和《职业安全健康管理体系审核规范》。

2004 年，中国石油天然气集团有限公司颁布了《健康、安全与环境管理体系第 1 部分：规范》(Q/CNPC 104.1—2004)，于当年 10 月 1 日开始实施。

2007 年，中国石油天然气集团有限公司又颁布了新的标准《健康、安全与环境管理体系第 1 部分：规范》(Q/SY 1002.1—2007)，该标准代替了原有的旧标准，且其表现出了更强的通用性，也标志着我国的 HSE 管理进入了新的阶段。同年 10 月，修订发布了《中国石油天然气集团公司 HSE 管理体系管理手册》C 版，进一步夯实了 HSE 管理的基础。

2009 年 1 月，中国石油天然气集团有限公司出台了《HSE 管理原则》，进一步规范了安全环保管理工作。

2010 年，中国石油天然气集团有限公司制定统一的 HSE 技术标准和操作规程，基本建立安全环保长效机制，形成具有中国石油特色的 HSE 管理体系。

2011 年，中国石油天然气集团有限公司颁布了《中国石油天然气集团公司 HSE 管理体系建设提升计划(2011—2015 年)》，明确提出了提升 HSE 管理体系工作的总体思路、工作目标、工作任务、保障措施等内容，进一步促进了 HSE 管理体系的快速完善。

2020 年，HSE 管理体系有效运行，安全环保文化体系形成，根本安全得到充分实现，安全环保绩效不断提高。目前，我国政府已认可 HSE 管理体系。中国石油石化行业在推行 HSE 管理方面，目前处于应用推广阶段。

HSE 的发展过程可总结如下：20 世纪 60 年代以前，主要体现对安全的要求，通过自动控制手段来不断提高对人和设备的保护，完善工艺流程的保护性能；20 世纪 70 年代以后，人们开始重视对人类行为和人与环境关系的研究；20 世纪 80 年代以后，一系列 HSE 管理理念和方法逐渐形成；20 世纪 90 年代后，ISO、HSE 管理体系形成并应用；21 世纪以来，出现了企业社会责任、可持续发展、一体化管理/运营体系的形成和应用的趋势。

第二节　HSE 管理体系基本知识

一、HSE 管理体系基础

1. HSE 管理思想

HSE 管理体系是世界范围内各国石油石化行业多年管理经验积累的成果，体现了当今石油石化行业的规范运作过程，HSE 管理体系主要包括以下管理思想：一切事故都可以预防，领导承诺、全员参与、持续改进等，其体现了完整的一体化管理思想。这是石油工业实现现代化经营，走向国际市场的必要通行证。

2. HSE 管理目的

建立和实施 HSE 管理体系的根本目的是，通过管理技术控制和削减健康、安全和环境风险，将企业的 HSE 风险降到最低，实现安全生产，具体包括：①满足政府对健康、安全和环境的法律、法规要求；②为企业提出的总方针、总目标以及各方面具体目标的实现提供保证；③减少事故发生，保证员工的健康与安全，保护企业的财产不受损失；④保护环境，满足可持续发展的要求；⑤提高原材料和能源利用率，保护自然资源，增加经济效益；⑥减少医疗、赔偿、财产损失费用，降低保险费用；⑦满足公众的期望，保持良好的公共和社会关系；⑧维护企业的名誉，增强市场竞争能力。建立和实施 HSE 管理体系不仅仅是一种形式，其根本目的在于保护环境、保护人的健康和生命财产安全。

3. HSE 管理体系的功能

HSE 管理体系的功能是一种风险分析，确定活动可能的危害和后果的严重性，以便采取有效的预防控制措施和应急预案，防止意外事故的发生或把风险降低到可接受水平，从而减少或避免人身伤害、财产损失和环境污染。HSE 管理体系强调预防和持续改进，具有高度的自我约束、自我完善和自我激励机制，它是一种现代管理模式。

4. HSE 管理体系标准模式

HSE 管理体系标准模式具有以下特点：

（1）HSE 管理体系标准模式是按“戴明”循环模式建立的，如图 1-2 所示，是一个持续循环和不断改进的循环模式，即“计划—实施—检查—持续改进”的循环结构。

（2）由若干“要素”构成。关键要素包括：领导和承诺，方针和战略目标，组织机构、资源和文件，风险评估和管理，计划，实施和监测，评审和审核等。领导和承诺是 HSE 管理体系的核心。承诺是 HSE 管理的基本要求和动力，自上而下的承诺和企业 HSE 文化的建立是体系成功实施的基础。

（3）每个“要素”不是孤立的，而是密切相关的。其中，领导和承诺是核心，方针和战略目标是方向，组织机构、资源和文件作为支持，计划、实施、检查、改进是循环链过程。

（4）框架结构根据实际情况可做适当调整。

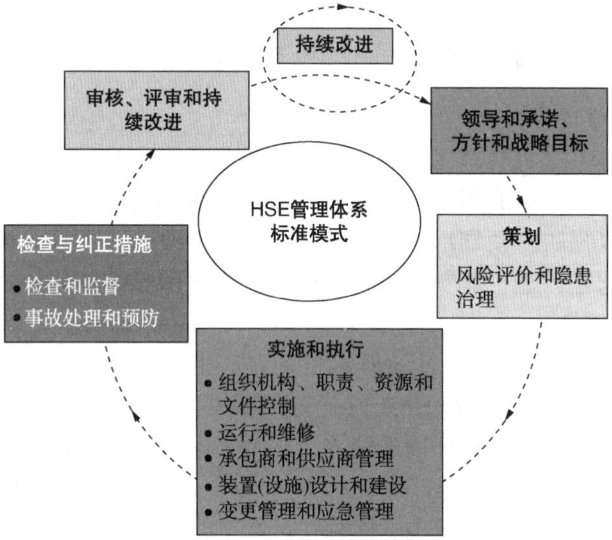

图 1-2　HSE 管理体系标准模式

二、HSE 管理体系的理念

HSE 管理体系是建立在“所有事故都是可以认识、预防和避免的”这一理念上的，也就是说：如果已知发生了特定的危险，就可以进行风险控制，并利用管理和技术避免事故或保护人员、环境和财产免受损害。HSE 管理体系所体现的管理理念是先进的，这也是它能进行广泛推行的原因。HSE 管理理念主要内容如下。

1. 注重领导承诺的理念

HSE 管理体系顺利实施的前提是领导承诺，包括领导对社会、员工、资源保证和法律责任的承诺等。HSE 管理的领导承诺由以前的被动模式转变为主动模式，由企业最高管理者在 HSE 管理体系建立前给出承诺，形成后以正式文件（手册）的方式对外公开发布，确保能传递到企业内部、外部和相关各机构，保证相关部门的监督，由此形成一种主动承诺，改善工作条件，提高企业 HSE 管理水平。

2. 体现以人为本的理念

在开展 HSE 管理活动的过程中，企业始终贯彻以人为本的思想，从保护人民生命的角度和前提出发，使企业的生产活动得以顺利开展。人的生命和健康是无价的，不能用金钱来衡量，企业更不应该在生产过程中靠牺牲人的生命和健康来获得产品。

3. 体现所有事故都是可以预防的理念

事故的发生往往由人的不安全行为、物的不安全状况等引起的。中国安全生产方针是“安全第一，预防为主”，一些企业在实施这一政策的过程中没有给出标准的规范，企业虽然积累了一些好的做法，但是没有系统化和标准化，导致缺乏连续性。HSE 管理体系的理念是一切事故都是可以预防的，通过系统地建立预防机制，如果能有效实施 HSE 管理，就能建立长效的 HSE 机制体系。

4. 贯穿持续改进的理念

HSE 管理体系自始至终贯穿持续改进的理念，并建立了定期审核和评审机制。每次审核和评审都应对不合格项目进行不断改进，使其始终处于持续改进状态，不断纠正存在的问题和不足，保持优良做法。按“戴明”循环模式实施运行，从而使得企业持续改进，实现可持续发展，向着更好的方向发展。

5. 体现全员参与的理念

安全工作是全体员工的工作，HSE 管理体系充分体现了全体员工参与的理念。企业在确定每个岗位的职责时必须全员参与，在危险源识别时必须全员参与，在人员培训时必须全员参与，在审核时必须全员参与。通过企业员工的广泛参与，使 HSE 管理理念深入每一位员工的思想，用 HSE 管理去规范每一位员工的日常行为，逐步形成企业 HSE 文化。

第三节　HSE 管理体系的基本结构

一、HSE 管理体系的基本要素

国际标准化组织（ISO）发布的《石油天然气工业健康、安全与环境管理体系》

(标准草案)是一套具有国际先进性的 HSE 管理模式，它规定了建立、实施和保证 HSE 所必需的要素和基本框架。要成功地建立和运行 HSE 管理体系，必须首先深刻理解 HSE 管理体系的基本要素。HSE 管理体系的 7 个关键要素是：领导和承诺，方针和战略目标，组织机构、资源和文件，风险评估和管理，计划，实施和监测，评审和审核。这 7 个要素及相关部分可分为三大块：核心和条件部分、循环链部分、辅助方法和工具部分。

1. 核心和条件部分

(1) 领导和承诺是 HSE 管理体系的核心，是 HSE 管理体系实施和运行的基本要求与动力。高层领导自上而下的承诺对于 HSE 管理体系的实施具有重要意义。

(2) 组织机构、资源和文件：高层管理者或相关管理人员需要为企业建立 HSE 管理机构，明确职责、权限和隶属关系；合理配置人力、财力和物力资源为 HSE 服务，广泛开展 HSE 相关培训，提高全员 HSE 方面的意识和技能；形成完整的、适宜的、有效的文件控制，从而保证 HSE 管理体系正常运转。良好的 HSE 表现所需的组织机构、资源和文件是体系实施和不断改进的支持条件，是做好 HSE 管理工作必备的重要条件。

2. 循环链部分

(1) 方针和战略目标：由高层领导为企业制定的 HSE 管理的指导思想和行为准则，是 HSE 管理的意图、行动的原则，对 HSE 管理的准则和原则的公开声明，是改善 HSE 表现的目标，体现了企业对 HSE 的追求。制定的 HSE 方针中健康、安全和环境不是相互独立的，而是综合性地体现 HSE 方针。

(2) 规划：是落实 HSE 风险管理的重要内容，也是实施 HSE 管理的重要方面。HSE 规划是企业整体规划的一部分，应分层次围绕 HSE 的目标和方针，制定降低危害的措施，落实必需的人力、资金和设备等资源，确保能够实施 HSE 规划。具体的 HSE 行动计划，包括计划变更和应急反应计划。

(3) 风险评估和管理：对 HSE 关键活动、过程和设施的风险的确定与评价，及风险控制措施的制定。风险管理是一个持续的过程，是所有 HSE 要素的基础，应定期检查存在的危害，对存在的风险采用正确、科学的识别、评价和有效管理，从而防止事故发生，将危害及影响降低到可接受水平。

(4) 实施和监测：对 HSE 活动进行实施和监测，必要时采取的纠正措施，是 HSE 管理体系实施的关键。HSE 管理体系要求：员工和承包商在开始从事任何一项工作时，都必须熟知相关的 HSE 控制措施，依据规划所建立的程序、作业指南及相关的 HSE 文件开展工作，并对其工作进行监测，纠正错误。纠正与改进不作为单独要素列出，但是贯穿于循环过程的各要素中。

(5) 评审和审核：对 HSE 体系、过程、程序的表现、效果及适应性进行定期评价，是 HSE 管理体系持续改进的必要保证要素，是企业管理应履行的必要职责，所有生产过程中实施的规范都应定期进行检查和审核，以评价 HSE 管理标准的遵守情况，提出需要持续改进的地方。

循环链是“戴明”循环模式的体现，通过这一过程实现了企业的 HSE 方针和战略目标。除高层领导制定的 HSE 方针和战略目标外，其他内容通常由企业生产单位制定和运行。

3. 辅助方法和工具部分

辅助方法和工具是为有效实施 HSE 管理体系而设计的一些分析、统计方法。由以上分析可知：一方面，各要素有一定的相对独立性，分别构成了核心、基础条件、循环链的各个环节；另一方面，各要素又是密切相关的，任何一个要素的改变必须考虑到对其他要素的影响，以保证体系的一致性。

二、HSE 管理体系的结构特点

HSE 管理体系的结构特点包括以下方面：

(1) 按戴明模式建立，由若干要素组成，且各要素不是孤立的。HSE 管理体系是一个持续循环和不断改进的结构，即“计划—实施—检查—持续改进”的循环结构，具有动态性的特点。

(2) 由若干要素组成。关键要素有：领导和承诺，方针和战略目标，组织机构、资源和文件，风险评估和管理，计划，实施和监测，评审和审核等；体现出 HSE 管理体系的系统性、先进性、全过程控制的特点。

(3) 这些元素不是孤立的。其中，领导力和承诺是核心，政策和战略目标是方向，组织、资源和文件给予支持，计划、实施、检查、改进是一个循环的链条过程，体现了 HSE 管理体系是综合管理的特点。

(4) 在实践过程中，可以根据企业自身发展的实际情况，对管理制度的各个要素和制度进行适当调整。

三、HSE 管理体系指导原则

1. 第一责任人的原则

HSE 管理体系注重最高管理者的承诺和责任。企业最高管理者是 HSE 的第一责任人，对形成的 HSE 文件做出承诺，并确保这些承诺转化为人力、财力、物力等资源支持。此外，企业各级管理者要建立 HSE 行为模式，不断鼓励和奖励正确的 HSE 行为，形成企业的 HSE 文化。

2. 全员参与的原则

HSE 管理体系应要求全员参与，规定各级组织和人员的 HSE 职责，必须落实企业内全体员工的 HSE 职责和任务。企业的每位员工都有责任和义务把 HSE 工作做好，企业通过审查考核每个人的 HSE 表现，不断提高企业的 HSE 业绩。

3. 重在预防的原则

在 HSE 管理体系、风险评估、设备设计施工、运行维护、变更管理和应急管理等方面，主要是防止事故的发生，强调企业高层管理者实施 HSE 必须从设计环节做起，认真落实设计部门高级管理人员的 HSE 职责。例如，初步设计的安全环保环节要经过 HSE 相关部门会签批准，设计施工图要经过 HSE 相关部门审核批准，强调设计人员要具备 HSE 设计资质。这些内容体现了以预防为主的原则，从设计环节开展 HSE 管理工作。

4. 以人为本的原则

HSE 管理体系强调“以人为本”的原则，企业所有的生产活动都必须满足 HSE 管理的要求，减少事故发生，减少财产损失和痛苦，突出了人的健康和安全对企业的发展至关重要。HSE 管理体系从人自身发展完善的角度出发，最终也是为了人的健康和安全，建立了系统化的管理体系，从根本上解决了人的健康安全问题，从而落实了以人为本的原则。

第四节　HSE 管理体系的建立

一、初步建立 HSE 管理体系

HSE 管理体系所体现的管理理念是先进的，这也是为什么要建立 HSE 管理体系与值得在企业的管理中深入推行 HSE 管理体系。初步建立 HSE 管理体系具体内容如下。

1. 初步建立 HSE 管理体系

按照国际石油天然气勘探开发论坛提出的 ISO/CD 14690，通过吸收 CNPC 以往安全生产的规章制度，以及行之有效的“一个必办”（领导干部承包要害部位安全生产）、“两个推广”（三标、十八法）、“三老四严”等管理经验，及时转化形成 SY/T 6276—1997 等标准，把 HSE 管理体系的建立和实施纳入标准化管理的轨道。

2. 树立全新的 HSE 的理念，摈弃陈旧的思维定式

在 HSE 管理体系实施过程中，突出风险管理，处理了 OHSMS、ISO 9000 质量管理体系和 ISO 14000 环境管理体系之间的关系。经过相互兼容和整合，HSE 管理文件更好地体现了企业管理系统化、集成化的管理思想和管理模式。

3. HSE 管理体系的建立和运行应遵循的原则

（1）按照 SY/T 6276 标准和集团《HSE 管理手册》统一形成整体；

（2）HSE 体系的建立可与企业其他管理系统集成，但文件应简化，便于操作；

（3）加强基层单位和施工现场风险管理，突出预防，注重实效；

（4）追求石油集团 HSE 管理全面推进和持续改进的目标。

二、HSE 管理体系的建立过程

从时间和资源来看，如果每个企业都建立自己的 HSE 管理体系，这显然是不经济也不现实的。实际上，企业可根据各企业所承担的任务的共有特点，编制

HSE 管理体系文件，然后根据各自企业本身的特点，从中选择相关部分，形成企业自身的 HSE 管理手册。因此，当一个企业成功建立了符合其特点的 HSE 管理体系，并组建了一支实施 HSE 管理体系的企业管理团队，可在未来对不同特点的企业进行 HSE 管理体系的应用和开发。对于不同的企业，由于企业特点和本身基础的不同，建立 HSE 管理体系的过程也不会完全相同。但是，组织建立 HSE 管理体系的基本步骤大致相同，如图 1-3 所示。

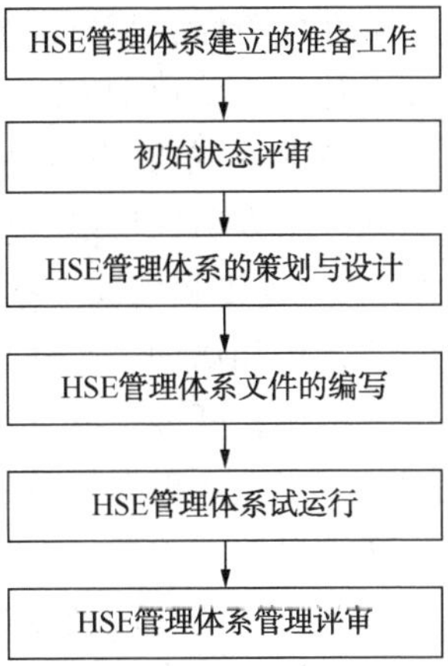

图 1-3　建立 HSE 管理体系的步骤

1. HSE 管理体系建立的准备工作

建立 HSE 管理体系的准备工作主要包括四方面：领导决策、组织机构的建立、资源的配备、宣传和培训。

1）领导决策

HSE 管理体系的建立需要领导者的决策，特别是高层管理者的决策。只有当最高管理者意识到建立 HSE 管理体系的必要性时，企业才能决定开展这项工作。此外，HSE 管理体系的建立需要资源的投入，这就要求最高管理者承诺改善企业的 HSE 行为，从而使 HSE 管理体系的实施和运行获得足够的资源。实践证明，高层管理者的承诺不仅是组织启动 HSE 管理体系建设的内在动力，也是动员各部门和全体员工积极投入 HSE 管理体系建设的重要保证。在这个阶段，高级管理人员特别有必要做到以下几点：

（1）明确 HSE 管理应为企业整个管理体系的优先事项之一，将 HSE 管理纳入企业管理决策的重要议事日程中。

（2）认识到建立 HSE 管理体系的目的和意义。

（3）理解实施 HSE 管理体系对企业成本效益、公众形象等方面的促进作用。

（4）承诺为建立 HSE 管理体系及相关活动提供充足的资源保证。

2）企业机构的建立

当企业的最高管理者决定建立 HSE 管理体系后，通常需要成立一套体系建立企业机构，一般包括成立领导小组、任命管理者代表、组建工作小组。

根据企业的规模、特点的不同，或 HSE 管理体系建立的需求和进展情况，可在相应层级上进行有关人员机构的组织安排。以安全主管部门负责人和安全主任为核心，企业机构包括：安全委员会(负责公司 HSE 事务的最高机构)，专门委员会(生产安全委员会、化学安全委员会等)，HSE 推进小组(推进 HSE 管理体系建立的组织)。上述机构重要的作用是要让全员行动起来，定期组织会议并切实贯彻其要求。

3）资源的配备

在建立和实施 HSE 管理体系过程中需要配备必需的资源，包括但不限于基础设施、人力资源、专项技能、技术资源、财力资源、自然资源等。

在此阶段，特别需要注意以下两个方面资源的配置问题：①制定 HSE 资金投入计划，确保 HSE 资金投入能够及时到位，成立 HSE 专项资金，专款专用；②保证 HSE 充足的相关设备设施的投入，包括生产设备、办公设备、各种安全设施、个人劳保用品、应急物资以及其他辅助性设备。

4）宣传和培训

宣传和培训是 HSE 管理体系建立、提高 HSE 意识的重要基础。体系建立的组织机构在开展工作之前，首先应进行 HSE 管理体系标准及相关知识的培训。同时，当企业根据标准所建立的 HSE 管理体系文件正式发布后，需要对全员进行文件培训。此外，企业体系运行需要对内部审核员进行相应的培训。宣传培训内容主要围绕管理制度的建立进行安排。要根据企业实施管理体系的需要，根据不同的管理层次、内容进行宣传和培训。

2. *初始状态评审*

初始状态评审，也称为初始风险评价，它是建立 HSE 管理体系的基础，其主要目的是了解企业 HSE 管理现状，为企业建立 HSE 管理体系收集信息并提供依据。初始状态评审包括如下内容：

（1）评价企业的 HSE 行为与各类法律、法规等的符合性。

（2）识别和评价企业活动过程中的危险因素，特别是重大危险因素。

（3）审查所有现行 HSE 活动，并评价其有效性。

（4）对过去的事件、事故调查和纠正预防措施进行调查和评价，发现管理中存在的问题。

（5）评价 HSE 管理中投入的现有资源的效率，识别现有管理体系与标准体系间的差距。

3. *HSE 管理体系的策划与设计*

基于初始状态评审结果，结合企业的人力、物力、财力及生产经营的实际情况，企业应开始进行 HSE 管理体系的策划与设计方面的工作。

1）HSE 管理体系的策划

HSE 管理体系策划的主要内容包含：①保障建立体系的组织领导、办事机构和资源；②依据初始评价制定组织的承诺；③确定组织的方针和战略目标；④依据标准要求，结合组织健康、安全与环境管理实际，确定体系建立的总体设计方案。

2）HSE 管理体系的设计

（1）组织结构和职责设计。企业设计 HSE 组织机构是把 HSE 相关的机构和人员联系在一起，形成一个有机的整体。职责设计应按照“谁主管，谁负责”的原则以职能分配的方式进行。

（2）文件体系设计。文件体系设计包括文件层次设计与文件开发（主要为程序文件和作业文件的开发）。

4. HSE 管理体系文件的编写

组织应为建立、实施、保持和持续改进 HSE 管理体系编制所需的文件，以确定如何实现 HSE 管理体系标准的要求，将标准具体化为组织的 HSE 管理体系文件的过程。

HSE 管理体系文件的编制是对已有文件的评审、补充和完善的过程，利用已有文件和引用文件能有效缩短 HSE 管理体系文件的编制时间，同时也可帮助识别 HSE 管理体系尚不充分而需要纠正、补充和完善的领域。

1）编写体系文件的基本要求

体系文件的编写应具有系统性、法规性、适用性、协调性与见证性。①系统性：体系需系统条理地制定 HSE 各项管理程序，各层次文件按一定逻辑关系编辑成册，做到协调有序。②法规性：体系文件应遵循国家法律法规，应符合并覆盖 HSE 标准条款的要求；文件修改需按规定程序进行。③适用性：应符合本企业的实际情况，适合行业和企业自身管理特点；具体的要求应以满足企业需要为适宜。④协调性：文件之间要相互协调，避免不一致。在编制具体文件时，应与文件的目的和范围密切相关，尽量避免超出文件范围以外的内容，以免前后矛盾。⑤见证性：体系文件可作为向管理者和第三方机构验证 HSE 管理体系运行情况的客观依据，写我所做，做我所写。

2）体系文件编写的方式

体系文件的编写可以采用如下方式：①自上而下依次展开的方式；②自下而上的编写方式；③从程序文件开始，向两边扩展的编写方式。

3）HSE 管理手册编写(第一层次文件)

HSE 管理手册是对企业 HSE 管理体系的全面描述，它是所有体系文件的“索引”，对 HSE 管理体系的建立和运行具有重要的意义。管理手册可根据企业的性质、规模、技术要求和人员素质的不同，在深度和广度上有所不同，以满足企业的实际需要。对于中小型企业，可以将管理手册和程序文件合并成一套文件，但大多数企业仍然将管理手册和程序文件分开，便于管理。

向组织内部和外部提供关于管理体系符合性信息的文件，是管理体系的框架。手册包括的内容：管理体系的范围，包括任何删减的细节和正当的理由；为管理体系编制的形成文件的程序或对其引用；管理体系过程之间的相互作用的描述(管理过程及接口)；其他。

4）HSE 程序文件编写(第二层次文件)

程序文件编写应遵循 5W1H 原则：Why—为什么做(目的)；What—做什么(工作内容)；Who—由谁做(责任部门/人员)；Where—哪里做；When—何时做；How—如何做(采用的方法)。

列出这项活动的步骤，给出合理的编写顺序，明确输入、转换和输出的内容；明确各项活动的接口关系、职责、协调措施；明确每个过程中的因素，由谁做、什么时间做、什么地点做、做什么、怎么做、怎么控制，及所要达到的要求；应该做好记录并形成报告；针对特殊情况的处理措施，如有需要，补充流程图，流程图画法及图示如图 1-4 所示。

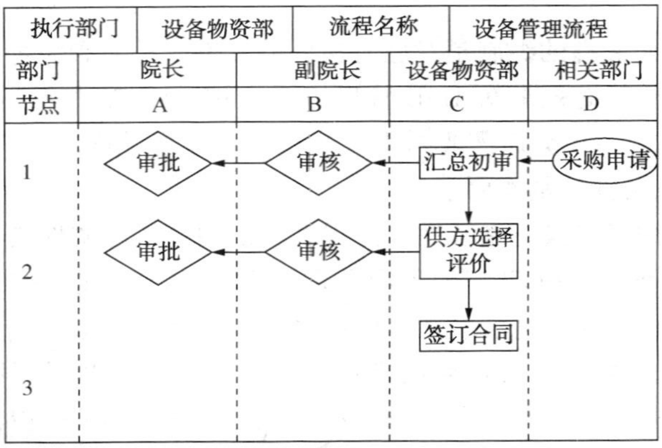

图 1-4　流程图

5）HSE 管理作业文件编写(第三层次文件)

应收集和分析现有的文件，企业现有的许多制度、规章和其他文件具有与管理文件相同的功能，但也有其不足之处。在 HSE 管理体系有效运行的前提下，根据管理运行文件的要求，对这些文件进行再次清理和分析，提取有用的文件，删除不相关的文件。根据管理运行文件的内容和格式要求，对 HSE 各级运行文件之间的关系进行管理，如图 1-5 所示。文件的三个层次没有严格定义，各个文件之间(手册与程序之间、程序与程序之间、程序与操作文件之间、操作文件之间)存在相互参照的关系。

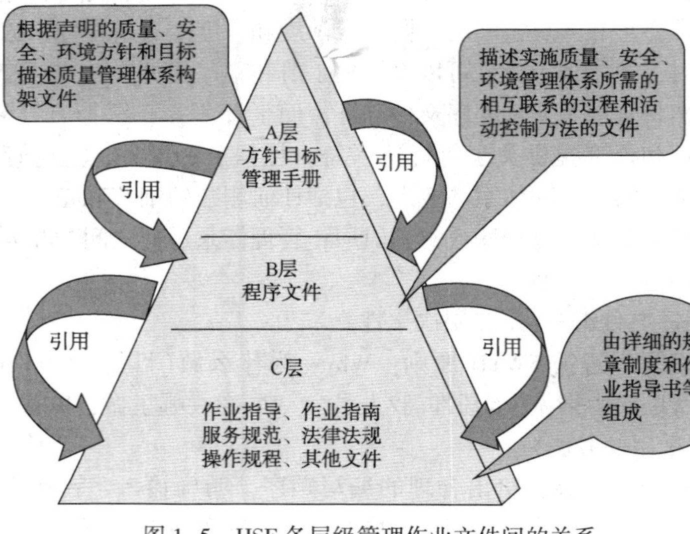

图 1-5　HSE 各层级管理作业文件间的关系

其次，应编制工作文件的详细清单。根据HSE管理体系总体设计方案，按体系要素逐步制定运行文件清单，明确部门职责。对需要重新编制、修改和改进的管理运行文件，应根据现有的各种文件确定，并在编制程序文件时或编制后逐步完成计划。由于每个组织的规模、组织设置和生产现实的不同，其运行控制程序的数量和内容也不尽相同。即使程序是一样的，但由于细节程度不同，操作文件的数量也不一样。一般来说，凡是从事石油化工工程施工的企业基层组织，都应准备两册一表。两本书参照《HSE作业指导书》和《HSE作业计划》，一表参照《HSE现场检查表》。

各项岗位操作活动的具体操作要求：①管理性第三层文件(如施工组织设计编制规定、设备维护保养办法、仓库管理办法、文件和资料编写导则、产品标识细则等)；②技术性第三层文件(如产品标准、原材料标准、技术图纸、工序作业指导书、工艺卡、设备操作规程、抽样标准、检验规程等)。

5. HSE管理体系试运行

HSE管理体系文件编制完成后，体系将进入试运行阶段，试运行的目的是通过该过程来检验HSE管理体系文件的有效性和协调性。健全的HSE管理体系在运行中需要宣传贯彻HSE管理体系文件和检验HSE管理体系文件的有效性。

HSE管理手册、程序文件和作业文件的贯彻实施和"两书一表"的执行，实质上就是HSE管理体系的运行。因此，当HSE管理手册由最高管理者签发命令发布后，HSE管理体系文件经相关领导批准实施后，相关部门应立即分层次组织各级管理人员认真学习和贯彻体系文件，从而树立良好的社会形象，增强市场竞争力。

6. HSE管理体系管理评审

管理评审通常是在体系审核基础上进行的，但它不是对体系审核结果的评审或复查，也不是每次体系审核后均要进行管理评审，但内、外部体系审核的结果都是管理评审的重要信息来源。

管理评审有"三高一前"特点，主要表现为：①高级别，由最高管理者执行；②高视角，从全局性、战略性的角度评审承诺、方针、目标等；③高层次，顶层设计性地对HSE管理体系进行评价；④前瞻性，高瞻远瞩地剖析和总结HSE管理体系。

第五节　HSE管理体系未来发展战略

随着全球石油经济一体化的发展，健康、安全和环境管理体系已在国际石油石化行业广泛实施。许多大型石油、天然气和石化企业在建立和实施HSE管理体系的过程中积累了很多有益的经验，如企业文化的建立，健康、安全和环境卓越计划的制定，HSE绩效年度报告的外部验证、实施ISO 14000认证的HSE管理体系，并建立质量、健康、安全与环境（QHSE）一体化管理体系，建立管理制度等。从发展现状来看，HSE管理体系未来的发展趋势如下：

（1）世界各国石油石化企业更加重视HSE管理，HSE管理已经成为世界性的趋势和主题，建立和持续改进HSE管理体系将成为国际石油石化企业HSE管理的大趋势。

（2）“以人为本”思想作为管理的核心得到充分体现。

（3）HSE管理体系审核要标准化。

（4）世界各国的环境立法更加系统化，环境标准更加严格。

HSE管理体系是石油石化工业发展到一定阶段的必然结果，是多年积累的工作经验的结晶和成果。作为一个管理体系，HSE正在为人类的安全、健康以及与人类息息相关的环境贡献力量，其自身也在实践中不断改进和完善。先进的HSE管理体系得到了世界上大多数石油公司的共同认可，使其成为各大公司共同的行为准则。

参 考 文 献

[1] 黄林军. 职业健康与安全管理体系理论与实践[M]. 广州：暨南大学出版社，2013.

[2] 祁有红，祁有金. 第一管理[M]. 北京：北京出版社出版集团，2007.

[3] 廉天洋. HSE管理体系实施中存在的问题及建议[J]. 工程建设与设计，2015(02)，134-135.

[4] 祁有红. 安全精细化管理[M]. 北京：新华出版社，2009.

[5] 中国石油天然气集团公司HSE指导委员会. 健康、安全与环境管理体系基础知识[M]. 北京：石油工业出版社，2001.

[6] 盖尔·伍德赛德. 环境、安全与健康工程[M]. 毛海峰，等译. 北京：化学工业出版社，2006.

第二章

化工HSE法律法规体系

第一节　法的基本概念

一、法的定义

广义上说，法是指国家根据统治阶级的利益和意志，制定或承认并以国家强制力为保障的行为规范的总和。

狭义的法是指具体的法律规范，包括宪法、法令、法律、行政法规、地方性法规、行政规章、判例、普通法等成文法和非成文法。

法律的特点是：由特定的国家机关根据一定的程序制定，由国家强制执行，是规范人类行为的社会规范。

二、法的分类

法律的分类有很多的标准，不同的标准对法的划分不同。

（1）按创立和表达形式分为成文法和不成文法。

（2）按地位和层次分为宪法、法律、行政法规、地方性法规和行政规章。

（3）按内容和效力强弱分为宪法性法律和普通法律，其中普通法律又可分为基本法律和基本法律以外的法律。

（4）按效力范围(对象、时间和空间)分为特殊法和一般法。

三、不同层次法的概念

我国以宪法为核心，涵盖宪法及宪法相关法、行政法、民商法、社会法、经济法、刑事诉讼法和非诉讼程序法7个法律部门为主，依法律、行政法规或地方性法规等4个层次的法律规范构成了中国特色社会主义法律体系，其构成层次如图2-1所示。

宪法：由全国人民代表大会制定和修改，具有最高的地位和效力。与宪法相抵触的其他法律无效。

法律：地位仅次于宪法，只有全国人民代表大会及其常务委员会才有权制定和修订，在全国具有约束力。基本法律由全国人民代表大会制定(刑法、刑事诉

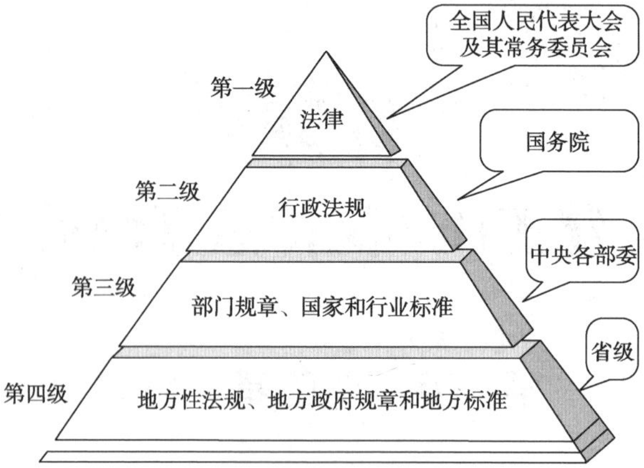

图 2-1　中国法律体系构成层次图

讼法、民事通则、物权法、民事诉讼法等）。基本法律以外的其他法律由全国人民代表大会常务委员会制定。

行政法规：地位次于宪法和法律。狭义上讲，指国务院根据宪法和法律制定的规范性文件，在全国具有约束力。

地方性法规：指地方人民代表大会及其常务委员会制定的约束本行政区的规范性文件。省级或设区的市人大及其常务委员会，可依据本行政区域的具体情况和需要，在不与宪法、法律、行政法规相抵触的前提下，制定地方性法规。

行政规章：分为部门规章和地方政府规章两种。部门规章是由国务院的部、委或直属机构制定的在全国实施的规范性文件；国务院各部委可以根据法律和国务院的行政法规、决定、命令，在本部门的权限范围内制定规章，由部门首长签署命令予以公布。地方政府规章是由地方人民政府制定的，在本行政区实施行政管理的规范性文件。省、自治区、直辖市和较大的市的人民政府可依据国家法律、行政法规与本省、自治区、直辖市的地方性法规，制定地方规章，由省长、自治区主席或市长签署命令，向社会公布。

以上内容可以用数学公式表示：宪法>法律>行政法规>地方性法规⇔部门规章、地方政府规章。

四、法律冲突解决原则

(1) 解决原则之一：上位法优于下位法。

①宪法具有最高的法律效力，一切法律、行政法规、地方性法规、自治条例和单行条例、规章都不能同宪法相抵触；②法律的效力高于行政法规、地方性法规、规章；③行政法规的效力高于地方性法规、规章；④地方性法规的效力高于本级和下级地方政府规章。

(2) 解决原则之二：特殊法优于一般法。

（3）解决原则之三：新法优于旧法。

五、国际公约

我国加入或承认的国际公约在中国具有法律效力（保留条款除外），例如《联合国海洋法公约》《控制危险废物越境转移及其处置的巴塞尔公约》《关于持久性有机污染物的斯德哥尔摩公约》《关于在国际贸易中对某些危险化学品和农药采用事先知情同意程序的鹿特丹公约》《作业场所安全使用化学品公约》《联合国气候变化框架公约》《京都议定书》等。

六、标准

1. 根据适用范围标准分类

（1）国家标准：全国范围内实施，由国务院标准化行政主管部门（质检总局）制定和发布。

（2）行业标准：由国务院有关行政主管部门制定，报国务院标准化行政主管部门备案。

（3）地方标准：由省标准化行政主管部门制定，报国务院标准化行政主管部门和有关行政主管部门备案。

（4）企业标准：

①产品没有国家标准或者行业标准的，应当制定企业标准作为组织生产的依据。②企业的产品标准应当报当地政府标准化管理部门和有关行政主管部门备案。③已经有国家标准或者行业标准的，国家鼓励企业制定严格于国家标准或者行业标准的企业标准，并在企业内适用。

2. 按照有效性标准进行分类

（1）国家标准和行业标准分为强制性标准和推荐标准。

以下国家标准是强制性的：①药品、食品卫生、兽药、农药等国家标准；②生产、储存、运输、使用中的产品的安全卫生国家标准、劳动安全卫生国家标准、运输安全国家标准；③工程建设质量、安全卫生国家标准和其他需要国家控制的工程建设国家标准；④环境保护污染物排放和环境质量国家标准；⑤与技术衔接有关的重要通用技术术语、符号、代码、文件格式和绘制方法的国家标准；⑥通用试验和检验方法的国家标准；⑦与国家标准互换；⑧国家需要控制的其他重要产品的国家标准。

以下标准为强制性行业标准：①医药行业标准、兽药行业标准、农药行业标准、食品卫生行业标准；②工农业产品及其生产、储存、运输、使用的安全卫生标准；③项目建设的质量、安全、卫生行业标准；④与技术衔接有关的重要技术术语、符号、代码、文件格式和绘制方法的行业标准；⑤互换配合标准；⑥工业范围内控制产品的通用试验方法和检验方法以及重要的工农业产品行业标准。

(2) 法律、行政法规规定的保障人体健康、人身安全、财产安全的标准和强制执行的标准为强制性标准，其他标准为推荐标准。

(3) 省标准化行政主管部门制定的工业产品安全卫生要求的地方标准，是本行政区域内的强制性标准。

七、中国 HSE 法规标准信息查询

(1) 全国人大常委会：http://www.npc.gov.cn/

(2) 国务院办公厅：http://www.gov.cn/

(3) 国务院公文公报：http://www.gov.cn/zwgk/index.htm

(4) 司法部：http://www.chinalaw.gov.cn/

(5) 生态环境部：http://www.mee.gov.cn/

(6) 中华人民共和国应急管理部：https://www.mem.gov.cn/

(7) 中华人民共和国国家卫生健康委员会：http://www.nhc.gov.cn/

(8) 国家市场监督管理总局：http://www.samr.gov.cn/

(9) 人力资源和社会保障部：http://www.mohrss.gov.cn/

(10) 地方各级政府及政府部门网站等

第二节　中国 HSE 法规体系的构成

一、我国 HSE 立法现状

自 1973 年以来，国家和地方先后制定或修改了一系列的法规、规章和标准，目前形成了较为完备的 HSE 法律体系。其中包括宪法中关于健康、安全和环境方面的规定，环境、健康和安全领域的法律，HSE 行政法规与部门规章，地方 HSE 法规与规章，HSE 国家标准、地方标准、行业标准以及我国缔结或参加的与 HSE 有关的国际条约中的法规等。

二、职业健康防护法律法规

我国现行的职业卫生法规体系按照法律的效力等级，首先是宪法中关于职业安全健康的一些规定，是职业卫生立法的基本依据和指导原则；其次是作为职业卫生领域基本法的《中华人民共和国职业病防治法》；再次是职业卫生的相关法，由于职业卫生涉及社会生产的各个方面，在其他的部门法中也包含大量的职业卫生法律规范；然后是职业卫生行政法规，由国务院根据宪法和法律而组织制定并批准施行；还有职业卫生地方性法规、规章，职业卫生标准以及国际劳工组织制定的有关公约。企业自身的职业卫生规程，作为法律的补充与延伸，对企业自身具有约束力，也是职业卫生法规体系中的组成部分。

经过多年的发展，中国在职业病防治领域已经形成了包括《中华人民共和国职业病防治法》在内的一系列行政法规、部门规章和职业卫生技术标准规范等较为完整的法律体系，而后者在整个职业卫生法律法规领域发挥着重要作用。这是由于职业病防治领域知识和实践的快速发展，以及法律的滞后性、刚性和原则性，需要行政立法对现有法律进行有效补充。

在职业病防治领域，我国现有的行政法规和法律文件主要有：

1956 年，《关于防止厂、矿企业矽尘危害的决定》对工矿企业矽尘危害的防治做出规定，要求工矿企业对接触矽尘的工人定期进行健康检查；

1984 年，《国务院关于加强防尘防毒工作的决定》对生产中粉尘和有毒物质的防治做出了规定。

1987 年，《中华人民共和国尘肺病防治条例》对粉尘的防治和监督监测做出了规定，要求用人单位对接触粉尘的工人进行健康检查，并按时向行政部门报告尘肺情况。

2002 年，《使用有毒物品作业场所劳动保护条例》对在使用有毒物品作业场所进行职业卫生防护和防治职业中毒做出了具体规定，禁止用人单位使用童工；用人单位要求从事使用有毒物品作业的劳动者上岗前进行职业健康检查和定期职业健康检查，建立职业健康档案等。

自 2002 年《中华人民共和国职业病防治法》实施以来，发布了国家职业卫生标准 217 项。其中包括职业接触限值 388 项、采样及检测方法 245 项、职业病危害评价标准 2 项、职业卫生防护标准 13 项、放射卫生防护标准 93 项、职业病诊断标准 97 项、职业性放射性疾病诊断标准 42 项。其中较为重要的是《工业企业设计卫生标准》和《工作场所有害因素职业接触限值》。

2005 年重新修订了《工业企业设计卫生标准》，强化了工业企业基本卫生条件的设计要求，并于 2009 年通过修订并实施。《工作场所有害因素职业接触限值》则规定了工作场所有害因素的职业接触限值，分为 GBZ 2.1 工作场所化学有害因素职业接触限值和 GBZ 2.2 工作场所物理因素职业接触限值两部分。

卫生部还发布了一系列职业病防治配套规定，主要包括《职业病目录》《国家职业卫生标准管理办法》《职业病诊断与鉴定管理办法》《建设项目职业病危害分类管理办法》《职业病危害项目申报管理办法》《职业健康监护管理办法》等。

职业病防治还涉及安全科学、安全和技术问题，需要技术标准和规范予以明确界定。这些标准按内容不同可分为职业卫生基本标准、工作场所条件标准、职业接触极限标准、职业病诊断标准、职业防护设备卫生标准、职业危害防护指南等。

三、安全生产法律法规

1. 安全生产法的概念

安全生产法规是指调整在生产过程中产生的同劳动者或生产人员的安全与健

康，以及与生产资料和社会财富安全保障有关的各种社会关系的法律规范的总和，是国家法律体系的重要组成部分。安全生产法规通过规定国家、企业和劳动者之间的权利及义务的方式来调整安全生产社会关系，以保障社会的稳定和发展，维护国家和人民的根本利益。

形式意义上的安全生产法是指 2002 年 11 月 1 日生效的《中华人民共和国安全生产法》，该法第二条明确规定在我国领域内从事生产经营活动的单位的安全生产均适用本法。因此，《中华人民共和国安全生产法》在安全生产领域具有基本法的地位。实质意义上的安全生产法则是指所有规范安全生产的法律规范，根据法律位阶不同，可分为安全生产法律行政法规、部门规章、司法解释、安全生产标准、地方性法规、已批准的国际劳工安全公约等。

2. 我国安全生产法律体系

目前，安全生产法律制度是一项包括多种法律形式和法律层次的综合制度。从法律规范的形式和特征来看，它不仅包括作为安全生产法律法规基础的宪法规范，还包括行政法律规范、技术法律规范和程序法律规范。根据法律等级的不同，安全生产法律制度分为以下几类。

（1）宪法。宪法是安全生产法律体系框架的最高层级，宪法第四十二条“加强劳动保护，改善劳动条件”是有关安全生产方面最高法律效力的规定。

（2）安全生产方面的法律。

① 基础法。我国有关安全生产的法律包括《中华人民共和国安全生产法》（以下简称《安全生产法》）和与它平行的专门法律和相关法律。《安全生产法》是综合规范安全生产法律制度的法律，它适用于所有生产经营单位，是我国安全生产法律体系的核心。

② 专门法律。专门安全生产法律是规范某一专业领域安全生产的法律制度。我国在专业领域的法律有《中华人民共和国消防法》《中华人民共和国道路交通安全法》《中华人民共和国矿山安全法》《中华人民共和国海上交通安全法》。

③ 相关法律。与安全生产有关的法律是指安全生产专门法律以外的其他法律中涵盖有安全生产内容的法律，如《中华人民共和国劳动法》《中华人民共和国工会法》《中华人民共和国铁路法》《中华人民共和国民用航空法》《中华人民共和国全民所有制企业法》《中华人民共和国矿产资源法》等。

还有一些与安全生产监督执法工作有关的法律，如《中华人民共和国刑法》《中华人民共和国刑事诉讼法》《中华人民共和国行政处罚法》《中华人民共和国国家赔偿法》和《中华人民共和国标准化法》等。

例如，《中华人民共和国刑法》第一百三十四条规定：在生产、作业中违反有关安全管理的规定，因而发生重大伤亡事故或者造成其他严重后果的，处三年以下有期徒刑或者拘役；情节特别恶劣的，处三年以上七年以下有期徒刑。

强令他人违章冒险作业，因而发生重大伤亡事故或者造成其他严重后果的，处五年以下有期徒刑或者拘役；情节特别恶劣的，处五年以上有期徒刑。

《中华人民共和国刑法》第一百三十五条规定：安全生产设施或者安全生产条件不符合国家规定，因而发生重大伤亡事故或者造成其他严重后果的，对直接负责的主管人员和其他直接责任人员，处三年以下有期徒刑或者拘役；情节特别恶劣的，处三年以上七年以下有期徒刑。

《中华人民共和国刑法》第一百三十六条规定：违反爆炸性、易燃性、放射性、毒害性、腐蚀性物品的管理规定，在生产、储存、运输、使用中发生重大事故，造成严重后果的，处三年以下有期徒刑或者拘役；后果特别严重的，处三年以上七年以下有期徒刑。

《中华人民共和国刑法》第一百三十九条规定：违反消防管理法规，经消防监督机构通知采取改正措施而拒绝执行，造成严重后果的，对直接责任人员，处三年以下有期徒刑或者拘役；后果特别严重的，处三年以上七年以下有期徒刑。

在安全事故发生后，负有报告职责的人员不报或者谎报事故情况，贻误事故抢救，情节严重的，处三年以下有期徒刑或者拘役；情节特别严重的，处三年以上七年以下有期徒刑。

(3) 行政法规。安全生产行政法规是由国务院组织制定并批准公布的，是为实施安全生产法律或规范安全生产监督管理制度而制定并颁布的一系列具体规定，是实施安全生产监督管理和监察工作的重要依据。我国已颁布了多部安全生产行政法规，如《化学危险品安全管理条例》《生产安全事故报告和调查处理条例》《工厂安全卫生规程》等。

(4) 部门规章。在部门规章方面，国家安全生产监督管理总局和国务院有关部门相继制定了80多部部门规章，其中原国家安全生产监督管理总局制定出台了《安全生产违法行为行政处罚办法》等50多部部门规章，交通运输、住房和城乡建设、公安等国务院有关部门制定出台了30多部部门规章。

(5) 司法解释。为了正确适用安全生产法律，惩治安全生产违法行为，最高人民法院、最高人民检察院制定出台了《关于办理危害矿山生产安全刑事案件具体应用法律若干问题的解释》《关于审理非法采矿、破坏性采矿刑事案件具体应用法律若干问题的解释》等司法解释。

(6) 安全生产标准。安全生产标准是安全生产法律法规体系的重要组成部分，是安全生产管理的基础和监督执法的重要技术依据。安全生产标准大致分为设计规范类、安全生产设备与工具类、生产工艺安全卫生类和防护用品类四类。

(7) 地方性法规。据统计，《安全生产法》出台后，全国31个省(区、市)全部制定出台了相应的地方性法规或者地方政府规章，其中北京、河南等30个省(区、市)制定了安全生产条例，青海省制定了安全生产政府规章。此外，福建等26个省(区、市)制定出台了《矿山安全法实施办法》，新疆维吾尔自治区制定出台了《隐患排查治理条例》。

(8) 国际劳工公约。国际劳工组织自1919年创立以来，一共通过了185个国际公约和为数较多的建议书，其中70%的公约和建议书涉及职业安全卫生问题。我国已批准加入约23个国际劳动公约，其中有4个与职业安全卫生相关。当我国安全生产法律与国际公约有不同时，应优先采用国际公约的规定(除保留条件的条款外)。

3. 涉及安全生产的相关法律范畴

我国的安全生产法律体系覆盖整个安全生产领域，包含多种法律形式。根据涵盖内容不同可分为8类，包括：综合类安全生产法律法规和规章、危险物品类安全法律法规、公众聚集场所及消防安全法律法规、交通运输安全法律法规、建筑业安全法律法规、矿山类安全法律法规、其他安全生产法律法规、国际劳工安全卫生标准。

(1) 综合类安全生产法律法规和规章。它也适用于危险物品、建筑业和其他方面的安全生产法律法规和规章，对各行各业的安全生产活动都具有规范作用，典型的法律有《劳动法》《安全生产法》等。由安全生产监督检查类、伤亡事故报告和调查处理类、重大危险源监管类、安全检测检验类、劳动防护用品管理类等通用安全生产法规和规章组成。

(2) 危险物品类安全法律法规。目前，已颁布实施了《危险化学品安全管理条例》《使用有毒物品作业场所劳动保护条例》《民用爆炸物品安全管理条例》《放射性药品管理办法》等法规用于管理危险物品。

(3) 公众聚集场所及消防安全法律法规。所涉及的主要是公众聚集场所、公共建筑设施、娱乐场所、旅游设施、机关团体及其他场所的安全与消防工作。目前，相关的法律法规和规章主要为《消防法》及与之相配套的《公共娱乐场所消防安全管理规定》《消防监督检查规定》《仓库防火安全管理规则》《火灾统计管理规定》等。

(4) 交通运输安全法律法规。包括铁路、水路、道路、民用航空运输行业的法律法规和规章，《安全生产法》也适用于这些行业。目前，这些行业都有自己专有的法律法规，例如：铁路运输业有《铁路法》和《铁路运输安全保护条例》等；海上交通运输业有《海上交通安全法》《海上交通事故调查处理条例》等；道路交通管理方面有《道路交通安全法》《道路交通管理条例》及《道路交通事故处理办法》；民航运输业有《民用航空法》《民用航空器适航条例》和《民用航空安全保卫条例》等。

(5) 建筑业安全法律法规。规范建筑业安全行为的法律有《安全生产法》和《建筑法》。行业规章一直沿用1956年颁布的《建筑安装工程技术规程》和其他有关技术标准。此外，我国已批准加入了国际劳工公约的《建筑业安全和卫生公约》。

(6) 矿山类安全法律法规。它规范的行业和部门主要包括石油天然气开采业、煤矿、金属和非金属矿山。我国颁布实施了《矿山安全法》《矿山安全法实施条例》和《煤矿安全监察条例》等；此外，相关部门还颁布了一批矿山安全监督管理规章。

(7) 其他安全生产法律法规。其他类包括的内容是前面6个专业领域以外的行业安全管理规章，主要有石化、电力、机械、建材、造船、冶金、轻纺、军工、商贸等行业规章。这些行业和部门都有一些规章和规程，但均未制定专门的安全行政法规，因此《安全生产法》是规范这些部门安全生产行为的重要法律。

(8) 国际劳工安全卫生标准。在国际劳工公约中，我国加入的有约23个，其中4个是有关职业安全卫生方面的公约。当前，国际上将贸易与劳工标准相联系是发展趋势，随着我国加入世界贸易组织(WTO)，参与世界贸易必须遵守国际通行的规则。我国的安全生产立法和监督管理工作也需要逐步与国际接轨。

四、环境法律法规

我国环保法律法规的基本法是《中华人民共和国环境保护法》(1989年12月26日实施)，相关的法律法规包括《中华人民共和国环境影响评价法》《中华人民共和国大气污染防治法》《中华人民共和国环境噪声污染防治法》《中华人民共和国水污染防治法》《中华人民共和国固体废物污染环境防治法》《中华人民共和国清洁生产促进法》《中华人民共和国放射性污染防治法》等。

环境保护管理法律法规相关的内容如下：

《中华人民共和国环境保护法》第二十四条：产生环境污染和其他公害的单位，必须把环境保护工作纳入计划，建立环境保护责任制度；采取有效措施，防治在生产建设或者其他活动中产生的废气、废水、废渣、粉尘、恶臭气体、放射性物质以及噪声振动、电磁波辐射等对环境的污染和危害。

《中华人民共和国环境保护法》第二十六条：建设项目中防治污染的措施，必须与主体工程同时设计、同时施工、同时投产使用。防治污染的设施必须经原审批环境影响报告书的环境保护行政主管部门验收合格后，该建设项目方可投入生产或者使用。

《中华人民共和国固体废物污染环境防治法》第二十条：产生、收集、贮存、运输、利用、处置固体废物的单位和个人，必须采取防扬散、防流失、防渗漏或者其他防止污染环境的措施；不得擅自倾倒、堆放、丢弃、遗撒固体废物。

《中华人民共和国固体废物污染环境防治法》第二十二条：转移危险废物的，必须按照国家有关规定填写危险废物转移联单，并向危险废物移出地设区的市级以上地方人民政府环境保护行政主管部门提出申请。移出地设区的市级以上地方人民政府环境保护行政主管部门应当商经接受地设区的市级以上地方人民政府环境保护行政主管部门同意后，方可批准转移该危险废物。未经批准的，不得转移。

《中华人民共和国刑法》第三百三十八条：违反国家规定，向土地、水体、大气排放、倾倒或者处置有放射性的废物、含传染病病原体的废物、有毒物质或者其他危险废物，造成重大环境污染事故，致使公私财产遭受重大损失或者人身伤亡的严重后果的，处三年以下有期徒刑或者拘役，并处或者单处罚金；后果特别严重的，处三年以上七年以下有期徒刑，并处罚金。

第三节　HSE 工程伦理规范

随着现代工程对人类社会和自然的影响越来越深刻，大规模、综合性、复杂性和现代工程的影响也越来越重要。将公共安全、健康和福祉放在首位已成为国际工程领域普遍遵循的原则，职业道德和工程道德素养已成为工程专业人员必须具备的重要素质。

中国化工学会于 2021 年 2 月 24 日发布了《中国化工学会工程伦理守则》。该守则经中国化工学会工程伦理教育工作委员会起草，40 届 17 次常务理事会议通过，倡导广大化工从业人员遵守本守则，承担社会责任，维护职业声誉，提高业务能力，培养职业道德情操和工程道德修养，发扬爱国、敬业、诚信、友善的社会主义核心价值观，不断提高自己，追求卓越，用专业知识和技能造福人民，造福社会。

一、工程师的定义

工程师是把数学和自然科学知识应用于实际目的的人。工程师指具有从事工程系统操作、设计、管理和评估能力的人员。

科学家探索原理，工程师懂了原理就想实现其应用。科学家研究事物，工程师建立事物。科学家问为什么，工程师问为什么不去做。科学家发现世界，工程师创造世界。科学家探索世界以发现普遍法则，而工程师使用普遍法则以设计实际物品。

二、工程伦理准则

工程师作为工程活动的主体，在工作过程中会遇到各种伦理问题。工程伦理是调整工程与技术、工程与社会之间关系的道德规范，对工程师的伦理行为和工程建设起着引导、规范、开拓等重要作用。工程伦理准则包括 5 个方面：以人为本、关爱生命、安全可靠、关爱自然、公平正义。

1. 以人为本原则

以人为本就是以人为本的主体、以人为本的前提、以人为本的动机、以人为本的目的。以人为本是工程伦理的核心，也是工程师在工程活动中处理各种伦理关系时最基本的伦理原则，体现了工程师对人类利益的关怀，对广大社会成员的关怀和尊重。以人为本的工程伦理原则是指工程建设要造福人民，提高人民生活水平，提高人民生活质量。

2. 关爱生命原则

关爱生命的原则要求工程师必须尊重人的生命权，即始终把保护人的生命放在重要位置，不支持以破坏人的生命为目的的项目的发展。工程师不应该参与危害人民健康的项目的设计和开发。这是对工程师最基本的道德要求，也是一切工程道德的根本基础。尊重而不是剥夺人的生命权，是人类最基本的道德要求。

3. 安全可靠原则

在工程设计和实施中，应充分考虑产品的安全性能和劳动保护措施，保持对人类生活高度负责的态度。要求工程师在工程和技术活动中考虑对人类无害的安全性和可靠性。

4. 关爱自然原则

工程技术人员在工程活动中应当遵循生态伦理原则，不得从事、开发破坏或者危害生态环境的项目。工程师应当从事有利于自然生命和生态系统健康发展、改善环境质量的工程活动，在发展中保护，在保护中发展。在工程活动中，要善待自然、敬畏自然，保护生态环境，建立人与自然的友好伙伴关系，实现生态的可持续发展。

5. 公平正义原则

正义与无私有关，它暗含着平等。公平正义原则要求工程师的伦理行为要有利于他人和社会，特别是在利益冲突面前，要按照道德原则行事。公平正义的原则也要求工程师不要把工程活动作为获得名声、地位和声誉的垫脚石，反对通过不正当的手段在竞争中提升自己。在工程活动中体现尊重和保障每个人的合法生存权、发展权、财产权、隐私权等个人权益。工程技术人员在工程活动中应处处树立维护公共权利的意识，不得对任何个人的利益造成损害，对于无法避免的或已受到损害的利益给予合理的经济赔偿。

三、工程师的伦理责任

工程师的伦理行为是工程师作为道德主体，为了一定目的对特定对象进行改造的一种积极活动。工程师伦理行为的选择是工程师伦理行为的核心和本质组成部分。工程师的伦理行为选择是指工程师面对各种伦理可能性，在一定的伦理意识的控制下，按照一定的伦理价值标准，自愿、自主地选择善恶的行为活动。从化工工程实践来看，工程师在项目决策、项目实施、项目后果等阶段存在如“义”与“利”的选择、“经济价值”与“精神价值”的两难选择、国家利益与人类共同利益的冲突、经济技术要求和人权保障的矛盾等。

工程师道德行为选择的目的与手段之间的关系仍然是一个问题。在目的和手段上都存在着善与恶的问题。只有好的目的和好的手段才能实现工程师的道德行为；善的目的与恶的手段或者恶的目的与善的手段会将工程师的行为推向不道德的行为路径，产生负面影响，破坏社会的伦理秩序。

作为工程活动的主体，工程师在工作中会遇到各种伦理问题。责任通常与特定的职位或组织联系在一起，指的是本应该做的事情或本不应该犯的错误，因为他们没有做得很好而应承担的过失。伦理责任是指人们对自己的行为负责，这是可以回答和解释的。与法律责任相比，伦理责任具有前瞻性，是一种以善与恶、正义与非正义、正义与偏袒、诚实与虚伪、荣辱为评判标准的社会责任。

现代工程活动使工程师发挥着极其重要的专业作用。工程本身的技术复杂性和社会关联性，必然要求工程师不仅要精通技术业务，能够创造性地解决技术问题，而且要善于管理和协调，处理与工程活动相关的各种关系。最重要的是，工程活动对社会和环境的影响越来越大，这就要求工程师突破技术视野的局限，对工程活动的整体社会意义和长期社会影响有清醒的认识，承担起所有的社会责任。

现代工程不仅要求工程师具备专业的技术能力，而且要求工程师具备在利益、道德和效用的冲突中做出道德选择的能力。除了经济价值和技术价值判断外，还必须做出伦理价值判断。除了要有专业技术素养外，还要有道德素养；他们除了对雇主负有责任外，还对公众、环境和人类的未来负有责任。

工程师应该承担伦理责任的原因是：工程师的社会责任关系到人类对自己未来和命运的选择，工程师行为的选择决定了社会责任。选择和责任是不可分割的，选择让工程师陷入价值观的冲突，迫使他们在多种可能性之间做出选择。传统观念认为，工程师的社会责任就是做好自己的工作。事实上，这种观点是片面的。

如前所述，现代工程技术的新发展给科技工作者带来了前所未有的力量，而其后果往往太大而难以预料。信息技术、基因工程等在给人类带来利益的同时也给人类带来了可预见和不可预知的伤害甚至灾难，或者给他人带来了一些利益或伤害。因此，明确我国工程师应承担的社会责任、提高工程师的自我约束的自觉性和建立健全相关工程法律法规，严格规范工程师的行为是非常有必要的。

第四节　HSE 自愿行为规范

一、“责任关怀®”的概论

1.“责任关怀®”的诞生与发展

“责任关怀®”(Responsible Care®)是全球化学工业自愿发起的关于健康安全

及环境等方面不断改善绩效的行为，是化工行业专有的自愿性行动。该行动旨在改善各化工企业生产经营活动中的健康安全及环境表现，提高当地社区对化工行业的认识和参与水平。通过信息分享、严格的检测体系、运行指标和认证程序，展示化学工业在健康、安全、环境质量等方面的成绩，推动化学工业持续发展。

1985年由加拿大化学制造商协会(CCPA)发起，提出“责任关怀®”理念，宗旨是石化企业自愿承诺，从自身做起，不断改善健康、安全和环境的质量。1988年，美国化工协会(ACC)开始实施“责任关怀®”。1995年，日本责任关怀委员会成立。2006年“责任关怀®”全球宪章发布。全球已有50多个国家和地区的化工企业实施“责任关怀®”。

国际化工协会联合会(ICCA)是全球化工行业协会的联合组织。该联合会的主要任务，是促进全球化工行业的信息交流、协调和确立化工行业在有关产业政策方面的立场，代表化工行业与联合国环境发展署、世界贸易组织、经济合作与发展组织等国际组织就安全、环保、贸易等问题进行沟通。同时，该联合会积极倡导并推行化工行业的全球性行动，如“责任关怀®”、高产量化学品项目、长期研究计划等。

“责任关怀®”实施是以国际化工协会联合会颁布的“责任关怀®”全球章程为依据，借鉴有关国家和地区实施“责任关怀®”的经验，并结合我国的相关法律法规编制而成的。相信“责任关怀®”的发布将对我国化工行业实施“责任关怀®”起到积极推进作用。

2.“责任关怀®”理念

(1) 化学品制造商承诺在创造物质财富的同时，履行对社会和谐发展的责任。

(2) 企业关爱员工、关爱社会、履行社会责任、树立自身形象的一个新的发展理念。

(3) 自愿承诺环境保护责任，避免公共安全卫生事件，对周边社区、社会公众负责；生产中，把企业内部员工的健康和安全放在第一位。

3. 实施“责任关怀®”的意义

(1) 是落实科学发展观的重大举措。

(2) 有利于构建社会主义和谐社会。企业追求、落实“零事故”“零排放”的目标。化工企业与周边社区、社会公众通过沟通与交流，达到互相理解。

(3) 是走新型工业化道路的需要。

(4) 有利于促进行业可持续发展。

(5) 有利于融入全球经济一体化。

4. 实施“责任关怀®”的必要性

(1) 持续改善并提高工艺安全、健康与环境的整体绩效，并降低风险。

（2）改善企业与政府机关的沟通，提升社区民众等利害相关团体对企业的信任度。

（3）明显提升企业的良好形象，创造有利投资环境。

（4）与业界同行分享技术、经验，减少工艺安全及环境保护方面的问题。

二、“责任关怀®”的实施原则

（1）不断提高企业 HSE 的认知和行为意识，持续改进生产工艺，提升产品在使用周期中的性能表现，避免对人与环境造成伤害和破坏。不断提高管理层和全体员工对化学品危害的认知度，提高员工的 HSE 行为意识。将上述知识告知所有利益相关方，提高相关人员对化学品危害的认识。做好安全防护，采取相应安全保护措施，消除或避免其危害。

（2）有效利用资源，注重节能减排，将废弃物降至最低。要充分利用资源，逐年提高能源的利用率。树立“零排放”的理念，将废弃物降至最低作为企业一贯遵循的原则。对“三废”要充分处理和再利用，实现变废为宝。

（3）充分认识社会对化学品以及运作过程的关注点，并对其做出回应。与周围社区和社会公众进行沟通与交流，了解他们所关注的问题和建议，与他们共同努力，并采取有效措施达到所期望的要求。

（4）研发和采用先进的工艺及安全的化学品。为现有产品和新产品制定计划时，应优先考虑 HSE 因素。投入一定的资金和人力研发能够安全生产、安全运输和安全使用以及易于处置的化学品。

（5）与用户共同努力，确保化学品的安全使用、运输以及处理。企业应办学习班，教会用户如何正确使用危险化学品、如何正确处理废弃的化学品。

（6）向政府部门、员工、用户以及公众及时通报与化学品有关的 HSE 危险信息，并且提出有效的预防措施。应公开报告企业在健康、安全和环保方面采取的有关行动、取得的成绩和存在的缺陷；对“责任关怀®”的每项实施准则建立管理评审要素，定期对“责任关怀®”的方针、目标和各项管理制度、行动措施予以评价，找出缺陷和不足，提出建议，作为下一年管理制度的依据，并最终形成评审报告。将报告提交政府有关部门，并对企业员工和社会公众公开，便于监督。

（7）积极参与政府和其他部门制定的用以确保社区、工作场所和环境安全的有关法律、法规和标准，并满足或严于其要求。安全、健康和环境保护等有关法律法规、标准是企业实施“责任关怀®”的依据和准绳。企业应积极与政府及有关部门合作，执行相关法规、标准，满足或严于法规、标准要求，并为制定和修订法规、标准提供资料。

（8）与有关方共同努力，解决以往危险物品在处理和处置方面所遗留的问题。

(9) 通过分享经验以及向其他生产、经营、使用、运输或者处置化学品的部门提供帮助，来推广“责任关怀®”的原则和实践。企业在选择供应商和承包商时，最好选择已开展“责任关怀®”的企业；或是选择在健康、安全、环境的各个方面做得较好的企业。

(10) “责任关怀®”是自律、自愿行为，但在企业内部是制度化、强制性行为。在企业管理层，“责任关怀®”是一种态度、一种理念；在现场，“责任关怀®”准则是强制性的、必须执行的行为。“责任关怀®”的实施准则是具体的，企业制定相关制度，以保障准则的落实、执行。

三、“责任关怀®”指导原则

(1) 不断提高环境、健康与安全知识水准，以及生产技术、工艺和产品在使用周期中的性能表现，从而避免对人和环境造成伤害。

(2) 有效利用资源，注重节能减排，将损耗降至最低。

(3) 充分认识社会对化学品以及其运作过程的关注点，并对其做出回应。

(4) 研发和制造能够安全生产、运输、使用以及处理的化学品。

(5) 在为全部现有的和新的产品与工艺制定计划时，应优先考虑健康、安全和环境因素。

(6) 向有关官员、公司员工、客户以及公众及时通报与化学品相关的健康和环境危险信息，并且提出富有成效的措施建议。

(7) 与客户共同努力，确保化学品的安全使用、运输以及处理。

(8) 采取能有效保护环境、员工和公众健康安全的方式进行工厂及设施运行。

(9) 通过研究有关产品、工艺和废弃材料对健康、安全和环境的影响，提升健康、安全、环境的知识水准。

(10) 与有关方共同努力，解决以往危险物品在处理和处置方面所遗留的问题。

(11) 与政府和其他部门一起参与制定有关法律、法规和标准来维护社会、工作地点和环境的安全，从而满足或超越以上法律、法规及标准的要求。

(12) 通过分享经验以及向其他生产、经营、使用、运输或者处置化学品的部门提供帮助来推广“责任关怀®”的原则和实践。

四、“责任关怀®”实施的六项准则

1.“责任关怀®”社区认知和应急响应准则

社区认知准则：规范企业在实施“责任关怀®”的过程中进行的社区认知的管理工作，通过必要的信息交流与沟通，不断提高周边社区的公众对企业的认知水平，使企业与社区之间建立一个和谐友好的氛围。适用于企业在生产和经营过程中的全部活动，充分体现社区公众的知情权和参与权。

应急响应准则：企业一旦发生事故，能立即进行快速应对和有效处理，将损失降低到最低程度，包括企业内部、周边社区和社会公众。要求企业设立应急响应管理机构，建立应急响应机制，编制应急救援预案，制定应急计划，建立应急响应的定期演练制度，最终建立起整套救援体系。

2.“责任关怀®”储运安全准则

储运安全准则旨在规范企业在实施“责任关怀®”的过程中对化学品的储运安全管理工作，确保有效的应急预案得以实施，将化学品对人和环境可能造成的危害降至最低，重点规范化学品运输、储运、装卸、转运及重新包装过程中的作业行为，预防对雇员和公众造成危害的风险。企业应制定化学品风险管理程序，并加强与物流服务供应商、用户、社区等相关方的沟通、交流，确保化学品的安全转移、储存和处理。

《常用化学危险品贮存原则》(GB 15603—1995)如表 2-1 所示。

表 2-1　常用化学危险品贮存原则

贮存类别	贮存要求			
	露天贮存	隔离贮存	隔开贮存	分离贮存
平均单位面积贮存量/(t/m²)	1.0~1.5	0.5	0.7	0.7
单一贮存区最大贮存量/t	2000~2400	200~300	200~300	400~600
垛距限制/m	2	0.3~0.5	0.3~0.5	0.3~0.5
通道宽度/m	4~6	1~2	1~2	5
墙距宽度/m	2	0.3~0.5	0.3~0.5	0.3~0.5
与违禁品距离/m	10	不得同库贮存	不得同库贮存	7~10

交通运输部《道路危险货物运输管理规定》涉及：①《危险货物品名表》(GB 12268—2012)；②《危险货物运输包装通用技术条件》(GB 12463—2009)；③《营运车辆综合性能要求和检验方法》(GB 18565—2016)；④《汽车、挂车及汽车列车外廓尺寸、轴荷及质量限值》(GB 1589—2016)；⑤《营运车辆技术等级划分和评定要求》(JT/T 198—2004)；⑥《钢制压力容器》(GB 150—1998)；⑦《汽车运输液体危险货物常压容器(罐体)通用技术条件》(GB 18564—2001)。

3.“责任关怀®”污染防治准则

污染防治准则旨在规范企业在实施“责任关怀®”过程中进行的环境保护管理工作。企业应最大限度地避免、减少或控制任何类型污染物的产生、排放或废弃。企业应对生产过程中污染物的产生、处理和排放进行综合控制，节能减排，充分利用能源，尽量降低原材料消耗。

“三废”排放标准：①《污水综合排放标准》(GB 8978—1996)；②《大气污染物综合排放标准》(GB 16297—1996)；③《锅炉大气污染物排放标准》(GB

13271—2001)；④《环境空气质量标准》(GB 3095—2012)；⑤《煤炭工业污染物排放标准》(GB 20426—2006)；⑥《工业炉窑大气污染物排放标准》(GB 9078—1996)；⑦《合成氨工业水污染物排放标准》(GB 13458—2013)；⑧《清洁生产标准 石油炼制业》(HJ/T 125—2003)；⑨《烧碱、聚氯乙烯工业水污染物排放标准》(GB 15581—1995)。

4.“责任关怀®”工艺安全准则

工艺安全准则旨在规范企业推行“责任关怀®”中应实施的工艺安全管理，防止化学品泄漏、爆炸、火灾，避免发生人员伤害或对环境产生负面影响。企业应树立零事故、零伤害的安全理念，有效辨识生产活动中存在的工艺安全风险，应采用先进、安全的技术、工艺、设备和材料，不得使用国家明令禁止淘汰、禁止使用的危及生产安全的工艺和设备。

5.“责任关怀®”职业健康安全准则

职业健康安全准则旨在规范企业对安全生产管理和职业卫生的管理；规范企业员工和外来人员、参观学习人员的安全行为和卫生行为；防止安全事故发生和职业病的发生，保护人们的身体健康；要求企业采取一切有效的措施消除或控制风险，减少职业危害因素可能造成的伤害，防止伤亡事故和职业病的发生。

《职业健康安全管理体系实施指南》(GB/T 28002—2011)：适合于组织职业健康安全风险的性质和规模；包括防止人身伤害与健康损害和持续改进职业健康安全管理与职业健康安全绩效的承诺；包括至少遵守与其职业健康安全危险源有关的适用法律法规要求及组织应遵守的其他要求的承诺；为制定和评审职业健康安全目标提供框架；形成文件，付诸实施，并予以保持；传达到所有在组织控制下工作的人员，旨在使其认识到各自的职业健康安全义务；可为相关方所获取；定期评审，以确保其与组织保持相关和适宜。

6.“责任关怀®”产品安全监管准则

产品安全监管准则旨在规范企业的产品安全监管工作，保证产品生命周期的每个环节对人员和环境的伤害降至最低(这是一种以产品为中心的健康、安全、环保的管理模式)，要求产品生产周期中涉及的各方(包括设计者、生产商、零售商、消费者、废品管理商)共同承担责任，减少产品的危害。

五、企业“责任关怀®”的实施

1.“责任关怀®”实施的基本步骤

签订“责任关怀®”承诺书；设立“责任关怀®”的管理机构；制定“责任关怀®”的方针和目标；确定“责任关怀®”的实施计划与管理制度；“责任关怀®”实施；绩效考核和自我评估；管理评审和持续改进；年度报告。

2. 企业“责任关怀®”实施规范、标准

①《责任关怀实施准则》(HG/T 4184—2011)；②《危险化学品从业单位安全

标准化通用规范》(AQ 3013—2008);③《化工企业工艺安全管理实施导则》(AQ/T 3034—2010);④《工作场所职业病危害警示标识》(GBZ 158—2003);⑤《生产过程安全卫生要求总则》(GB/T 12801—2008);⑥《常用化学危险品储存通则》(GB 15603—1995);⑦《职业健康安全管理体系实施指南》(GB/T 28002—2011);⑧《危险化学品重大危险源辨识》(GB/T 18218—2018);⑨《危险化学品从业单位安全标准化通用规范》(AQ 3013—2008);⑩《企业安全生产标准化基本规范》(AQ/T 9006—2010)。

3. 履行领导职责与企业承诺

企业负责人应会同管理层对方针目标、组织机构、职责权限、制度或程序、意识教育等进行策划并形成文件化的承诺，教育、引导全体员工结合本岗位情况，认真落实“责任关怀®”的各项要求，对风险(危险源)进行识别和评价，落实安全生产基础工作和基层安全生产责任制，推行全员、全过程、全方位、全天候的安全管理和监督原则，形成良好的安全文化。

4. 建立法律法规和管理制度

企业应建立法律法规及更新程序，明确法律法规主管部门的职责和权限，按法律法规和其他要求并结合企业的实际需求分别建立管理性和技术性的程序和规程，定期组织法律法规落实的检查及法律法规的符合性、有效性的评价，并定期进行更新，及时对从业人员进行宣传和培训，提高从业人员的守法意识，规范生产行为。

5. 健全企业教育和培训机制

由负责教育和培训的主管部门有针对性地对员工及时进行适用的法律法规及其他要求的宣传和培训，规范员工的行为；组织其他安全管理人员、专业工程技术人员等进行质量、环境、安全的培训教育；对所有相关方均应开展有关质量、环境、安全内容的教育和告知。

6. 完善检查与绩效考评制度

建立检查与绩效考评长效机制，采用专项检查表的形式，对“责任关怀®”管理体系的落实情况定期进行监督检查；对发现的问题及时进行整改，制定可行的整改措施，并对整改结果进行验证；对暂时不具备整改条件的事故隐患，须采取可靠的应急防范措施，并限期解决或停产；建立绩效考核奖励制度，每年至少进行一次评审，实现持续改进。

参 考 文 献

[1] 宁先圣，胡岩. 工程伦理准则与工程师的伦理责任[J]. 东北大学学报(社会科学版)，2007，9(5)：388-392.

第三章

风险管理

第一节 基础知识

在进行危害因素辨识之前，需先了解以下有关概念，以便厘清思路，明白有关事故的概念及其逻辑关系。

1. 风险

风险是特定危险情况的可能性和后果的结合。

2. 危险

危险是指系统中的一个过程、一种行为、一种状态或一种环境，这种过程、行为、状态或环境可能导致超出人们容忍范围的不希望发生的后果。

3. 危害

危害是指可能造成人的伤亡、物的损失、环境破坏的根源或状态，即所有可能引发事故或职业病的各种危险因素。

4. 风险识别/危害识别

确定危害因素、类型和特征的过程，也被称为危害识别。危险因素种类繁多，存在形式和阶段各异。按其性质可分为物理性因素、化学性因素、生物性因素、心理和生理性因素、行为性因素、社会性因素等，按照在生产过程和作业现场的存在方式可划分为潜在因素和现在因素。

5. 危险危害因素

危险因素是指可能造成人员伤亡或事物突然损坏的因素（强调瞬间效应）；危害因素是指能影响人的健康、引起疾病或对物体造成慢性损害的因素（强调在一定时期内的累积效应）。通常，为了区分物体对人体的不利作用的特点和效果，分为危险因素和危害因素。有时两者不区分，统称为危险危害因素。

6. 危险源

危险源是指可能造成人员伤亡、财产损失或其他损失的根源或状态，危险源是事故发生的根本原因。危险源可分为两类：第一类危险源是指系统存在可能意外释放能量或危险物品的情况；第二类危险源是导致能量或危险物品的约束和限制措施破坏或失效的各种因素，主要包括人的失误、物的失效和环境因素。

7. 重大危险源

重大危险源是指长期或者临时生产、加工、运输、使用、储存危险物品，且危险物品数量超过临界量的单元。

危险物质是指具有易导致火灾、爆炸或中毒危险的一种物质或若干种物质的混合物，如易燃易爆物质、有毒化学物质、放射性物质等能够危及人身安全和财产安全的物质。

单元是指一个(套)装置、设施或场所，或属于同一个工厂且边缘距离小于500m 的几个(套)装置、设施或场所。

临界量是指对于某种或某类危险物质规定的数量。若单元中的物质数量等于或超过该数量，则该单元为重大危险源。

单物质的临界量可直接查表(见 GB 18218—2018)，多种物质用加权值计算。重大危险源分为生产场所重大危险源和储存区重大危险源两种。生产场所是指危险物质的生产、加工及使用等的场所，包括生产、加工及使用过程中的中间储罐储存区及半成品、成品的周转库房。储存区是指专门用于储存危险物质的储罐或仓库组成的相对独立的区域。

8. 风险评估

风险评估是指对事故发生的频率和后果进行定量分析的方法。风险评估得出事件的风险值，并与风险可接受标准进行对比，从而得出该事件的风险是否可接受。

9. 风险管理

风险管理是指将风险可能产生的不利影响降到最低的管理过程。

10. 事故

事故是指造成人的死亡、物的损失、环境破坏的事件。

11. 事件

事件是指可能导致或已经导致事故的事情。

12. 安全

安全是指一种相对状态的描述，即风险可接受的状态。

第二节　HSE 是基于风险的管理

一、风险管理概述

风险管理是对系统存在的风险进行定性、定量分析，得出发生危险的可能性及后果严重程度的评价结果，是一个降低风险的动态过程，其主要包括三个核心部分：风险/危害识别、风险评估和风险控制，如图 3-1 所示。

1. 风险/危害识别

在进行风险识别之前，需要进行资料收集，如收集被评估对象的危害信息、相关法律法规、技术标准及技术资料。在此基础上，辨识和分析被评估对象的危害因素，确定有害因素的位置、存在的形式、事故发生的途径及变化规律等。通常需考虑什么事故会发生、有什么风险、有什么隐患及危险源。在此过程中需要结合考虑三种时态(过去、现在、将来)和三种状态(正常、异常和紧急)。在风险识别过程中，做到不伤害自己、不伤害他人、不被他人伤害。

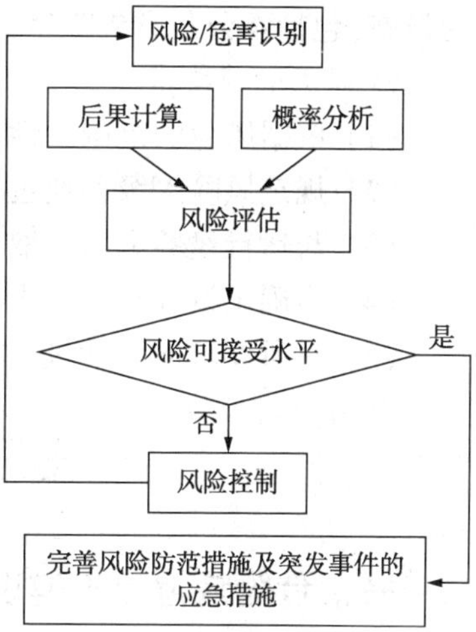

图 3-1　风险管理的流程

2. 风险评估

在风险识别的基础上，选择合理的评估方法，对评估对象的危害、发生事故的可能性和严重程度进行定性、定量评估，确定风险值和可接受水平。通常需考虑风险后果严重程度评价、风险发生的可能性有多大、风险级别是多少。开展风险评估的目的在于识别风险，判断风险是否可以接受，进而进行风险管理。

3. 风险控制

根据定性、定量评估的结果，针对不可接受的风险，提出降低或消除风险的管理措施及建议。通常需考虑如何预警及预防风险、用什么方法消除和控制风险、如何限制及降低风险水平。一个重大事故的发生必然以多个底层事故为基础，风险管理就是消除和管理这些事故概率相对较大、事故后果相对较严重的事件。消除基础风险，可有效减少各类事故的发生。

风险管理被这样分为三部分，是为了便于说明整个风险管理过程。但实际上这些阶段的界限并不总是很清楚，在很多情况下，在做出最后决定之前，应该把这三个部分作为一个整体来考虑。也就是说，在确定和评价风险控制过程后，如果认为控制过程不充分，应重新考虑判别标准，重新进行风险评价，以确定进一步的风险控制措施。在更复杂的情况下，这些过程可能会重复。但无论哪种情况，最终结果都应该是风险降低到“合理的、现实的、尽可能低的”水平，即“可接受的”水平。

二、风险管理要求

1. 风险管理控制内容

(1)常规和非常规活动。

(2)所有进入工作场所的人员(包括合同方人员和来访者)的活动；工作场所

的设施（包括本公司和外界所提供的）。

2. 风险管理要求

（1）依据风险的范围、性质和时限性进行管理，以确保风险管理的主动性；

（2）规定风险等级，通过编制目标、指标和管理方案来消除或控制风险；

（3）与运行经验和所采取的风险控制措施的能力相适应；

（4）为确定设施要求、识别培训需求或开展运行控制提供输入信息；

（5）对所要求的活动进行监视，以确保其及时有效地实施。

第三节 危害识别

一、危险危害因素辨识的基本要求

如今，随着现代科学技术的发展，由于大规模的设备和过程自动化，一旦发生事故，后果是相当严重的。因此，发现问题比解决问题更重要，即在工艺设计阶段分析危险和危害，在设计、安装、试运行、启动、运行、抢修等阶段分析危险和危害，然后研究安全对策措施，这是保证系统安全的重要手段。实际生产的整个过程中的风险往往不是单一的，往往有许多风险相关联。因此，在识别风险和危害因素时，不能只考虑其中一种损失，而忽略了隐患，而应确定不同风险之间的关系、关联度和危险范围。要做到这一点，必须首先确定所有人都处于危险中的有害物质/能量的范围。因此，在充分估计各种因素影响的情况下，有必要绘制危险能量覆盖时空范围的平面或空间图和时间区域图。其次，要识别危险能量的危害特征，有些只对人员造成危害，如窒息、缺氧、中毒；有的可能对人员和财产造成损害；有些对环境和生态条件造成长期破坏；或者三个都有。

在进行危险危害因素辨识时，应首先了解生产条件，同时必须考虑材料性质和与生产有关的条件。由于许多生产条件会产生危险或使生产过程中材料的危险性加剧，故在进行危险危害因素辨识时应全面、有序地进行，并应防止出现漏项。例如水，仅就其性质来说，没有爆炸危险，然而如果生产条件中的温度和压力超过了水的沸点，那么水就有蒸汽超压爆炸的危险。因此，在危险辨识时宜按厂址、总平面布置、道路运输、建（构）筑物、生产工艺、物流、主要设备装置、作业环境管理等几个方面进行。危险危害因素的辨识过程实际上就是系统安全分析的过程。

二、危险危害因素的分类

按导致事故和危害的直接原因进行分类的方法以及参照事故类别、职业病类别进行危险危害因素分类的方法将危险危害因素进行如下分类。

1. 按导致事故和职业危害的直接原因进行分类

根据《生产过程危险和危害因素分类与代码》（GB/T 13861—2009）的规定，将生产过程中的危险危害因素分为四类：

(1) 人的因素：心理、生理性危险危害因素，如体力、听力、视力负荷超限，心理、情绪异常，过度紧张等；行为性危险危害因素，如指挥错误、违章指挥、操作错误、违章作业等。

(2) 物的因素：物理性危险危害因素，如设备、设施、工具、附件缺陷，强度、刚度不够，稳定性差等；化学性危险危害因素，如爆炸品，易燃液体、固体，有毒品、腐蚀品等；生物性危险危害因素，如细菌、病毒、真菌，致害动物、植物等。

(3) 环境因素：室内作业场地环境不良，如室内地面滑，室内作业场所狭窄、杂乱，室内地面不平等；室外作业场地环境不良；地下(含水下)作业环境不良；其他作业环境不良等。

(4) 管理因素：职业安全卫生组织机构不健全；职业安全卫生责任制未落实；职业安全卫生管理规章制度不完善，如建设项目“三同时”制度未落实、操作规程不规范、事故应急预案及响应缺陷等；职业安全卫生投入不足；职业健康管理不完善；其他管理因素缺陷等。

2. 参照事故类别、职业病类别进行分类

参照《企业职工伤亡事故分类标准》(GB 6441—1986)，综合考虑起因物、引起事故先发的诱导性原因、致害物、伤害方式等，将危险危害因素分为20类：

(1) 物体打击：指物体在重力或其他外力的作用下产生运动，打击人体造成人身伤亡事故，不包括因机械设备、车辆、起重机械、坍塌等引发的物体打击。

(2) 车辆伤害：指企业机动车辆在行驶中引起的人体坠落和物体倒塌、下落、挤压伤亡事故，不包括起重设备提升、牵引车辆和车辆停驶时发生的事故。

(3) 机械伤害：指机械设备运动(静止)部件、工具、加工件直接与人体接触引起的夹击、碰撞、剪切、卷入、绞、碾、割、刺等伤害，不包括车辆、起重机械引起的机械伤害。

(4) 起重伤害：指各种起重作业(包括起重机安装、检修、试验)中发生的挤压、坠落(吊具、吊重)、物体打击和触电。

(5) 触电：包括雷击伤亡事故。

(6) 淹溺：包括高处坠落淹溺，不包括矿山、井下透水淹溺。

(7) 灼烫：包括火焰烧伤、高温物体烫伤、化学灼伤(酸、碱、盐、有机物引起的体内外灼伤)、物理灼伤(光、放射性物质引起的体内外灼伤)，不包括电灼伤和火灾引起的烧伤。

(8) 火灾。

(9) 高处坠落：指在高处作业中发生坠落造成的伤亡事故，不包括触电坠落事故。

(10) 坍塌：指物体在外力或重力作用下，超过自身的强度极限或因结构稳定性被破坏而造成的事故，如挖沟时的土石塌方、脚手架坍塌、堆置物倒塌等，不适用于矿山冒顶片帮和车辆、起重机械、爆破引起的坍塌。

(11) 冒顶片帮。

(12) 透水。

(13) 放炮：指爆破作业中发生的伤亡事故。

(14) 火药爆炸：指火药、炸药及其制品在生产、加工、运输中发生的爆炸事故。

(15) 瓦斯爆炸。

(16) 锅炉爆炸。

(17) 容器爆炸。

(18) 其他爆炸：包括化学性爆炸(指可燃性气体、粉尘等与空气混合形成爆炸性混合物，接触引爆能源时发生的爆炸事故)。

(19) 中毒和窒息：包括中毒、缺氧(窒息、中毒性窒息)。

(20) 其他伤害：除上述以外的危险因素，如摔、扭、挫擦、刺割伤和非机动车碰撞、扎伤等。

另外，参照国家卫生和计划生育委员会、安全生产监督管理总局、人力资源和社会保障部及全国总工会联合组织 2015 年最新修订的《职业病危害因素分类目录》，将危害因素分为六大类，具体包括：

(1) 粉尘，如矽尘、煤尘、石墨粉尘、炭黑粉尘、石棉粉尘、滑石粉尘、水泥粉尘、云母粉尘、陶土粉尘、铝尘、电焊烟尘、铸造粉尘、白炭黑粉尘等。

(2) 化学因素，如铅及其化合物(不包括四乙基铅)、汞及其化合物、锰及其化合物、二氧化硫、苯、甲苯、正已烷、汽油、氯乙烯、四氯化碳、甲醛、甲醇、酚、乙苯等。

(3) 物理因素，如噪声、高温、低气压、振动、激光、低温、微波、紫外线、工频电磁场、高频电磁场、超高频电磁场等。

(4) 放射性因素，如密封放射源产生的电离辐射、非密封放射性物质、X 射线装置(含 CT 机)产生的电离辐射、加速器产生的电离辐射、中子发生器产生的电离辐射等。

(5) 生物因素，如艾滋病病毒、布鲁氏菌、伯氏疏螺旋体、森林脑炎病毒、炭疽芽孢杆菌等。

(6) 其他因素，如金属烟、井下不良作业条件、刮研作业等。

三、危险危害因素的辨识原则

1. 科学性

危害因素的识别是对系统中存在的危害进行区分、识别和分析，而不是研究预防或控制事故发生的实际措施。它是预测安全条件和事故路径的一种手段。这需要在进行危险危害因素识别时必须要有科学的安全理论指导，使之能揭示危险危害因素存在的部位和方式、事故发生的途径及其变化规律，以定性、定量的概念清楚描述，用科学的理论给出解释。

2. 系统性

危险因素存在于生产活动的各个方面，因此有必要对系统进行全面细致地分析，研究系统与系统、子系统之间的关联和约束关系，区分主要危害因素及其相关危害。

3. 全面性

不应遗漏危险因素的识别，以免留下隐患。从场地、自然条件、交通总体规划、建筑结构、生产工艺、生产设备、特种设备、公共工程、安全管理系统等方面进行分析鉴定。不仅要分析正常生产运行中存在的危险危害因素，而且要分析和识别在启动、停止、维护、设备损坏和操作错误的情况下存在的危险危害因素。

4. 预测性

对于危险因素，还应分析触发事件，即危险因素发生的条件或设想的事故模式。

四、危险危害因素的辨识范围

1. 厂址及环境条件

对厂址地质、地形、自然环境、社会环境、资源、交通、抢险救灾等条件进行分析。

2. 厂区布局

生产、管理、生活区布置，高温、有害物质、噪声、辐射、易燃易爆品等布置，工艺流程布置，建筑物、构筑物布置，风向、安全距离，厂区道路、货物装卸区等。

3. 建筑物

结构、防火、防爆、朝向、采光、运输、通道、开门、生产卫生设施。

4. 生产工艺过程

物料(毒性、腐蚀性、燃爆性)、温度、压力、速度、作业及控制条件、事故及失控状态。

5. 生产设备及装置

①化工设备、装置：高温、低温、腐蚀、高压、振动等设备及其备用、控制、操作、检修、故障、失误等紧急异常情况。②机械设备：运动零部件和工件、操作条件、检修作业、误运转和误操作。③电气设备：断电、触电、火灾、爆炸、误操作、静电、雷电。④危险性较大的设备、高处作业设备。⑤特殊单体设备、装置：危险品、温湿试验装置、钻床、气泵等。⑥粉尘、毒物、噪声、振动、辐射、高温、低温等有害作业部位。⑦管理设施、事故应急抢险设施和辅助生产、生活卫生设施等。⑧劳动组织因素、生埋因素、心理因素、人机工程学因素等。

6. 流动或临时作业场所

工程施工场所、技术服务场所、车船等交通工具。

五、危险危害因素的辨识方法

危险危害因素的识别过程是企业建立职业安全健康管理体系的基础。许多系统安全评价方法可以用来识别危险危害因素。方法是分析危险危害因素的工具，应根据分析人员的性质、特点、不同的生活阶段和知识、经验、习惯选择相应的方法。常用的危险危害因素识别方法大致可分为以下两类。

1. 直观经验法

它适用于有参考先例和以往经验的危险危害识别过程，但在没有参考先例的新系统中不能应用。

（1）对照、经验法：参照相关标准、法规、清单或依靠分析人员的观察和分析能力，借助经验和判断能力，直接评价物体危险和危害的方法。经验法是常用的识别方法，其优点是简单、容易；这种方法的缺点是，由于知识、经验和拥有数据的限制，可能会有遗漏。为了弥补个人判断的不足，往往采用专家会议的方式，相互启发，交换意见，集思广益，使风险因素的识别更加详细具体。

通过检查事先准备的检查表来识别危险危害因素，可以弥补知识和经验上的不足，具有方便、实用、不易遗漏的优点，但必须有事先准备的、适用的检查表。这份清单是根据大量的实际经验编制的。美国职业安全与健康管理局（OHSA）制定并发布了各种识别危险危害因素的清单。我国一些行业的安全检查表和事故隐患检查表也可以借鉴，例如What-If/检查表、危险与可操作性分析（HAZOP）。

（2）类比方法：利用相同或类似系统或运行条件的经验和职业安全卫生统计数据，对评价对象的危险危害因素进行类比和分析。它主要用于危险危害因素和工作条件的识别过程。

2. 系统安全分析方法

部分系统安全工程评价方法是用来识别危险危害因素的。系统安全分析方法常用于复杂系统、无事故先例的新开发系统。常用的系统安全分析方法有事件树分析法（ETA）、定量风险评价法（QRA）、故障类型和影响分析法（FMEA）、故障树分析法（FTA）。其中，FTA 和 QRA 必须根据自身的复杂程度、规模、危险程度、折旧程度等多种因素，选择一种合适的方法进行工艺危害分析。

第四节　风险评估

对危害进行识别后，就要对其风险进行评估，也便于采取针对性的措施。

一、定性与定量风险评估

风险评估的方法分为定性评估和定量评估两种类型。

1. 定性评估

定性评估主要是根据经验和直观判断，对评估对象的过程(工艺)、设备、设施、环境、人员和管理等方面进行定性分析的方法。定性评估通常将可能性的大小和后果的严重程度及风险程度分别用语言或表明相对差距的数值或等级来表示，评估的指标通常是定性的指标，如高风险、中等风险或低风险。

定性评估的主要方法有安全检查表法、风险矩阵法、作业条件风险性评估法(LEC 法)、危险与可操作性分析法(HAZOP)等。

定性评价的特点是：容易理解、容易掌握、评价过程简单。目前，定性评价方法在国内外企业安全管理中广泛应用。但是，定性评价方法往往依赖经验，有一定的局限性。评估结果会受到评估者经验、精力等因素的影响。

2. 定量评估

定量评估是基于大量的实验结果和广泛的事故资料统计分析获得的指标或规律，对评估对象进行定量计算，其结果是一些定量指标，如事故概率、事故伤害(或损害)范围、定量风险、事故关联度或事故原因因素的重要程度等。

根据评估结果的不同类型，定量评估也可分为概率风险评估法、损伤(损害)范围评估法和风险指标评估法。

(1) 概率风险评估法根据事故基本原因因素的发生概率，利用数理统计中的概率分析方法，得到事故的基本原因因素的关联度(或重要度)或整个评价体系的事故发生概率。故障类型及影响分析、事故树分析、逻辑树分析、概率论分析、马尔可夫模型分析、模糊矩阵法、统计图分析等，都可以从基本原因因素的发生概率计算出整个系统的发生概率。

概率风险评估是建立在大量的实验和事故统计分析基础上的。因此，评价结果具有较高的可靠性。

(2) 损伤范围评估法是根据事故的数学模型，应用计算数学方法，得出事故对人员损伤范围或损伤对象的安全评估方法。液体泄漏模型、气体泄漏模型、气体绝热扩散模型、池火火焰及辐射强度评估模型、火球爆炸损伤模型、爆炸冲击波超压损伤模型、蒸汽云爆炸超压损伤模型等都属于损伤或损伤范围评估方法。按照评估结果的类别的不同，定量评估还可以分为概率风险评估法、伤害(破坏)范围评估法和危险指数评估法。

伤害(破坏)范围评估法是应用数学模型进行计算，只要计算模型所需要的初值和边值选择合理，就可以获得可信的评估结果。但该类评估方法计算量大，特别是计算初值和边值选取往往比较困难，因此若初值或边值的选取稍有偏差，评估结果就会出现较大失真。因此，该类评估方法适用于系统的事故模型和初值与边值比较确定的评估系统。

(3) 应用系统事故指标模型的风险指标评估法，根据系统中的材料、设备和流程及其基本性质和状态，计算出事故潜在损失、引起事故或使事故扩大的设备、事故风险，并提出了安全措施有效性的安全评价方法。常用的风险指标评估法有 DOW 火灾爆炸危险指数法、蒙德火灾爆炸毒性指数评估法等。

风险指标评估法包含事故发生的可能性和事故后果两方面的因素，避免了事故概率和事故后果不好确定的缺点。但此法对安全保障实施的功能重视不够，导致相似的系统即使实际安全水平有很大的差异，其评估结果也基本相同。

二、安全风险评估方法

下面介绍几种常用的安全风险评估方法。

1. 安全检查表法(Safety Checklist Analysis，SCA)

为了找到工程、系统中的各种设备设施、材料工件、作业、管理和组织措施中存在的危害因素，要将检查对象提前分解，将大系统分成若干子系统。以问句或标记的形式，逐项检查清单，以避免遗漏，这种表称为安全检查清单。

2. 危险指数方法(Risk Rank，RR)

RR 是通过评价人员对几种工艺现状及运行的固有属性，如作业现场危险度、事故概率和事故严重度等，对不同作业现场的危险性进行鉴别和比较计算，确定工艺危险特性重要性大小及是否需要进一步研究的安全评价方法。常用的危险指数方法有危险度评价法、爆炸危险指数法、蒙德法、化工厂危险等级指数法等。这些方法使用起来形式多样，可定性，也可定量。

3. 预先危险分析法(Preliminary Hazard Analysis，PHA)

PHA 是系统安全风险分析的初步实践，用于对潜在风险了解不足或无法通过经验识别的过程项目的早期阶段。在设计、施工和生产前对系统中存在的危险性类别、出现条件、导致事故的后果进行分析，从而识别出系统中的潜在危险，确定危险等级，防止危险进一步发展成事故。当分析大型现有装置或无法使用更为系统的方法时，优先考虑使用 PHA 法。

4. 故障假设分析方法(What…If，WI)

WI 是一种针对系统工艺过程或操作过程的创造性分析方法。WI 一般要求评价人员用“What…If”作为开头对有关问题进行考虑。任何与工艺安全有关或不太相关的问题，都可以提出来进行讨论。对正在运行的现役装置，需要与操作人员进行交流，所提出的问题还要考虑到任何与装置有关的不正常的生产条件，而不仅仅是设备故障或工艺参数的变化。

WI 分析较简单，一般需要将所有的问题都先记录下来，然后把问题进行分类，分别进行讨论。评价结果通常以表格形式呈现，其内容主要包括提出的问题、可能的后果、安全措施等。

5. 危险和可操作性分析(Hazard and Operability Study，HAZOP)

HAZOP 是一种定性的评价方法，其分析过程以引导词为引导，找出工艺偏差，然后确定偏差的原因及带来的后果，最后给出安全措施和建议措施。

HAZOP 必须由不同背景的各种专业人员组成的小组来完成，而其他安全风险评价方法可由某人单独去做，这是 HAZOP 与其他方法的明显不同之处。HAZOP 既适用于评价新设计的新工艺，也适用于整个工程、系统项目生命周期的各个阶段。

6. 故障类型和影响分析(Failure Mode Effects Analysis，FMEA)

FMEA 是一种系统安全工程方法，将系统分为子系统、设备和部件，并可识别单个设备和系统的故障模式以及每种故障模式对系统设备的影响，以便采取相应的对策，提高系统的安全可靠性。

7. 故障树分析(Fault Tree Analysis，FTA)

FTA 是一种描述事故因果关系的有方向的“树”，是安全系统工程中的重要的分析方法之一。它能对各种系统的危险性进行识别评价，既适用于定性分析，又能进行定量分析，具有简明、形象化的特点，体现了以系统工程方法研究安全问题的系统性、准确性和预测性。FTA 作为安全分析评价和事故预测的一种先进的科学方法，已得到国内外的公认和广泛采用。

8. 事件树分析(Event Tree Analysis，ETA)

ETA 是一种归纳推理的安全分析方法，按照事故发展的时间顺序，由初始事件分析设备故障或过程波动导致事故发生的可能性。

ETA 强调事故可能的初始原因以及初始事件对事件后果的影响。这种逻辑关系可以用事件树的树状图来表示，事件树的每个分支代表一个独立的事故序列。ETA 适于分析那些产生不同后果的初始事件。

9. 人因可靠性分析(Human Reliability Analysis，HRA)

HRA 是分析人的行为对系统的影响，用以评估人为错误对系统的影响。这些“行为成因要素”一方面包括人的因素，如紧张、情绪波动、操作经验等；另一方面包括环境因素，如工作环境、监督者的行为和文化差异等。影响人员行为的“行为成因要素”会对一个过程或一项操作的成功或失败产生明显的影响。但是单独使用 HRA，不分析整个系统，将会出现太关注人的行为而忽视了系统中设备特性的影响的问题。因此，需将 HRA 方法与其他安全风险评价方法相结合使用。通常，HRA 在其他评价技术(如 HAZOP、FMEA、FTA)之后使用，识别出具体的、有严重后果的人为失误行为。

10. 定量风险评价法(Quantity Risk Analysis，QRA)

QRA 采用定量化的概率风险值，如个人风险、社会风险等，对系统的危险性进行评价。QRA 可以将风险的大小进行定量化，风险可以表征为事故发生的频率和事故后果的乘积。QRA 对这两方面均进行评价，根据风险的严重程度对可能发生的事故进行分级，有助于制定降低风险的措施。此外，QRA 提供充足的量化信息，为业主、投资者、政府管理者提供强有力的定量化的决策依据。

11. 风险矩阵法

风险矩阵法是一种基于风险后果的严重程度和发生可能性这两方面的因素进行风险评估的方法。一般严重程度的等级通常可分为灾难的、严重的、轻微的；风险发生可能性等级可以是数字值，如从10到1表示从高到低的级别，也可以按发生的可能性分为非常可能、可能、不太可能、几乎不可能。风险矩阵法通常根据对风险后果的严重程度和发生可能性等级的不同分为3×4矩阵、4×4矩阵等。

风险(R)=严重程度(C)×发生可能性(F)

以3×4风险矩阵为例：

(1) 严重程度(C)。

将严重程度(C)分成三个等级，见表3-1。

表3-1　严重程度(C)等级

等级	分值	备注
灾难的	4分	能引起死亡、重伤或永久性的功能丧失、疾病
严重的	2分	能引起需要员工损失工时的受伤和疾病
轻微的	1分	仅引起需要急救处理的受伤和疾病

(2) 发生可能性(F)。

将发生可能性(F)分为四个等级，见表3-2。

表3-2　发生可能性(F)等级

等　级	分　值
非常可能	8分
可能	4分
不太可能	2分
几乎不可能	1分

由此而形成3×4的风险评估矩阵见表3-3。

表3-3　风险评估矩阵①

风险评估矩阵	灾难的(4分)	严重的(2分)	轻微的(1分)
非常可能(8分)	Ⅰ-32	Ⅰ-16	Ⅱ-8
可能(4分)	Ⅰ-16	Ⅱ-8	Ⅲ-4
不太可能(2分)	Ⅱ-8	Ⅲ-4	Ⅳ-2
几乎不可能(1分)	Ⅲ-4	Ⅳ-2	Ⅳ-1

① 风险的分级、矩阵的分值等可根据需要划分，并非一定要3×4形式，可以为4×4或是其他。

表3-3将风险分为四个风险等级，针对不同等级的风险有不同处理建议，具体见表3-4。

表 3-4　风险等级及需要采取的行动

风险等级	描述	需要的行动
Ⅰ	不能容忍	应当立即停止使用，落实工程控制措施，把风险降低到级别Ⅲ或以下
Ⅱ	不希望发生	采取工程控制措施，在不超过 6 个月内把风险降低到级别Ⅲ或以下
Ⅲ	有条件容忍	应当确认程序或控制措施已经落实，强调管理措施
Ⅳ	可以容忍	不需要采取措施降低风险

第五节　风险控制

一、风险控制措施

根据风险评估的结果及经营运行情况等，确定优先控制的顺序，采取措施消减风险，将风险控制在可以接受的程度，预防事故的发生。

风险控制措施的优先顺序为排除措施、替代措施、工程控制措施、隔离措施、降低接触时间、个人防护设备、程序要求/培训，如图 3-2 所示。

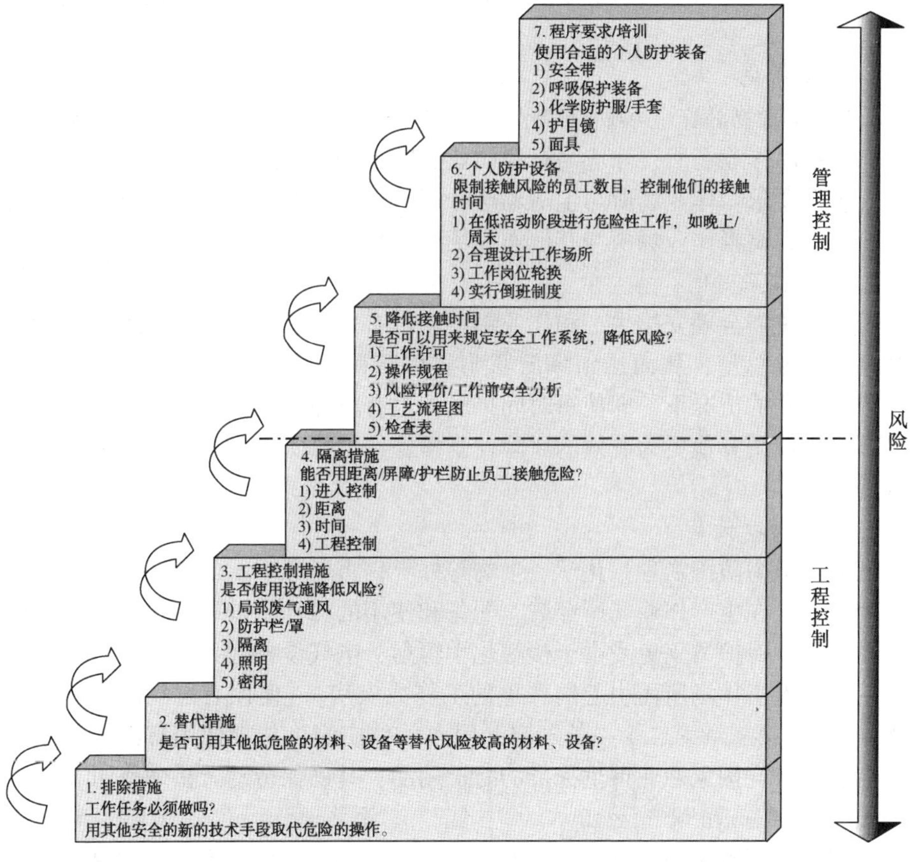

图 3-2　风险控制措施的优先顺序

下面以《使用有毒物品作业场所劳动保护条例》(国务院令第352号，2002年5月12日起施行)为例，介绍风险控制各措施的含义和实施方法。

1. 排除措施

通过政策、制度和标准，阻止高风险活动的发生。《使用有毒物品作业场所劳动保护条例》规定，从事使用有毒物品作业的用人单位，应当使用符合国家标准的有毒物品，不得在作业场所使用国家明令禁止使用的有毒物品或者使用不符合国家标准的有毒物品。按照有毒物品产生的职业中毒危害程度，有毒物品分为一般有毒物品和高毒物品。国家对作业场所使用高毒物品实行特殊管理。

2. 替代措施

使用低风险的可行性方案来替代高风险方案。《使用有毒物品作业场所劳动保护条例》第一章总则中的第四条规定，用人单位应当尽可能使用无毒物品；需要使用有毒物品的，应当优先选择使用低毒物品。

3. 工程控制措施

从工艺和设备方面采取措施，改进现场作业环境，降低风险。《使用有毒物品作业场所劳动保护条例》第二章第十一条规定，设置有效的通风装置；可能突然泄漏大量有毒物品或者易造成急性中毒的作业场所，设置自动报警装置和事故通风设施。

4. 隔离措施

《使用有毒物品作业场所劳动保护条例》第二章第十一条规定，用人单位的使用有毒物品作业场所，除应当符合职业病防治法规定的职业卫生要求外，还必须符合下列要求：作业场所与生活场所分开，作业场所不得住人；有害作业与无害作业分开，高毒作业场所与其他作业场所隔离。

5. 降低接触时间

用人单位需合理安排生产和作业制度，可有效地减少劳动者每个工作班的有毒物品的接触总量，从而达到降低职业病危害程度的目的。但在有害物毒性较大、浓度很高的情况下，即使短时间接触，也有可能造成严重的职业病伤害。因此需要结合使用其他更为有效的风险控制措施，如排除、替代、工程控制、隔离措施等。

6. 个人防护设备

从业人员为防御物理、化学、生物等外界伤害所穿戴、配备和使用的各种防护品的总称。在生产作业场所穿戴、配备和使用的劳动防护用品也称个体防护装备，主要用于保护员工免受由于接触化学辐射、电气设备、人力设备、机械设备或在一些危险工作场所而引起的严重的工伤或疾病。《使用有毒物品作业场所劳动保护条例》第三章第二十一条规定，用人单位应当为从事使用有毒物品作业的劳动者提供符合国家职业卫生标准的防护用品，并确保劳动者正确使用。

7. 程序要求/培训

《使用有毒物品作业场所劳动保护条例》第三章第十九条规定，用人单位有关管理人员应当熟悉有关职业病防治的法律、法规以及确保劳动者安全使用有毒物品作业的知识。用人单位应当对劳动者进行上岗前的职业卫生培训和在岗期间的定期职业卫生培训，普及有关职业卫生知识，督促劳动者遵守有关法律、法规和操作规程，指导劳动者正确使用职业中毒危害防护设备和个人使用的职业中毒危害防护用品。劳动者经培训考核合格，方可上岗作业。

二、安全标识

现场安全标识作为风险控制管理措施，可以警示工作人员工作场所或周围环境的危险状况，指导人们采取合理行为。根据《安全标志及其使用导则》(GB 2894—2008)，安全标志是用以表达特定安全信息的标志，由图形符号、安全色、几何形状(边框)或文字构成。安全标志能够提醒工作人员预防危险，从而避免事故发生；当危险发生时，能够指示人们尽快逃离，或者指示人们采取正确、有效、得力的措施，对危害加以遏制。安全标志不仅类型要与所警示的内容相吻合，而且设置位置要正确合理，否则就难以真正充分发挥其警示作用。安全标志主要分为禁止标志、警告标志、指令标志、提示标志 4 类，还有补充标志。

1. 禁止标志

禁止标志是指禁止人们不安全行为的图形标志。禁止标志的几何图形是带斜杠的圆环，其中圆环与斜杠相连，用红色；图形符号用黑色，背景用白色。

我国规定的禁止标志共有 40 个，如禁止放置易燃物、禁止吸烟、禁止通行、禁止烟火、禁止用水灭火、禁止带火种、禁止启动、禁止跨越、禁止攀登等，见图 3-3。

图 3-3　禁止标志

2. 警告标志

警告标志提醒人们注意周围环境，避免可能的危险，如配电箱上的当心触电的黄色警告标志，见图 3-4。

图 3-4　警告标志

警告标志的几何图形是黑色的正三角形、黑色符号和黄色背景。我国规定的警告标志共有 39 个，如注意安全、当心触电、当心爆炸、当心火灾、当心腐蚀、当心中毒、当心机械伤人、当心伤手、当心吊物、当心扎脚、当心落物、当心坠落、当心车辆、当心弧光、当心冒顶、当心塌方、当心坑洞、当心电离辐射、当心裂变物质、当心激光、当心微波、当心滑倒等。

3. 指令标志

强制人们必须做出某种动作或采取防范措施的图形标志，如交通道路上的请走人行道的蓝色命令标志，见图 3-5。指令标志的几何图形是圆形，蓝色背景，白色图形符号。

指令标志共有 16 个，如必须戴安全帽、必须穿防护鞋、必须系安全带、必须戴防护眼镜、必须戴防毒面具、必须戴护耳器、必须戴防护手套、必须穿防护服等。

图 3-5　指令标志

4. 提示标志

提示标志是向人们提供某种信息(如标明安全设施或场所等)的图形标志，如建筑物中的安全出口绿色标志，见图 3-6。提示标志的几何图形是方形，绿色背景，白色图形符号及文字。

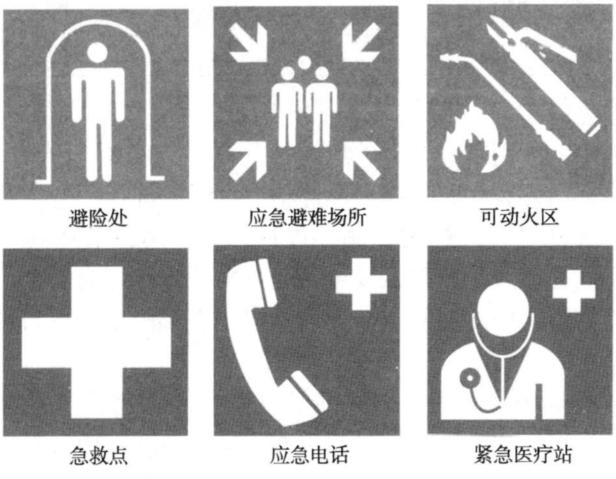

图 3-6　提示标志

提示标志共有8个，如紧急出口、避险处、应急避难场所、可动火区、急救点、应急电话。

5. 补充标志

补充标志是对前述4种标志的补充说明，以防误解。补充标志分为横写和竖写两种。横写的为长方形，写在标志的下方，可以和标志连在一起，也可以分开；竖写的写在标志杆上部。补充标志的颜色：竖写的，均为白底黑字；横写的，用于禁止标志的用红底白字，用于警告标志的用白底黑字，带指令标志的用蓝底白字。

另外，安全张贴还包括其他安全警示，如化学品危害告知卡(见图3-7)、职业病危害告知卡等。《使用有毒物品作业场所劳动保护条例》第二章第十二条规定，使用有毒物品作业场所应当设置黄色区域警示线、警示标识和中文警示说明。警示说明应当载明产生职业中毒危害的种类、后果、预防以及应急救治措施等内容。高毒作业场所应当设置红色区域警示线、警示标识和中文警示说明，并设置通讯报警设备。

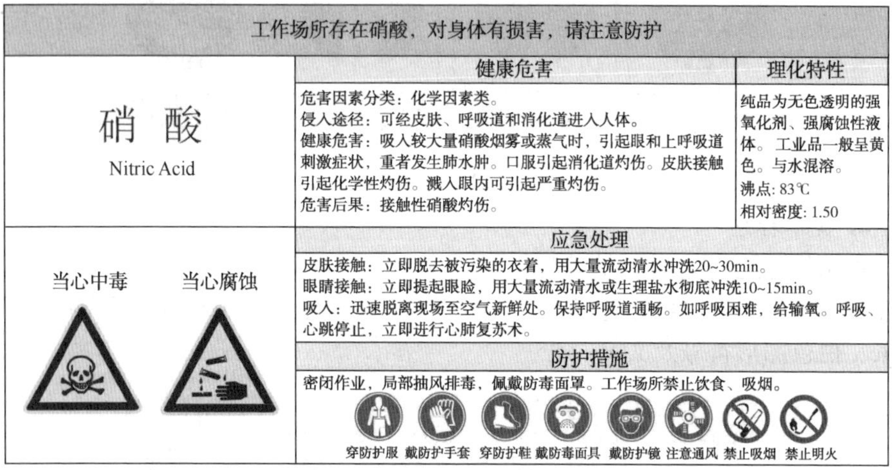

图3-7 化学品危害告知卡

在企业管理中，如何选择合适的风险控制措施，需要EHS部门、技术部门、使用部门和维修部门等各相关部门一起评估、讨论和选择。每个步骤都需要依次逐一进行考虑，选择可行性控制措施，进行组合使用，来降低生产过程中的风险，直到风险降低为低风险，降低到可接受标准，方称之为安全。

在选择风险控制措施的时候，需要考虑以下3个因素：可行性、安全性、可靠性。

(1) 可行性配电房入口，闪电式的触电警告标志比感叹号警告标志更为直观；对于化学品操作，化学品危害告知卡在化学品现场管理过程中相较于化学品安全技术说明书(MSDS)能更迅速地让员工了解其风险、操作要求、应急操作措施和应急联系方式。

（2）对于安全性高处作业，稳固、防护完好的操作平台比使用直梯更为安全。

（3）可靠性控制措施的选择不能带来新的风险。分析好的控制措施需要形成行动计划，并对控制措施状态进行跟踪，确保措施得到完成。风险控制措施实施后需重新进行风险评估，直至风险评估结果显示在风险可控范围内。

三、风险措施的监控

企业安全管理要建立一个长效机制，还需要对风险控制措施不断进行监控和检查。风险监控是对风险可接受状态维护的过程，需要用人单位所有部门和人员的不断努力才能实现。

通过对人员行为的观察、对作业环境的监测和观察、来自各个方面的审核和检查等监督风险控制措施的落实情况，提出不断完善的要求，从而起到对风险控制措施的监控。

至此，长效的 HSE 风险管理机制包括危害识别、风险评估、风险控制，3 个过程环环相扣，缺一不可。

通过风险管理可以帮助我们成为一名安全人。以人本身作为案例，风险管理的过程可以概括为：对风险有所认识，知道危害的类型、特征，是危害识别；对风险的经验和情感所形成的风险意识和可接受程度，是风险评估；经过培训掌握控制风险的知识和技能，并在行动上降低风险，是风险控制；再通过反思反省和检查对风险进行监控，使得我们工作和生活在一个风险可接受的环境，即安全的环境中。

通过本章的学习，掌握危害识别、风险评估、风险控制的全过程，管理所有存在的风险，规避事故的发生，让人们身处一个安全健康的生活环境。

参 考 文 献

[1] 中国就业培训技术指导中心，中国安全生产协会组织编写. 安全评价师：国家职业资格三级[M]. 2 版. 北京：中国劳动社会保障出版社，2015.

第四章

工艺安全管理

工艺安全管理是美国职业与健康管理局于 1992 年发布的标准——29CFR1910. 119，适用于涉及危险化学品的所有活动，包括使用、储存、生产和操作，防止危险化学品泄漏，以确保化工设施、炼油厂、天然气处理设施、海上钻井平台等工艺设施的安全设计和运行。与一般的职业安全管理体系和应急处理体系不同，工艺安全管理侧重于预防火灾、爆炸、有毒化学品泄漏等重大事故，通过在工艺装置的整个生命过程中管理每个连接，可以从根本上减少或消除事故隐患，以提高工艺装置的安全性。

工艺安全管理(PSM)不是管理层向其员工和雇佣工人发布的管理程序，而是涉及所有员工的管理程序。关键词是“参与”，绝对不仅仅是沟通。所有经理、员工和承包商均负责顺利实施工艺安全管理。管理层应组织和领导 PSM 系统的初始启动，但员工应充分参与实施和改进，因为员工最了解流程的运作方式，并应实施建议和变更。内部职能部门和外部顾问等专家组可以在特定领域提供帮助，但工艺安全管理主要由生产管理部门负责。

第一节　工艺安全管理简介

工艺安全事故初期的基本特征是泄漏(物料泄漏或能量释放)，它们的后果往往是灾难性的。为了防止灾难性的工艺安全事故，有必要建立和贯彻有效的工艺安全管理系统。

1. 引言

目前，在我国工艺安全还不是专门学科。当人们谈及工业领域的“安全”时，指的是一个非常广泛的概念，不但涵盖职业安全，也包含了工艺安全、产品安全和运输安全等。

自 20 世纪 70 年代以来，在欧、美工业发达地区或国家，发生了不少重大的工艺安全事故，政府、公众和工业界开始反思该如何防范类似的事故，并开展了许多有益的工作。从 80 年代开始，工艺安全逐渐发展成为一门独立的学科。

本节，我们先来了解一下震惊世界的印度博帕尔(Bhopal)化学品泄漏事故，然后讨论工艺安全的概念和工艺安全管理相关法规产生的历史。

2. 事故案例(博帕尔化学品泄漏事故)

1984 年 12 月 3 日发生在印度博帕尔的甲基异氰酸酯(Methyl Isocyanate，以下简称 MIC)泄漏事故，是迄今为止最严重的工业安全事故。

MIC 是一种毒性很强的化学品，在事故过程中，从一个储罐泄漏了约 25t MIC，造成大量人员和牲畜死亡，具体的死亡人数难以统计。有报道指出，当地 80 万人口中有约 20 万人暴露于有毒气体中，并且在事故发生后的两天内，约有 5000 人死亡，最终总的死亡人数可能有 2 万人，另外有 6 万余人需要接受长期治疗(印度政府在 1991 年公布的一份报告称，本次事故导致了 3800 多人死亡和 11000 余人残疾)。

1) 事故背景

事故工厂隶属于联合碳化物公司在印度的一家合资公司，即联合碳化物印度有限公司，联合碳化物公司占该公司 50.9%的股份。当时，联合碳化物公司是财富 500 强企业之一，是仅次于杜邦和道化学的世界第三大化学公司(本次事故后，联合碳化物公司被拆分，其中部分被道化学兼并)。

事故工厂始建于 1969 年，从 1980 年起生产杀虫剂西维因(SEVIN)。MIC 是生产该杀虫剂的一种中间产品，它是一种挥发性的、有毒和易燃的物质，相对分子质量为 57.05，室温时为无色液体；沸点 39.1℃，20℃时对水的相对密度为 0.96，蒸气压为 6.4kPa；能与水发生放热反应。美国职业安全与健康管理局(OSHA)规定的 8h 允许暴露极限浓度是 0.047mg/m^3。

工厂投产初期，联合碳化物公司总部委派了一名有良好安全意识和操作经验的雇员担任厂长，并且实现了 50 万人工时无误工事故的优良安全纪录。

由于一些原因，该公司于 1980 年决定用一名印度当地雇员取代厂长。这位新厂长有着良好的财务历史，但他对安全和生产知之甚少。自 1982 年以来，由于干旱和其他原因，印度国内市场对工厂产品的需求下降，1983 年工厂的销售额下降了 23%。事故发生前，该工厂因市场需求下降而停产 6 个月。在此期间，工厂管理层采取了一系列措施来节约成本，例如：

(1) 员工培训时间短。最初的人事政策要求受过高等教育并持有执照的人被雇用为操作员，并提供长达 6 个月的非正式培训。为了节约成本，工厂放弃了这一政策，将操作员的培训时间从 6 个月缩短到 15 天。

(2) 减少员工数量。最初，每个小组有 1 名组长、3 名工头、12 名操作员和 2 名维护工人。后来被降为 1 名工头和 6 名操作员，没有组长。

(3) 试着雇用便宜的承包商，使用便宜的建筑材料。

(4) 减少工艺设备的维护和维修(包括基本安全设施的维护)。

(5) 禁用冷却系统。事故中涉及的 MIC 储罐最初有一套冷却系统，旨在将 MIC 储存温度保持在 0℃左右；为了节省成本，工厂停止了冷却系统。联合碳化物公司曾派出一个专家小组对该工厂进行安全审计，在审计报告中提出了一系列需要改进的地方，例如阀门泄漏、过滤器清洗时未事先使用盲板隔离、压力计故障和喷淋水系统故障等。在本次事故发生前，这些审计报告中提出的改进措施都没有落实。

2）事故经过

事故发生当天下午，维修人员试图清洁工艺管道中的过滤器。在用水重新清洗过滤器之前，正常操作程序要求关闭工艺管道中的阀门，并在隔离法兰上安装盲板。在开始这些工作之前，维护人员应申请并获得工作许可证。实际上，在本次维护操作之前，维护人员没有申请工作许可证，没有通知操作员，也没有安装盲板以实现隔离。他们相信，当工艺管道中的阀门关闭时，可以清洁过滤器。不幸的是，由于腐蚀，储罐进料管中的阀门内部泄漏。在维护人员反洗过滤器期间，排放水通过过渡阀进入 MIC 储罐。水进入储罐后，与 MIC 发生放热反应，储罐内的温度和压力升高。由于缺乏维护和维修，相关温度和压力仪表不能正常工作，控制室的操作人员没有意识到储罐工作条件的异常变化。由于电厂在事故发生前停止了冷却系统，储罐中的 MIC 实际温度约为 15～20℃（环境温度和局部温度），远高于设计时所期望的 0℃，在较高温度下，MIC 与水的反应更加剧烈。

在设计工艺系统时，考虑了少量 MIC 放空的情形。按照设计意图，它会先通过洗涤器洗涤，然后经火炬燃烧后进入大气，从而最大限度地减少对周围环境的影响。但当事故发生时，火炬系统正处于维修当中，没有发挥应有的作用。

上述冷却系统、洗涤器和火炬都是关键的安全设施，但当事故发生时，它们都处于非正常工作状态：工厂停掉了冷却系统和洗涤器，火炬系统正好处于维修状态。

1984 年 12 月 3 日，储罐中的压力迅速增加，有人发现 MIC 泄漏到工艺区域。于是一名操作员去现场查看。他听到了储罐的撞击声，感觉到了储罐的辐射热。他立即试图启动过滤器，但失败了。00：45 至 10：00，储罐超载，安全阀关闭，大量 MIC 泄漏到周围环境中。约 25t MIC 进入大气，电厂下游 8km 范围内的区域暴露在泄漏的化学品中，在短时间内造成周围居民大量伤亡。事故发生后，应急系统没有有效工作，当地医院不知道泄漏了什么气体，也不知道泄漏气体可能造成的后果和急救措施。

3）造成事故严重后果的因素

博帕尔的事故是法律、技术、组织和人为失误的结果。直接原因是水进入储罐并与 MIC 发生反应。安全装置的故障和缺乏有效的应急响应是未能减轻事故后果的重要原因。导致事故严重后果的一些因素总结如下：

（1）工厂的位置不合适。工厂建在市郊，离火车站只有 1km，离工厂 3km 范围内有两家医院。当地政府已要求将工厂搬迁至距该城市 40km 的工业区，但这一改变尚未实施。

（2）电厂的设计不符合“本质安全”原则。根据“本质安全”原则，应尽可能使用无毒或低毒化学品来替代剧毒化学品。MIC 是工厂生产过程中的中间产品；应在工厂设计阶段考虑其他工艺路线，以避免此类有毒中间产品。当时，两家类似的工厂采用了其他替代工艺路线，成功地避免了在生产过程中产生 MIC。

（3）未能按照“本质安全”原则操作装置。根据“本质安全”原则，工艺系统中的危险化学品应储存在符合工艺基本要求的容器中。事故厂房内有 3 个 MIC 储罐，每个储罐的储存容量约为 $57m^3$。一些专家质疑储存如此大量有害物质的必要性。

根据运行要求，事故储罐内液位不得超过 60%，事故发生时实际液位为 87%。此外，该工艺要求储罐内的 MIC 进行冷冻储存。《联合碳化物操作手册》还规定，当温度超过 11℃时，就应该报警，而在博帕尔工厂，冷却系统关闭后，报警温度设置在 20℃，实际的操作温度基本上在 15℃左右。

（4）安全设施不足。根据最初的设计意图，如果发生轻微泄漏，泄漏的气体将被第一个洗涤器吸收，清洗过程中的少量未吸收气体将进入火炬，并在进入大气之前燃烧。洗涤器能够处理温度为 35℃、流量为 90kg/h 的 MIC 蒸气。在发生事故时，MIC 的排放量约为设计处理流量的 200 倍；而且火炬系统正在维护中，并与工艺系统分离。在另一个安全装置喷水系统中，操作员启动喷洒的水只能喷洒到地面 15m 以上，泄漏的 MIC 蒸气却达到了地面 50m 的高度。

（5）应急响应不足。在该工厂内，少量泄漏已经普遍存在很长一段时间，储罐压力表早先发生故障，操作员不再相信其结果。在事故开始时，工厂操作员忽视了所发生的泄漏，并在事件发生 2h 后才发出警报。MIC 的泄漏持续了约 45～60min。在此期间，居住在工厂周围的许多人因为眼睛和喉咙的刺激而从睡梦中醒来，很快就丧失了生命。

（6）工厂管理层没有安全意识：为了节约成本，工厂管理层毫不犹豫地牺牲安全，这是造成许多不安全条件和不安全行为的重要原因。

4）事故启示

（1）管理层对安全的认可是设施安全的基本前提。管理层对安全的认可不仅有利于日常安全管理的实施，也是企业安全文化建设的重要推动力。无论管理和技术能力如何良好，如果没有管理层的承诺，实现安全和无事故目标都没有实际意义。

（2）管理层对安全的认识解决了“必须做”的问题，其次是“如何做”的问题。为了避免灾难性事故的发生，工厂需要做好管理和技术工作：第一，需要建立科学的安全管理体系；第二，管理人员、工程师和维修人员必须具备必要的技术能力。

（3）在工艺安全方面，我们从这次事故中吸取以下教训。

① 有必要对风险最大的工艺系统的工艺危害进行系统分析；识别与工艺系统正常工作条件可能存在的偏差，找出相关原因和预判后果，提出消除或控制危

害的改进措施，以提高系统的安全性能。

② 建立并有效实施过程安全变更管理体系，认真对待过程体系和运行维护程序的变更。重要的工艺系统安全设施(如冷却系统和本例中的火炬)是为了实现某些工艺意图，不能随意覆盖或规避；如果确实有必要这样做，则应根据变更管理程序的要求对新方案进行事先风险分析，并根据分析结果采取必要的安全措施。

③ 改善操作员和维护人员(包括承包商)的培训和管理。帮助员工和承包商了解工艺系统、相关控制措施和各种工厂安全管理系统(如工作许可证制度)的危险。

④ 加强对事故和未遂事故的根本原因的分析。在灾难性事故发生之前，博帕尔工厂发生了许多小规模的泄漏事故，工人们感到眼睛不适(眼睛、肺和神经系统受到轻微损伤等)。然而，这些前兆并没有引起管理部门的足够重视。经验表明，事故和没有严重后果是重大事故的前兆。即使是工厂的小事故也必须引起注意，必须仔细分析并消除其根本原因。

⑤ 在注意工作安全的同时，我们还必须高度重视安全流程。工作安全和工艺安全是工厂整体安全的重要组成部分，但它们是不同的：职业安全事故往往伤害一人或多人；工艺安全事故的后果通常要严重得多。工艺安全事故不仅会伤害几个人，还会严重损害工艺系统本身，造成大量人员伤亡，使整个公司关闭，甚至给公众或周围环境带来灾难性后果。博帕尔事故就是一个典型的例子。

3. 过程工艺安全

近几十年来，技术创新给化工与石化行业带来了重大变化：新产品层出不穷，控制手段更加先进，装置规模日益扩大。然而，随之而来的是，涉及的化学品种类更多，储存容量更大，采用的工艺技术更复杂，操作条件更苛刻，对工艺系统的危险性更大。例如，易燃、有毒化学品使用广泛，工艺涉及高温高压、大量放热反应等。随着技术的进步，越来越复杂的工艺系统对安全性提出了更高的要求。许多专家甚至认为，在某种程度上，高安全要求已成为化工与石化行业发展的瓶颈。工艺系统越复杂，化学工程师需要掌握的安全知识越多，以确保工艺系统的设计和操作满足基本安全要求。

(1) 工艺安全的基本出发点是防止工艺物料(或能量)泄漏。虽然化工和石化行业中的几起事故通常爆发于不同的形式，如火灾、爆炸或有毒物质暴露，但均可归因于材料泄漏或能量释放。一旦工艺系统泄漏，可能导致灾难性的工艺安全事故。化学品泄漏或能量释放可能发生在操作工艺装置、原材料或产品储存区域、长距离运输管道、铁路和公路化学品车辆、化学品运输容器等。

以涉及易燃材料的工艺系统为例，如果只是泄漏问题，且材料在泄漏后迅速形成蒸气并扩散，则损害相对较小；在大多数情况下，泄漏的物质蒸发并形成蒸气云，蒸气云的体积增加并扩散，与火源接触后发生火灾或爆炸。当燃料着火时，会烘烤相邻设备或管道，导致其破裂；爆炸还可能导致周围设备或管道破裂；通过这种方式，会有更多的物质泄漏，导致更多种类的火灾或更多数量的爆炸。相反，如果工艺物料按照原设计预期的状态(温度、压力、相态等)留在设备或管道中，则整个工艺系统将处于安全状态；

(2) 过程工艺安全的目标是利用工程知识、原理和经验，在工厂工艺设备和装置的设计、施工、运行和维护过程中，消除或减少与工艺相关的风险。“过程相关危险”包括两个方面：一是过程介质的危险，二是过程带来的危险(介质的储存、处理和加工)。例如，氯是有毒的，它本身在环境中无法稳定存在；当氯储存在容器中并保持一定压力时，这些氯气具有一定的能量，“能量”是指这些氯气加压过程造成的损害。因此，过程工艺安全不仅涉及工艺中涉及的所有类型的化学品，还涉及如何储存和加工这些化学品。

(3) 过程工艺安全不同于传统的“安全”概念。传统的“安全”主要是指使用各种个人防护装备，并建立相应的规章制度，以保护操作人员和防止人身伤害。过程工艺安全推荐的事故预防方法不同于上述传统方法。过程工艺安全强调使用系统方法识别工艺危害，根据不同生命周期或安装阶段(研发、设计、生产前和生产期间)的特点，以不同方式来识别现有危害，并在此基础上评估危害可能造成事故的频率和后果，尽量消除危害，防止事故发生或减少危害可能造成的事故后果。过程工艺安全应用先前的设计经验，强调严格执行相关标准和规范。过程工艺安全管理和风险控制技术的概念可应用于多个过程工业，例如化工、石化、炼油、海洋石油生产、制药和冶金等。

(4) 过程工艺安全的重点是过程系统本身或设备。过程工艺安全也关注可能导致事故的人为因素，但相对而言，工作安全更关注人的行为，而过程安全更关注过程系统或装置中的技术缺陷或安全运行隐患。除了装置周围的操作人员和其他人员的安全外，过程工艺安全还关注泄漏事故造成的环境破坏和装置损坏。

(5) 进程的安全性是一门独立的学科。虽然过程系统的安全性在过程系统出现时就客观存在，但直到 20 世纪 90 年代，过程安全才开始成为一门独立的学科。

自 20 世纪 60 年代以来，工艺系统变得越来越复杂，操作条件变得越来越恶劣(如高压和高温)，在欧洲和美国的工艺中发生了一系列重大安全事故。此后，在欧洲、美国等地，政府部门相继制定了相关的程序性安全管理规定。

自 20 世纪 80 年代以来，流程安全管理和技术取得了巨大的进步。人们已经开发了许多方法和工具来预防过程中的健康和安全事故，如风险和操作研究(HAZOP)、故障树分析(FTA)和其他分析方法。同时，建立了火球辐射模型、有毒气体扩散模型、两级流排放模型等后果模拟计算模型。如今，一些欧美化工和能源公司拥有专职安全人员，负责公司设计师和生产人员的专业安全技术支持和流程管理。

1985 年，美国化学工程师协会(AIChE)成立了化学过程安全中心(CCPS)，主要参与化学、石化和过程加工行业安全技术的开发及推广，以帮助企业预防重大工艺安全事故。美国著名心理学家麦克莱伦于 1973 年提出了著名的质量冰山模型。根据麦克莱伦的质量冰山理论，安全生产只是漂浮在水中的冰山一角，思想政治工作是一座沉入水中的巨大冰山。作为一项内部政治思想工作，必须对外部安全生产产生重要影响。缺乏必要的安全知识和基本技能，必然会给安全生产带来隐患和事故，但思想政治上的匮乏和扭曲，会造成更大的危害。在日常安全管理过程中，必须经常使用评估手段来惩罚违反规则或造成事故的员工。处罚的目的是促进规章制度的应用，教育和督促员工严格遵守安全规章制度，用安全规章制度规范生产工作，从而创造良好的安全生产环境，确保生产设备和职工人身安全，实现企业的安全生产。由此可以看出，安全管理过程中的考核是十分必要的。但是，考核工作要避免一个误区，就是为考核而考核，把处罚当作安全工作的终点。所以，处罚之后，还必须辅助以细致的思想政治工作，对当事人要讲清楚考核的目的，帮助他们分析出违章可能会造成的恶果，违章者才会真正认识错误、受到教育。

4. 工艺安全管理及相关法规简介

1) 工艺安全管理

工艺安全管理的主要目标是防止危险化学品(或能源)意外泄漏，特别是防止其泄漏到员工或其他员工活跃的区域，从而对相关人员造成伤害。一个完善的工艺安全管理体系不仅有助于减少人身伤害，而且可以防止重大财产损失。此外，还可以提高工艺设备的可靠性，减少不必要的停机，提高产品质量，提高生产效率，降低生产成本，延长工艺设备的使用寿命，消除或减少工艺系统运行的隐患。

工艺安全管理的主要对象是处理、使用、加工或储存危险化学品的工厂或设施。强调采用系统化管理手段，识别、理解、消除和控制工艺危害，确保工艺系统在设计中具有可接受的安全性，并使工艺装置在竣工后按照设计意图安全运行。

工艺安全管理与工艺系统的“变化”有关。许多工艺安全事故是由工艺系统的“变化”引起的，如高液位、过流、工艺管道中的车辆事故等。这种“变化”可能是自发的，也可能是外部作用的结果。如果上述“变化”在设计预期范围内，则不会发生事故；相反，当这些“变化”导致系统的运行条件超过设计安全间隔时，很可能导致运行问题或事故。这些“变化”可能发生在工艺、设备或人员中，并且在工厂的生命周期中是不可避免的。重要的是将这些“变化”纳入适当的管理。

2) 工艺安全管理规定的制定

在联合碳化物的化工厂，工厂维护人员用临时管道更换了六个级联反应器中的第五级反应器。结果，临时管道破裂，约50t燃料泄漏。燃料形成的蒸气云爆炸，造成28人死亡，并造成邻近社区财产损失。在以往，安全管理的重点是职业安全管理，主要是防止在作业过程中，工人遭受机械伤害或由于跌落等原因所导致的伤害。本次事故使化工行业的管理者和工程师们意识到，对新工厂的设计以及发生变更的工艺系统进行危害分析至关重要，人们需要在设计阶段做更多的工作，来消除工艺系统中潜在的危害，而不是仅仅关注职业安全相关的危害。基于此认识，工艺危害分析(Process Hazard Review)逐渐成为工程设计的一个重要环节。

1975年，荷兰毕克(Beek)的一套石油裂解装置在投产前发生泄漏，导致了一起严重的蒸气云爆炸事故，造成14人死亡。1977年，在意大利的塞维索(Seveso)工厂，因为阀门泄漏，导致大范围的有毒蒸气泄漏。这些事故直接催生了第一部针对工艺安全的政府法规，即1982年欧洲颁布的"Seveso Ⅰ指令"。该指令以意大利发生事故的工厂命名，主要包含社会公众的知情权和对应急反应相关的要求，为欧盟各成员国所遵守。

1984年，发生在印度博帕尔的灾难性事故夺去了成千上万人的生命。"明天博帕尔灾难还会不会再发生?"和"该如何防止博帕尔事故重演?"成为流程工业学术界的热门议题。鉴于此次事故，美国化学工程师协会在1985年成立了专门的化工工艺安全中心，该中心为化工、石化等行业提供工艺安全技术和管理的全面支持，以防范重大的工艺安全事故。相应地，在加拿大成立了重大工业事故协调委员会(MLACC)，它的使命是减少工业事故发生的频率和减轻事故的后果。此外，"Seveso Ⅰ指令"也经历过修订，1996年颁布了"Seveso Ⅱ指令"，它吸取了博帕尔事故的教训，更加强调对重大危害的控制和建立工艺安全管理系统的必要性。1988年，美国化学协会(ACC)颁布了"责任关怀®"(Responsible Care)，其中包含工艺安全相关的规定，并要求其成员企业遵守这些规定。

1989年，在美国休斯敦发生了一起重大的反应器爆炸事故，导致23人死亡。1990年，在美国得克萨斯州又发生了一起污水罐爆炸事故，造成17人死亡。这些事故或多或少加速了工艺安全相关的立法。1992年2月24日，美国职业安全与健康管理局(OSHA)颁布了危险化学品工艺安全管理系统的相关要求，并于1992年5月26日正式生效。随后，美国环保局(EPA)颁布的《净化空气法案之灾难性泄漏预防》于1999年生效，在OSHA工艺安全管理系统相关要求的基础上，补充了对风险评价和应急预案的要求。韩国参考美国OSHA颁布的工艺安全管理系统相关要求，也于1996年颁布了该国的工艺安全管理系统要求。

在我国，中国石油天然气集团有限公司参考美国石油学会标准API RP 750编写了相关的标准SY/T 6230—1997。即《石油天然气加工工艺危害管理》，该标准主要应用于石油天然气加工设施，于1997年8月25日颁布，并于1998年3月1日开始执行。

3）工艺安全管理的国内外发展

安全管理理念源于19世纪初，最初是在事故发生后亡羊补牢的策略基础上形成的，即“技术加经验”的安全管理；随着技术和经验的提高，逐渐演变为“简单技术系统”的安全管理。20世纪以来，随着科学技术的不断创新，石化行业发生了巨大的变化，新技术、新产品层出不穷，整体规模比以前有了很大的提高。然而，也出现了一些相关问题。生产的化学品种类繁多，加工和储存规模较大，新的加工工艺更复杂，操作条件更难，造成的危害更大。全球石化行业发生了多起重大化学事故。化学事故的频繁发生引起了社会对安全过程的关注。在此背景下，出现了自上而下的“十大技术体系”管理模式，并制定了与化工过程安全管理相关的指导方针和规定。1974年，英国弗利克斯伯勒泄漏事故造成28人死亡、36人受伤，数百名居民受伤。爆炸摧毁了工厂附近的控制室和工艺设施，造成重大财产和人身损失。这使化工行业管理人员认识到，工艺风险分析对新工厂的设计和变更过程非常重要。1975年，荷兰毕克石油裂解装置发生严重爆炸，造成14人死亡、106人受伤和大量设备损坏；1977年6月，距离意大利米兰仅20km的塞维索一家化工厂发生爆炸，造成附近农药厂大量泄漏，导致二噁英事故和其他有毒物质污染大气。据统计，当时周边地区严重污染面积达1.08km^2；轻度污染面积达2.7km^2，涉及相关人员4855人。事故发生后几天，该地区的鸟类、兔子、鱼类等生物不同程度死亡，土壤中检测到的有毒物质含量超标。即使经过多年，当地的异常儿童出生率也逐年上升。在意大利塞维索发生有毒气体泄漏事故后，欧洲颁布了第一部关于事故安全管理的政府法律法规，即1982年的“Seveso Ⅰ指令”。1984年12月3日清晨，联合碳化物公司印度农药厂发生氰化物(MIC)泄漏，该厂是联合碳化物公司在印度中央邦首府博帕尔贫民窟附近的子公司。该起事故被称为迄今为止人类历史上最严重的化学安全事故。1989年2月联合碳化物公司向印度政府支付了4.7亿美元的赔偿金，以补偿和帮助受害者及其家属。

自20世纪80年代以来，安全管理已从事故后的被动响应演变为事前策略，即风险预防、基于合规的惩罚预防和持续改进，即技术系统的安全管理。工艺安全管理系统具有良好的发展前景。石化公司相继开发和改进了许多预防工艺安全事故的方法和工具，如道化学公司采用的火灾爆炸指数、过程风险分析；欧美许多大型石化公司开发了一些基于风险的计算软件，并在公司内部设立全工艺安全管理人员，为工艺安全管理提供技术支持。目前，工艺安全管理系统已经发展并逐步扩展。

国外石化公司高度重视工艺安全管理，强调运用系统的方法和技术预防工艺安全事故，加强高风险行业的工艺安全管理。OSHAPM在美国以法规的形式存在，不仅具有权威性，而且体现了工艺安全管理的必要性和适用性；欧洲的安全管理体系主要执行“Seveso Ⅱ指令”的规范；参考美国的OSHA法案，韩国于1996

年制定了自己的法案并实施了 Koshapsm 制度(见表 4-1)。

表 4-1　国外化工安全管理体系的发展

年份	事故地点	事故原因	工艺安全管理措施
1977	意大利塞维索	有毒气体泄漏	欧洲 1982 颁布“Seveso Ⅰ指令”
1984	印度博帕尔	有毒气体泄漏	美国化学工程师协会成立化工工艺安全中心
1992	—	—	美国职业安全与健康管理局颁布工艺安全管理标准
1996	—	—	EPA 将工艺安全管理监管范围扩展到环境和公共安全
1996	印度博帕尔	有毒气体泄漏	欧洲“Seveso Ⅰ指令”修订为“Seveso Ⅱ指令”
1996	—	—	韩国参考美国 OSHA 体系，颁布了的相关要求

国内石化企业的安全管理起步较晚，大多依靠设计院和安全评估机构进行识别、控制和实证风险评估。引入安全管理评价体系后，一些企业的安全管理水平有了明显提高，但与最佳运行状态还有很大差距，对过程安全管理的研究还不够系统。目前，在中国化工和石化行业，HSE 管理体系正在大力推广，其中包括一些工艺安全管理要素。国内化工安全管理体系的发展历程见表 4-2。

表 4-2　国内化工安全管理体系的发展历程

年份	发展原因	发展形势
20 世纪 90 年代	大量外资引入	外企安全管理模式在国内被借鉴和推广
20 世纪 90 年代	国内石化企业借鉴国外经验，重视安全管理体系建设	成立专门安全环保技术研究院，从事安全环保技术研究
1997	中国石油天然气集团有限公司	颁布《石油天然气加工工艺危害管理》
2001	中国加入世贸组织	中国需符合国际职业安全健康标准一体化的要求
2010	—	颁布《企业安全生产标准化基本规范》
2010	国家安全生产监督管理总局	颁布《化工企业工艺安全管理实施导则》
2013	—	颁布《关于加强化工过程安全管理的指导意见》

(1) 国外研究现状。

在发展石化工业的过程中，越来越多的外国公司在中国投资建厂，这不仅带来了大量的资金和就业机会，而且带来了先进的工艺技术和管理理念。受知识产权、专利技术等诸多限制，许多国外先进技术无法直接采用，但其先进理念和管理方法值得学习和借鉴。

杜邦于 1811 年建立了安全管理系统。它是第一家引入工艺安全管理概念的公司。在接下来的 100 年中，杜邦不断完善其安全管理体系，取得了积极的成果，并获得了社会的广泛认可。据 2004 年统计，在杜邦拥有的 300 多家工厂中，80%的工厂没有发生过工伤及以上的安全事故，近 50%的工厂没有工伤记录，甚至有 20%的工厂在十年多的时间里都没有安全损坏的记录。杜邦公司在安全管理方面获得了多项荣誉，多年来被评为美国最安全的公司、世界500强中最安全的公司以及对社会最负责任的公司。

由于早期的工业化进程，英国在管理商业安全方面积累了丰富的经验。1991年，英国健康与安全管理局率先发布了《工作健康与安全指南》。1996年，英国率先推出了世界范围内职业安全和安全体系的第一个标准，即《职业健康和安全管理体系指南》。同年，美国、日本和其他国家紧随其后。在表4-3中，通过比较美国和日本在安全管理方面的成就，在2014年的世界主要工业化国家中，英国代表了全球安全管理的先进水平。

表4-3　2014年英国工业园区安全绩效对比表

国家	总人口(万)	就业人口(万)	工亡事故	十万从业人员死亡率
英国	6541	3100	142	0.46
日本	12713	6322	1057	1.671
美国	31886	13847	4585	3.3

韩国石油化工行业在20世纪70年代起步，于20世纪90年代开始急速发展，很快成为亚洲地区仅次于日本的石化生产大国。随着韩国石化产业规模迅速扩张，相关问题也逐渐暴露出来，导致该国重大工业事故频繁发生。与之相比，欧美等发达国家的安全管理工作却进步明显。在此背景下，韩国终于认识到自身存在的问题和事故防范的重要性。1996年，韩国通过立法引进了美国的安全管理体系，结合本国实际特点形成韩国的KOSHAPSM体系。实施后，韩国石化行业重大事故发生数大幅度降低：在实施前的1991~1995年的5年时间内共发生230起重大工业事故，实施后的1996~2000年的5年内重大工业事故数迅速降低至69起，而2006~2010年的重大事故已经降至26起，随后2011~2014年只有24起，效果显著。

（2）国内研究现状。

2010年，中国颁布了《企业安全生产标准化基本规范》(AQ/T 9006—2010)和《化工企业过程安全管理实施指南》(AQ/T 3034—2010)；2013年，国家劳动安全局发布了《关于加强化工过程安全管理的指导意见》。

改革开放以来，重大安全事故频发，严重干扰了我国经济社会发展。进入21世纪后，党和国家继续加强监督，采取了相应的重要措施，高度重视安全生产。在表4-4中，2013~2015年，事故和死亡人数逐年下降，从2013年的142人和207人死亡事故下降到2015年的97人和157人死亡，分别下降31.7%和24.2%。2016~2018年，由于化学事故统计方法的改变，事故和死亡人数从2016年的226人下降到234人，2018年分别下降到176人和223人，分别下降22.1%和4.7%。可以看出，化学事故总体上呈下降趋势。主要原因是近年来，主管部门在事故频发期间加大了对石化企业的监管力度，积极检查和整改违规行为，有关方面也加强了特殊时期的安全管理，双方共同努力。自2016年以来，事故和死亡人数有所增加。特别是近年来国内化工行业经常发生重大事故，造成严重的财产损失和环境影响，引起了国内外的高度重视。在2016~2018年的3年间，中国发生了620起化学事故，导致728人死亡。重大化工事故频发，暴露出当前安全生产中一些深刻而突出的问题。

表4-4　2013~2019年中国化工行业特大事故

发生时间	事故名称	伤亡情况	事故环节	事故直接原因认定
2013.11.22	青岛中石化东黄输油管道特大泄漏爆炸事故	62人死亡、136人受伤	经营	管道泄漏，原油流入地下排水管道，形成爆炸性气体混合物，导致爆炸
2014.3.1	山西晋济高速公路岩后隧道交通危化品燃爆事故	40人死亡、12人受伤	运输	卡车追尾、前车甲醇泄漏、后车电气短路、甲醇点火
2014.7.19	湖南沪昆高速特大危化品爆燃事故	58人死亡、2人受伤	运输	运输乙醇的轻型卡车与公交车发生追尾碰撞，导致乙醇泄漏和燃烧
2015.8.12	天津瑞海国际危险品仓库特大火灾事故	173人遇难、798人受伤	储存	硝化棉自燃引起院子里危险化学品的爆炸
2017.6.5	山东临沂金誉石化重大爆炸着火事故	10人死亡、9人受伤	装卸	液体油轮运输在卸油作业中发生泄漏，引发爆炸
2017.12.9	江苏连云港聚鑫生物科技有限公司重大爆炸事故	10人死亡、1人受伤	生产	在紧急压力释放和通风过程中，如果火花静电燃烧，保温釜内的压力会急剧增加，大量物质会喷出，与保温釜外的空气形成爆炸性混合物，并在燃烧火源的情况下爆炸
2018.7.12	四川宜宾恒达科技有限公司重大爆炸事故	19人死亡、12人受伤	生产	操作员向反应器中添加了未标记的氯化钠作为丁基酰胺，导致爆炸和火灾
2018.11.28	河北省张家口市重大燃爆事故	23人死亡、22人受伤	生产	氯乙烯气体逸出，氯乙烯扩散到厂区外道路，遇明火发生爆燃
2019.3.21	江苏响水天嘉宜公司特别重大爆炸事故	78人死亡、94人重伤	生产	公司旧固废库内长期违法贮存的硝化废料持续积热升温导致自燃，燃烧引发爆炸

国内化工行业重大安全事故频发的主要原因是人为灾害，有的是公司内部自我管理的人为灾害，有的是外部安全监督和法律造成的灾害，或者两者兼而有之。今天，中国化学工业的安全事故频繁发生，除了人为灾害外，工业规模和发展阶段也是重要的促成因素。据权威统计，2001年中国加入WTO后，化学工业的主要商业总产值增长了15倍，从2018年的10亿元增加到1240亿元。2010年，中国首次超越美国，确立了世界第一化学大国的地位；在收入方面，工业的集中度正在增加。2002年，中国化学工业前500强的总营业收入占整个行业的

21.6%。就规模而言，中国被牢牢地列为世界化学工业最大的国家。目前，中国约占全球化学工业产值和产出规模的40%，且比例还在上升。目前，我国化工行业安全事故的高发率受到阶段性因素和发展周期因素的有效影响。目前，我国石化行业的发展正处于从高速发展向高质量发展的根本性过渡时期。中国石油和化学工业联合会提出，为实现石化强国的目标，中国下一阶段应继续加强现代石化产业集群的培育，力争在15年内形成10个具有国际竞争力的专业化工园区和20个具有国际竞争力的智能化工园区。

第二节　工艺安全管理要素

OSHA颁布的工艺安全管理系统相关的法规(29CFR1910.119)，主要是为了帮助企业防止有毒、易燃、易爆和易反应的化学品出现灾难性泄漏，以及减轻上述物质不幸发生泄漏时的后果。

OSHA规定的过程安全管理系统(以下简称PSM)主要应用于加工工业。PSM法规附有一份危险化学品清单，其中包含130多种有毒或反应性化学品，并规定了每种化学品的散装标准。当工厂处理的危险化学品数量达到或超过清单中的数量标准，或处理的易燃液体或易燃固体数量等于或大于4535.9kg时，工厂必须遵守PSM规则。PSM规定不适用于以下加工设施：①零售处所；②油气井；③无人装置。

OSHA还定义了必须符合PSM法规的“过程”：“过程”是指在工厂内使用、储存、加工、处理或转移危险化学品或上述活动的组合。

职业安全与健康管理局(OSHA)、美国化学工程师协会(AIChE)和美国化学学会(ACC)的化学过程安全中心分别为过程安全管理体系定义了一系列组成要素。虽然它们提出的构成要素不同，但它们的出发点和目标是相似的。本书将重点介绍OSHA安全管理体系的要素，以讨论如何预防过程安全事故并在事故发生前减轻后果。

(1) 工艺安全信息：工厂应有文件安全的书面信息，如危险化学品、工艺技术和工艺设备的风险信息。

(2) 工艺风险性分析：工厂需要在过程系统中进行过程风险分析，并至少每5年确认最新过程风险分析的有效性。

(3) 变更管理：工厂需要建立程序来管理工艺设施或操作程序的变更，以避免潜在的危险，并避免由变更引起的工艺安全事故。

(4) 开车前安全评估：对于新项目或工艺系统的重大变更，应在系统投入使用前进行必要的安全检查，确保装置或设备的安全运行及其可持续利用。

(5) 操作程序：工厂必须有书面的操作程序，操作人员必须易于获取。操作程序应描述危害、安全和健康预防措施、操作的安全范围、安全保护系统及其在工艺系统中的功能等。

（6）培训：工厂为工人提供有关工艺和相关操作程序的基本知识培训。

（7）机械完整性：工厂需要建立和应用与机械完整性相关的书面程序，以确保工艺设备(尤其是安全保护装置和关键仪表控制系统)的完整性和可靠性。

（8）作业许可：在工艺区动火作业期间，应遵守动火作业许可制度。

（9）承包商管理：承包商和工厂应进行沟通、协调，并采取必要的管理措施，以便在工厂运营期间安全生产。

（10）应急计划和反应：工厂需要根据工艺系统的特点制定适当的应急计划，并进行必要的培训和演习，以提高工人的意识和应急响应能力。

（11）事故调查：工厂必须调查事故原因，提出并实施相应的改进措施，以防止类似事故的发生。

（12）商业秘密：是指不为公众所知，能为权利人带来利益，并经权利人采取保密措施的技术信息和经营信息，工厂需要确保相关员工能够获得开展工艺安全工作所需的信息和材料。

（13）符合性审核：该要素旨在评估“我们最终做得如何”，以及通过持续改进，不断完善过程安全管理体系。一般来说，工厂至少每3年需要进行一次合规审计。

（14）员工参与：工厂必须有书面计划，说明员工或员工代表如何参与工艺安全管理体系各要素的工作。为了实现安全生产，工厂需要在整个生命周期中，落实执行工艺安全管理系统，工艺安全事故往往是上述多个管理要素缺失的结果，因此不能将上述诸要素孤立看待，它们共同构成了控制危害和防范工艺安全事故的一套完整的管理系统。

一、工艺安全信息(Process Safety Information，PSI)

1. 化学品风险信息

化学危害信息至少应包括：

（1）毒性；

（2）容许接触限值；

（3）沸点、蒸汽压、密度、溶解度、爆炸点和爆炸极限等物理参数；

（4）分解反应、聚合反应等反应特性；

（5）关于腐蚀和材料不相容性的数据；

（6）热稳定性和化学稳定性，例如，如果加热时分解，暴露在空气中或受到影响时是否稳定、与其他物质混合的不良后果以及混合后是否发生反应；

（7）泄漏化学品的处理方法。

2. 工艺技术信息

工艺技术信息至少应包括：

（1）工艺流程图；

(2) 工艺化学的基本数据；

(3) 设计材料的最大储存容量；

(4) 安全操作范围(温度、压力、流速、液位或成分等)；

(5) 评估偏离正常工作条件的后果，包括对工人安全和健康的影响。

注：上述过程的技术信息通常包含在技术手册、操作程序、操作方法、培训材料或其他类似文件中。

3. 工艺设备信息

与工艺设备相关的信息应至少包括：

(1) 材料；

(2) 对以往发生的可能导致严重后果的事件的审查；

(3) 控制危害的工程措施和管理措施，以及失效时的后果；

(4) 现场设施；

(5) 人为因素；

(6) 失控后可能对人员安全和健康造成影响的范围。

在装置投产后，需要与设计阶段的危害分析进行比较；由于经常需要对工艺系统进行更新，对于复杂的变更或者变更可能增加危害的情形，需要对发生变更的部分进行危害分析。还需要审查过去几年的变更、本企业或同行业发生的事故和严重未遂事故。

二、工艺危险性分析(Process Hazard Analysis，PHA)

工艺危险性分析是辨别、评估、控制生产相关工艺危害的全面、有序、系统的方法。管理者开始就要对 PSM 所涉及的工艺开展危险性分析。选择与生产工艺相适应的危险性分析方法，并能够辨别、评估、管控工艺中的危害。

(1) 管理者首先要确定和记录工艺危险性分析的优先次序。根据危害的严重程度、受危害的职工数量、工艺技术的先进性、发展历程来确定危害的先后次序。应当尽快完成初步的工艺危险性分析，并根据完成的时间、后续的潜在风险，每 5 年重新进行工艺危险性分析。

(2) 管理者必须采取合适的方法评估和确定工艺危害，具体包括：故障假定、检查方案、结果预判、危险与操作性的关联、故障类型与事故树等类似的方法。

(3) 工艺危险性分析亟待解决的问题：工艺事故导致的危害、辨别可能造成严重后果的事故源头、采取适用于工艺危害的危害控制方法并判断其相互影响、预测危害控制工程和方法失效后的后果、事故位置对员工及周围人员安全和健康影响的定性评估。

(4) 工艺危险性分析最好由具有安全工程和工艺运行有丰富经验的相关人员来开展实施，管理者须建立相关的机制以及时处理工艺危险性分析的结果和预防措施，确保问题及时解决并记录在案，记录内容应当包括：计划采取的措施、措施实施所需要的计划安排，并与生产运行、设施维护和其他相关人员沟通实施方案的可行性，确保预防措施按计划实施。

在工艺的整个生命周期，管理者需要将工艺危险性分析和更新或重新验证的工艺危险性分析过程性文档记录在案，随时准备提供给 OSHA。

三、变更管理（Management of Change，MOC）

（1）公司应建立变更管理程序，加强对化学品、工艺技术、设备、程序、操作过程等永久性或临时性变更的计划控制，确定变更的类型、级别和实施阶段，确保人身安全和财产安全，不损害环境和公司声誉。

（2）变更管理应考虑以下方面：

① 修改的技术依据；

② 变更对工人安全和健康的影响；

③ 修改操作程序；

④ 选择合适的变更时间；

⑤ 授权对计划进行更改。

（3）应更新相应过程的安全信息。

（4）可能受修订影响的企业和承包商的员工应在变更管理前了解修订或接受相关培训。

（5）与工艺变更有关的管理要求可参照《石油化工企业安全管理体系导则》（AQ/T 3012—2008）执行。

四、开车前安全评估（Pre-start-up Safety Review）

1. 组建团队，明确职责

试验生产前的安全要求应由有组织的团队和负责人补充。显然，在试生产前进行安全审查的责任是，确保新项目或重大工艺变更项目的安全运行，避免灾难性事故。小组的组成和规模取决于具体情况。

2. 准备

准备工作包括但不限于以下内容：

（1）确定试验生产前安全检查的范围和时间。

（2）编制或选择适当的安全检查表。

（3）试生产前成立安全检查组，明确责任。检查组应具备以下知识和能力：

① 熟悉相关文件；

② 熟悉相关政策、法规和标准；

③ 熟悉相关设备，能辨别设备的设计、安装是否符合设计意图；

④ 熟悉工厂的生产和维护活动；

⑤ 了解企业/项目的风险控制目标。

3. 现场检查

检查组应根据控制清单对现场设备、导管、仪表和其他辅助装置进行目视检查，以确认相关设备和仪表的安装及功能测试已按照设计要求完成。

检查组应确认风险分析报告中规定的改进措施和安全措施已在必要时得到实施；是否为培训、操作程序、维护程序和应急响应程序。

4. 试生产前安全检查报告的编制

现场检查结束后，检查组应在生产前研究编制安全检查报告，并将所有待完成检查项目的状态记录在检查清单上。

工厂投产后，项目经理或责任人员还必须完成“试生产后检验项目”。检查表中所有检查项目完成后，更新试生产前的安全检查报告，以获得最终版本并保存。

五、操作程序(Operating Procedure)

1. 操作规程编制

企业应编制并实施书面的操作规程，规程应与工艺安全信息保持一致。企业应鼓励员工参与操作规程的编制，并组织进行相关培训。操作规程应至少包括以下内容：

(1) 初始开车、正常操作、临时操作、应急操作、正常停车、紧急停车等各个操作阶段的操作步骤；

(2) 正常工况控制范围、偏离正常工况的后果、纠正或防止偏离正常工况的步骤；

(3) 安全、健康和环境相关的事项，如危险化学品的特性与危害、防止暴露的必要措施、发生身体接触或暴露后的处理措施、安全系统及其功能(联动、监测和抑制系统)等。

2. 操作规程审查

企业应根据需要经常对操作规程进行审核，确保反映当前的操作状况，包括化学品、工艺技术设备和设施的变更。企业应每年确认操作规程的适应性和有效性。

3. 操作规程的使用和控制

企业应确保操作人员可以获得书面的操作规程，通过培训来帮助他们掌握如何正确使用操作规程，并且使他们意识到操作规程是强制性的。

企业应明确操作规程编写、审查、批准、分发、修改以及废止的程序和职责，确保使用最新版本的操作规程。

六、培训(Training)

1. 建立并实施培训管理程序

企业应建立并实施工艺安全培训管理程序，根据岗位特点和应具备的技能，明确制定各个岗位的具体培训要求，编制落实相应的培训计划，并定期对培训计划进行审查和演练，确保员工了解工艺系统的危害，以及这些危害与员工所从事工作的关系，帮助员工采取正确的工作方式避免工艺安全事故。

2. 程序内容和培训频次

培训管理程序应包含培训反馈评估方法和再培训规定，对培训内容、培训方式、培训人员、教师的表现以及培训效果进行评估，并作为改进和优化培训方案的依据；再培训至少每三年举办一次，根据需要可适当增加频次。当工艺技术、工艺设备发生变更时，需要按照变更管理程序的要求，就变更的内容和要求告知或培训操作人员及其他相关人员。

3. 培训记录保存

企业应保存好员工的培训记录，包括员工的姓名、培训时间和培训效果等都要以记录形式保存。为了保证相关员工接触到必需的工艺安全信息和程序，又保护企业利益不受损失，企业可依具体情况与接触商业秘密的员工签订保密协议。

七、机械完整性(Mechanic Integrity，MI)

1. 新设备的安装

公司应制定适当的程序，以确保设备的现场安装符合设备的设计要求和制造商提出的安装指南，例如防止材料的不当使用、安装期间的检查和测试；应编制并保存检验和实验报告。

压力容器、压力管道、特种设备等国家有强制性设计、制造、安装和注册要求的，应符合监管要求，并保存相关证明文件和记录。

2. 预防性维护

公司应建立并实施预防性维护程序，并对关键工艺设备进行有计划的试验和检查。尽快识别工艺设备的缺陷，及时维修或更换，防止微小缺陷和故障演变成灾难性的材料泄漏，造成工艺过程中的严重安全事故。预防性维护包括但不限于以下内容：

(1) 检查压力容器和储罐，校准安全阀，测量换热器管侧面的厚度或进行压力试验；

(2) 清洁灭火器，更换爆破片，更换泵密封件；

(3) 消防水测试系统、有毒气体报警系统/气体报警系统/紧急关闭阀/报警和制动功能测试；

(4) 监测压缩机的振动状态，分析电气设备的温度。

3. 退役和退役程序

公司应建立退役和退役程序，明确退役标准和退役安全要求。

4. 机械完整性相关培训

公司应组织参与设备管理、使用、维修和维护的相关人员接受培训，以实现以下目标：

（1）了解维护操作设计的过程的基本情况，包括维护过程中存在的危害和正确的对策；

（2）主要操作程序，包括授权工作、维修和维护的程序及要求；

（3）了解与维护活动相关的其他安全操作程序，如热作业程序、变更程序等；

（4）检验和实验人员应取得法律法规要求的资格。

八、作业许可（Safe Work Permit）

公司应建立并保持程序，以控制可能给业务流程带来风险的操作。对存在明显风险的作业，如用火、破土、打开工艺设备或管道、标高、防爆区域入口等，实施作业许可证管理，明确作业程序和控制标准，并监督运作过程。

公司必须保留工作许可证，以了解持续改进工作授权程序的应用。

九、承包商管理（Contractor Management）

1. 承包商的界定

承包商为企业提供设备设施维护、维修、安装等多种类型的作业，企业的工艺安全管理应包括对承包商的特殊规定，确保每名工人谨慎操作而不危及工艺过程和人员的安全。

2. 企业责任

企业在选择承包商时，要获取并评估承包商目前和以往的安全表现及目前安全管理方面的信息。企业须告知承包商与作业工艺有关的潜在的火灾、爆炸或有毒有害方面的信息，进行相关的培训，全过程控制风险；定期评估承包商表现；保存承包商在工作过程中的伤亡、职业病记录。相关管理要求参照"《石油化工企业安全管理体系导则》（AQ/T 3012—2008）8.2 条承包商管理"执行。

3. 承包商责任

承包商应确保工人接受与工作有关的工艺安全培训，确保工人知道与他们作业有关的潜在的火灾、爆炸或有毒有害方面的信息和应急预案，确保工人了解设备安全手册，包括标准操作规程在内的安全作业规程。承包商应保存上述培训记录，记录应该包括个人资料、培训时间、考核情况等。

十、应急计划和反应（Imergency Planning and Response）

1. 创建并应用应急响应系统

公司必须建立应急响应系统，实施应急演练计划，对员工进行培训，使其了解紧急情况并及时采取正确的响应措施。应急演习计划应包括处理危险小型化学品泄漏的程序。

2. 应急响应的技术准备

公司需要制定一套全面的应急计划，该计划通常以书面文件的形式规定工厂应如何应对异常或紧急情况。对于大型、复杂的工厂，除制定总体应急预案外，还需要针对各种具体的假设事故情况制定具体的应对措施。

3. 应急预案的编制

应急预案是企业应急响应系统的重要组成部分。应急预案的编制可参照"《石油化工公司安全管理体系导则》(AQ/T 3012—2008)13.3条应急预案"。

4. 应急响应

公司应成立应急小组，通常由公司员工或外部员工组成；每个团队成员的责任应该明确，以确保成员对其责任和授权没有疑问。

发生紧急情况时，负责人可根据应急响应手册确定安全区域，并指挥人员疏散至安全地点。

应急响应小组成员必须根据先前培训中获得的技能或应急响应手册的指导，如紧急停机、切断电源、打开消防设备、控制无关人员进入控制区等。公司授权这些人员在紧急情况下关闭工艺系统(如有必要)。公司还应确保应急人员能够在规定期限内到达其岗位。

5. 应急培训和演习

(1) 公司应为一般工人和承包商提供基本应急响应培训。

① 装置可能出现的紧急情况；

② 如何报告紧急情况；

③ 设施的地理位置、紧急疏散路线和紧急出口；

④ 安全警报和应急响应的要求；

⑤ 紧急集合点的位置和计数人员的要求。

(2) 公司应定期对应急响应小组成员进行培训，以获取和保持应对紧急情况和控制事故的知识与能力，并参与有效的演习。

(3) 公司需要根据实际情况决定是否与工厂附近的社区进行沟通，或为他们提供必要的培训，以应对可能出现的紧急情况。一般来说，社区应了解以下信息，以便了解如何在紧急情况下疏散和保护自己：

① 工厂的基本信息；

② 工厂生产过程中的主要风险；

③ 工厂目前采取的主要安全措施；

④ 如果发生紧急情况或事故，将对周围区域造成什么影响；

⑤ 在发生紧急情况下或发生事故时，相邻社区应如何正确响应。

十一、事故调查(Incident Investigation)

1. 程序性事故的调查与处理

公司应制定程序性事故的调查和处理程序，通过事故调查确定事故的性质和原因，制定纠正和预防措施，避免类似事故再次发生。

（1）事故的精确分类；

（2）明确研究团队的要求和职责；

（3）与事故调查有关的培训要求；

（4）鼓励员工报告所有类型的事故；

（5）通过事故调查，发现事故的直接原因和根本原因，并提出相应的改进措施，防止类似事故发生或减少事故后果；

（6）及时对事故调查报告进行改进；

（7）提出事故调查文件的要求。

2. 研究团队的组建

调查小组应至少包括一名案件专家。如果事故涉及承包商的工作，还应包括承包商的员工、具有相关知识的其他代理人以及具有事故调查和分析经验的人员。

3. 事故调查的时间和方法

事故调查应在事故发生后 48 小时内尽快开始。事故原因分析有许多替代方法，如头脑风暴法、FTA 等。

4. 证据收集

事故调查期间收集的证据包括：

（1）物证：废料、损坏的设备、仪器、导管等。

（2）位置证明：事故发生时人员、设备等的位置，以及工艺系统的位置状态。

（3）电子证据：控制系统中存储的过程数据、电子操作规程、电子文件记录、操作员操作记录等。

（4）书面证据：移交记录、签发的工作许可证、书面操作规程、培训记录、检查报告和相关标准。

（5）相关人员：证人、被害人、现场操作人员及相关人员的面谈、情况描述等。

5. 编制事故报告，落实改进措施

1）事故调查报告

事故调查结束后，应编制事故调查报告，报告应至少包括以下内容：

（1）事故发生日期；

（2）初步调查数据；

（3）事故和损失过程的描述；

（4）事故原因；

（5）调查期间提出的改进措施。

2）监控并实施改进措施

公司规定了如何监督和实施事故调查组提出的改进措施。在有效实施改进措施的过程中，可能会发现，由于客观条件的限制，一些最初提出的改进措施难以实施，或者有更好的方案可以采用，需要以书面形式进行解释和记录。

3）研究报告的保存期限

重大事故报告应永久保存，一般事故至少保存 5 年。除政府要求的报告外，公司还规定了事故报告的保留期。

4）事故管理和经验分享

公司必须制定事故或事件管理程序，鼓励员工报告事故或事件，组织对未遂事故的调查和分析，发现事故的根本原因，预防事故的发生。

事故和未遂事故调查结束后，公司应组织内部经验交流，注重外部事故信息和教训的介绍，提高风险意识和控制水平。

十二、商业秘密(Trade Secrets)

雇主需要向编写工艺安全信息、开展工艺危害分析、制定操作程序、开展事故调查、应急方案和响应和合规审计的人员公开所有的相关信息，不论这些信息是否是商业秘密。尽管如此，为确保相关信息不被泄漏，PSM 并不会妨碍雇主要求相关人员签订保密协议。为了保证相关员工接触到必需的工艺安全信息和程序，又保护企业利益不受损失，企业可依具体情况与接触商业秘密的员工签订保密协议。

十三、符合性审核(Complaiance Audit)

(1) 公司应建立并实施过程安全审核程序，并至少每 3 年进行一次过程安全审核，以确保过程安全管理的有效性。

(2) 符合性审核的范围。在规划过程安全合规性审核范围时，应考虑以下因素：

① 适用的业务政策和监管要求；

② 安装的性质(加工、储存、其他)；

③ 装置的地理位置；

④ 所涵盖的设备、装置和场地；

⑤ 待审核过程的安全管理要素；

⑥ 上次审核后相关因素的变化(如法规、标准、工艺设备、相邻建筑物、设备或人员等)；

⑦ 人力资源。

(3) 审计组织和审计频率。审计小组应至少包括一名案例专家。如果只对过程安全系统管理的单个要素进行审核，还可以由审核员进行补充。审核组成员应接受相关培训，检查审核方法，具有相关经验和良好的沟通技巧。

确定审核频率的方法应在公司合规性审核程序中明确规定。确定合规性审计频率时要考虑的因素包括：

① 监管要求、标准化规定和公司政策；

② 安装风险的大小；

③ 装置的历史；

④ 设施的安全；

⑤ 工厂或类似过程中的安全事故。

（4）审计的实施、监测和改进。审核过程应形成文件，对过程管理体系中发现的缺陷及其实施情况进行记录，并实施改进措施。现场审核结束后，审核组需要编制过程审核报告，并提出需要改进的方面。最近两次的审核报告应存档。

十四、员工参与（Employee Participation）

雇主必须制定一个员工参与的书面实施计划。在 PSM 的规范下，雇主必须与员工和代表商议工艺危害分析的制定与实施方案，以及其他工艺管理要素，并向员工和代表公开工艺危害分析的相关信息。

第五章

化学品的危险性及产品安全监管

案例1

清华大学铊中毒案

1995年，清华大学学生朱令在校期间离奇出现铊中毒的症状，由于朱令没有铊的接触史，警方认定为是投毒事件。北京市职业病卫生防治所检验结果认为，朱令有两次铊中毒经历，第二次中毒后其体内铊含量远远超出致死剂量。虽然通过服用普鲁士蓝解毒和治疗，朱令体内的铊被排出，但由于铊在体内的滞留时间过长，朱令的神经系统遭到严重损害，视觉几乎完全丧失，肌体功能也受到严重损伤，最终留下了严重后遗症：智力、视觉、机体和语言功能严重受损，生活无法自理。

案例2

复旦大学投毒案

2013年3月，上海复旦大学上海医学院研究生林森浩从复旦大学附属中山医院取出其于2011年参与医学动物实验后存放的剩余剧毒化学品——二甲基亚硝胺原液装入一个黄色医疗废弃物袋中带离实验室。趁无人之机，林森浩将至少30mL的二甲基亚硝胺原液注入宿舍楼421室饮水机内，超致人死亡剂量10倍以上。2013年4月1日，舍友黄洋在421室从该饮水机接水饮用后，出现呕吐等症状，随后于当日中午到中山医院就诊。4月2日下午，黄洋再次到中山医院，经检验发现肝功能受损，遂留院观察。4月3日下午，黄洋病情趋重，转至该院重症监护室救治。4月16日，黄洋经抢救无效，于当天下午3点23分在上海某医院去世。经法医鉴定，黄洋系二甲基亚硝胺中毒致急性肝坏死引起的急性肝功能衰竭，继发多器官功能衰竭死亡。

随着化学工业的快速发展和物质资源的不断丰富，化学品所涉及的领域越来越广，已经渗透到我们日常的衣食住行的每个角落中。而化学品为我们的生活带来便利的同时，也可能会对人体或环境造成负面的影响，特别是危险化学品。危险化学品是指化学品中具有易燃、易爆、有毒、有害及有放射性、腐蚀性，会对人员、设备、环境造成伤害或损伤的化学品。这些危险化学品在其生产、经营、存储、运输、使用和废弃的过程中，若处理不当疏于管理，会对人类和环境造成危害。危险化学品的易燃易爆性、反应性和毒性本就决定了事故的多发性和严重性。从上述案例中可以看出，如果化学品的安全监管不当，就会使一些不法分子或工业生产有机可乘，造成严重的后果。因此，学习了解化学品的安全管理知识，不仅对工业企业的从业人员意义重大，对于安全工程等专业的学生，更有必要了解化学品的安全管理知识，并切实加强危险化学品的监督和管理，避免带来生命、财产、健康及环境伤害和损失。

第一节 化学品的“一书一签”

化学品的“一书”全称为“化学品安全技术说明书”(Material Safety Data Sheet, MSDS)，国际上称作化学品安全信息卡，是化学品生产商和经销商按法律要求必须提供的化学品理化特性(如 pH 值、闪点、易燃度、反应活性等)、毒性、环境危害以及对人的健康(如致癌、致畸)可能产生危害的一份综合性文件。它包括危险化学品的燃爆性能、毒性和环境危害，以及安全使用、泄漏应急救护处置、主要理化参数、法律法规等方面的信息。化学品的“一签”全称为“化学品安全标签”，是用文字、图形符号和编码组合来表示化学品的危险性和使用时的安全注意事项。安全标签由生产企业在货物出厂前粘贴、挂拴、喷印在包装或容器的明显位置，若改换包装，则由改换单位重新粘贴、挂拴、喷印。

一、化学品安全技术说明书

安全技术说明书(MSDS)是化学品最基础的技术文件，主要用于传递化学品的安全信息，指导相关的作业人员安全使用，为化学品生产、处置、贮存和使用等各环节制定安全操作规程提供技术信息，为危害控制和预防措施设计提供技术依据，同时，也是化学品使用相关企业安全教育的主要内容。

根据国家相关标准《化学品安全技术说明书内容和项目顺序》(GB/T 16483)规定，MSDS 需要提供化学品的理化参数、燃爆性能、对健康的危害、安全使用贮存、泄漏处置、急救措施以及有关的法律法规等 16 大项近 70 小项的内容，这 16 大项的内容缺一不可。具体内容如下：

(1) 化学品及企业标识(Chemical Product and Company Identification)：标明化学品名称，生产企业名称、地址、电话号码、应急电话、传真和电子邮箱等信息。

(2) 成分/组成信息(Composition/Information on Ingredients)：标明该化学品是单一物质还是混合物。如果是单一物质，应提供化学品名或通用名、美国化学文摘登记号(CAS 号)及其他标识符；如果是混合物，则可不必注明所有组分。

(3) 危险性概述(Hazards Summarizing)：简要说明该化学品最重要的危害及其效应，主要包括危险性类别、侵入途径、燃爆危险、健康危害、生态危害等信息。

（4）急救措施(First-Aid Measures)：人员意外受到化学品伤害时，所需采取的自救或互救的简要处理方法，包括皮肤接触、眼睛接触、吸入或食入的急救措施。

（5）消防措施(Fire-Fighting Measures)：指适合该化学品的灭火介质以及消防人员的个体防护等方面的信息，包括危险特性、灭火方法、灭火注意事项等。

（6）泄漏应急处理(Accidental Release Measures)：化学品泄漏后现场可采用的简单有效的应急措施、注意事项和消除方法，包括作业人员防护措施、防护装备、应急处置程序等。

（7）操作处置与储存(Handling and Storage)：主要指化学品操作处置和安全储存方面的信息资料，包括操作处置作业中的安全处置注意事项、安全储存条件、安全技术措施、同禁配物隔离储存措施和包装材料信息等。

（8）接触控制和个体防护(Exposure Controls/Personal Protection)：在生产、操作处置、搬运和使用化学品的作业过程中，为保护作业人员免受化学品危害而采取的防护方法和手段，包括容许浓度、工程控制方法、呼吸系统防护、眼睛防护、手部防护、皮肤和身体防护等。

（9）理化特性(Physical and Chemical Properties)：主要描述化学品的外观及理化性质等方面的内容，包括外观与性状、pH 值、沸点、熔点/凝固点、相对密度(水=1)、相对蒸气密度(空气=1)、饱和蒸气压、燃烧热、临界温度、临界压力、辛醇/水分配系数、闪点、自燃温度、燃烧上下限或爆炸极限、溶解性、主要用途和其他一些特殊理化性质。

（10）稳定性和反应性(Stability and Reactivity)：主要叙述化学品的稳定性和特定条件下可能发生的危险反应，包括稳定性、应避免的条件、不相容的物质、危险的分解产物。

（11）毒理学资料(Toxicological Information)：简洁地描述接触化学品后产生的各种毒性作用(健康影响)，包括急性毒性(LC_{50}、LD_{50})、刺激性、致敏性、亚急性、慢性毒性、致突变性、致畸性、致癌性等。

（12）生态学资料(Ecological Information)：描述可能造成的环境影响，包括迁移性、降解性、生物累积性和生态毒性。

（13）废弃处置(Disposal)：提供化学品和可能具有有害化学品残余的污染包装的安全处置方法及要求。

（14）运输信息(Transport Information)：国际运输法规规定的编号与分类信息，这些信息应根据不同的运输方式进行区分，包括联合国危险货物编号(UN编号)、联合国运输名称、联合国危险性分类等。

（15）法规信息(Regulatory Information)：提供对化学品进行危险性分类和监管的法规信息。

（16）其他信息(Other Information)：进一步提供上述各项未包括的其他对安全有重要意义的信息，包括参考文献、填表时间、填表部门、填表人、数据审核单位等。

苯的安全技术说明书见表5-1。

表5-1 苯的安全技术说明书

苯化学品安全技术说明书			
说明书目录			
第一部分	化学品名称	第九部分	理化特性
第二部分	成分/组成信息	第十部分	稳定性和反应活性
第三部分	危险性概述	第十一部分	毒理学资料
第四部分	急救措施	第十二部分	生态学资料
第五部分	消防措施	第十三部分	废弃处置
第六部分	泄漏应急处理	第十四部分	运输信息
第七部分	操作处置与储存	第十五部分	法规信息
第八部分	接触控制/个体防护	第十六部分	其他信息

第一部分：化学品名称	
化学品中文名称	苯
化学品英文名称	benzene
中文名称2	
英文名称2	
技术说明书编码	233
CAS No.	71-43-52
分子式	C_6H_6
相对分子质量	78.11

第二部分：成分/组成信息		
有害物成分	含量	CAS No.
苯		71-43-2

第三部分：危险性概述	
危险性类别	
侵入途径	
健康危害	高浓度苯对中枢神经系统有麻醉作用，引起急性中毒；长期接触苯对造血系统有损害，引起慢性中毒。急性中毒：轻者有头痛、头晕、恶心、呕吐、轻度兴奋、步态蹒跚等酒醉状态；严重者发生昏迷、抽搐、血压下降，以致呼吸和循环衰竭。慢性中毒：主要表现有神经衰弱综合征；造血系统改变；白细胞、血小板减少，重者出现再生障碍性贫血；少数病例在慢性中毒后可发生白血病(以急性粒细胞性为多见)。皮肤损害有脱脂、干燥、皲裂、皮炎。可致月经量增多与经期延长
环境危害	对环境有危害，对水体可造成污染
燃爆危险	本品易燃，为致癌物

续表

第四部分：急救措施	
皮肤接触	脱去污染的衣着，用肥皂水和清水彻底冲洗皮肤
眼睛接触	提起眼睑，用流动清水或生理盐水冲洗；就医
吸入	迅速脱离现场至空气新鲜处；保持呼吸道通畅。如呼吸困难，给输氧；如呼吸停止，立即进行人工呼吸；就医
食入	饮足量温水，催吐；就医
第五部分：消防措施	
危险特性	易燃，其蒸气与空气可形成爆炸性混合物，遇明火、高热极易燃烧爆炸；与氧化剂能发生强烈反应；易产生和聚集静电，有燃烧爆炸危险；其蒸气比空气重，能在较低处扩散到相当远的地方，遇火源会着火回燃
有害燃烧产物	一氧化碳、二氧化碳
灭火方法	喷水冷却容器，可能的话，将容器从火场移至空旷处。处在火场中的容器若已变色或从安全泄压装置中产生声音，必须马上撤离。灭火剂：泡沫、干粉、二氧化碳、沙土。用水灭火无效
第六部分：泄漏应急处理	
应急处理	迅速撤离泄漏污染区人员至安全区，并进行隔离，严格限制出入。切断火源。建议应急处理人员戴自给正压式呼吸器，穿防毒服。尽可能切断泄漏源。防止流入下水道、排洪沟等限制性空间。小量泄漏：用活性炭或其他惰性材料吸收；也可以用不燃性分散剂制成的乳液刷洗，洗液稀释后放入废水系统。大量泄漏：构筑围堤或挖坑收容；用泡沫覆盖，降低蒸气灾害；喷雾状水或泡沫冷却和稀释蒸气、保护现场人员；用防爆泵转移至槽车或专用收集器内，回收或运至废物处理场所
第七部分：操作处置与储存	
操作注意事项	密闭操作，加强通风。操作人员必须经过专门培训，严格遵守操作规程。建议操作人员佩戴自吸过滤式防毒面具（半面罩），戴化学安全防护眼镜，穿防毒物渗透工作服，戴橡胶耐油手套。远离火种、热源，工作场所严禁吸烟；使用防爆型的通风系统和设备；防止蒸气泄漏到工作场所空气中；避免与氧化剂接触；灌装时应控制流速，且有接地装置，防止静电积聚；搬运时要轻装轻卸，防止包装及容器损坏；配备相应品种和数量的消防器材及泄漏应急处理设备；倒空的容器可能残留有害物
储存注意事项	储存于阴凉、通风的库房；远离火种、热源；库温不宜超过30℃；保持容器密封；应与氧化剂、食用化学品分开存放，切忌混储；采用防爆型照明、通风设施；禁止使用易产生火花的机械设备和工具的储区应备有泄漏应急处理设备和合适的收容材料
第八部分：接触控制/个体防护	
职业接触限值	
中国 MAC/(mg/m^3)	40[皮]
苏联 MAC/(m/m^3)	15/5
TLVTN	OSHA 1ppm，3.2mg/m^3；ACGIH 0.3ppm，0.96mg/m^3

第八部分：接触控制/个体防护	
TLVWN	未制定标准
监测方法	气相色谱法
工程控制	生产过程密闭，加强通风；提供安全淋浴和洗眼设备
呼吸系统防护	空气中浓度超标时，佩戴自吸过滤式防毒面具(半面罩)；紧急事态抢救或撤离时，应该佩戴空气呼吸器或氧气呼吸器
眼睛防护	戴化学安全防护眼镜
身体防护	穿防毒物渗透工作服
手防护	戴橡胶耐油手套
其他防护	工作现场禁止吸烟、进食和饮水；工作完毕，淋浴更衣；实行就业前和定期的体检
第九部分：理化特性	
主要成分	纯品
外观与性状	无色透明液体，有强烈芳香味
pH	
熔点/℃	5.5
沸点/℃	80.1
相对密度(水=1)	0.88
相对蒸气密度(空气=1)	2.77
饱和蒸气压/kPa	13.33(26.1℃)
燃烧热/(kJ/mol)	3264.4
临界温度/℃	289.5
临界压力/MPa	4.92
辛醇/水分配系数的对数值	2.15
闪点/℃	-11
引燃温度/℃	560
爆炸上限/%(V/V)	8.0
爆炸下限/%(V/V)	1.2
溶解性	不溶于水，溶于醇、醚、丙酮等多数有机溶剂
主要用途	用作溶剂及合成苯的衍生物、香料、染料、塑料、医药、炸药、橡胶等
其他理化性质	
第十部分：稳定性和反应活性	
稳定性	
禁配物	强氧化剂
避免接触的条件	
聚合危害	
分解产物	

第十一部分：毒理学资料	
急性毒性	LD_{50}：3306mg/kg(大鼠经口)；48mg/kg(小鼠经皮) LC_{50}：31900m/m^3，7h(大鼠吸入)
亚急性和慢性毒性	
刺激性	家兔经眼：2mg/24h，重度刺激。家兔经皮：500mg/24h，中度刺激
致敏性	
致突变性	
致畸性	
致癌性	
第十二部分：生态学资料	
生态毒理毒性	
生物降解性	
非生物降解性	
生物富集或生物积累性	
其他有害作用	该物质对环境有危害，应特别注意对水体的污染，特别是能积蓄于鱼的肌肉与肝中，但一脱离污染的水体，鱼体内污染物排出比较快。由于其挥发性比较大，应注意对大气的污染。在环境中易被光解
第十三部分：废弃处置	
废弃物性质	
废弃处置方法	用焚烧法处置。
废弃注意事项	
第十四部分：运输信息	
危险货物编号	32050
UN 编号	1114
包装标志	
包装类别	O52
包装方法	小开口钢桶；螺纹口玻璃瓶、铁盖压口玻璃瓶、塑料瓶或金属桶(罐)外普通木箱
运输注意事项	本品铁路运输时仅限使用企业自备钢制罐车装运，装运前需报有关部门批准。铁路运输时应严格按照铁道部《危险货物运输规则》中的危险货物配装表进行配装。运输时运输车辆应配备相应品种和数量的消防器材及泄漏应急处理设备。夏季最好早晚运输。运输时所用的槽(罐)车应有接地链，槽内可设孔隔板以减少震荡产生静电。严禁与氧化剂、食用化学品等混装混运。运输途中应防曝晒、雨淋，防高温。中途停留时应远离火种、热源、高温区。装运该物品的车辆排气管必须配备阻火装置，禁止使用易产生火花的机械设备和工具装卸。公路运输时要按规定路线行驶，勿在居民区和人口稠密区停留。铁路运输时要禁止溜放。严禁用木船、水泥船散装运输

续表

第十五部分：法规信息	
法规信息	《化学危险物品安全管理条例》(1987 年 2 月 17 日国务院发布)，《化学危险物品安全管理条例实施细则》(化劳发〔1992〕677 号)，《工作场所安全使用化学品规定》(〔1996〕劳部发 423 号)等法规，针对化学危险品的安全使用、生产、储存、运输、装卸等方面均做了相应规定；《常用危险化学品的分类及标志》(GB 13690—92)将该物质划为第 3.2 类中闪点易燃液体。其他法规：《苯、甲苯、氯苯硝化生产安全规定》([88]化炼字第 858 号)
第十六部分：其他信息	
参考文献	
填表部门	
数据审核单位	
修改说明	
其他信息	

二、化学品安全标签

化学品安全标签通过用简单、明了、易于理解的文字、图形来表述有关化学品的危险特性及其安全处置的注意事项，以警示作业人员正确使用和安全操作。相对内容更详细的化学品安全技术说明书，化学品安全标签更简洁明了，给操作人员更直观的安全提示。

根据国家标准《化学品安全标签编写规定》(GB 15258—2009)，化学品安全标签应包含化学品标识、象形图、信号词、危险性说明、防范说明、应急咨询电话、供应商标识、资料参阅提示语这 8 部分内容。

(1) 化学品标识：要注明化学品的名称、分子式、化学成分及组成、编号、标志。

(2) 象形图：采用 GB 20576、GB 20599、GB 20601、GB 20602 规定的象形图，以识别化学品的危险性类别，见表 5-2。

(3) 警示词：根据化学品的危险程度和类别，用“危险”“警告”“注意”分别对化学品的危害程度进行警示。当某种化学品具有两种及两种以上的危险性时，用危险性最大的警示词。警示词要醒目、清晰，应位于化学品名称的下方。

(4) 危险性说明：简要概述化学品燃烧爆炸的危险特性、健康危害和环境危害，应位于警示词下方。

(5) 防范说明：说明化学品在处置、搬运、储存和使用作业中所必须注意的事项，以及发生意外时简单有效的救护措施等，要求内容简明扼要、重点突出。

(6) 应急咨询电话：化学品生产企业的应急咨询电话和国家化学事故应急咨询电话。

（7）供应商标识：生产企业名称、地址、邮编和电话。

（8）资料参阅提示语：提示向生产销售企业索取安全技术说明书。

表 5-2　9 种象形图及其对应的危险性类别

危险象形图			
图形对应的危险性类别	爆炸物，类别 1～3； 自反应物质，A、B 型； 有机过氧化物，A、B 型	高压气体	氧化性气体； 氧化性液体； 氧化性固体
危险象形图			
图形对应的危险性类别	易燃气体，类别 1； 易燃气溶胶； 易燃液体，类别 1～3； 易燃固体； 自反应物质，B～F 型； 自热物质； 自燃液体； 自燃物体； 有机过氧化物，B～F 型； 遇水放出易燃气体的物质	金属腐蚀物； 皮肤腐蚀/刺激，类别 1； 严重眼损伤/眼睛刺激，类别 1	急性毒性，类别 1～3
危险象形图			
该图形对应的危险性类别	急性毒性，类别 4； 皮肤腐蚀/刺激，类别 2； 严重眼损伤/眼睛刺激，类别 2A； 皮肤过敏	呼吸过敏； 生殖细胞突变性； 致癌性； 生殖毒性； 特异性靶器官系统毒性一次接触； 特异性靶器官系统毒性反复接触； 吸入危害	对水环境的危害，急性类别 1，慢性类别 1、2

其中化学品标识、供应商标识、应急咨询电话这三部分可从安全技术说明书的第 1 部分获得；象形图、信号词、危险性说明、防范说明等可从安全技术说明书的第 2 部分获得；资料参阅提示语在安全标签中比较简略，所以要了解更多的信息应该去参阅相关的安全技术说明书。

图 5-1 是一份完整的化学品安全标签。然而，对于一些包装规格较小的容器，不能粘贴如此大的标签时，可以用图 5-2 的简化方式设计标签。

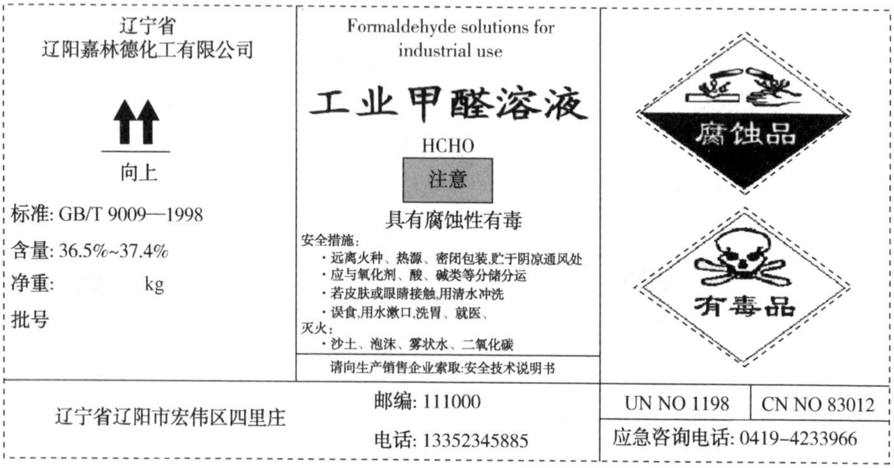

图 5-1　完整的化学品安全标签

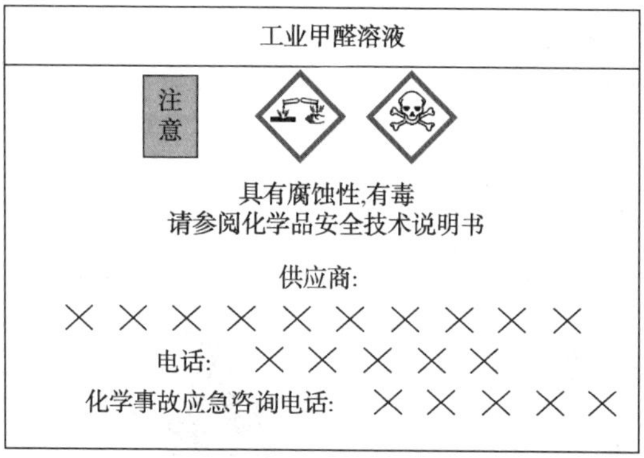

图 5-2　简化的化学品安全标签

化学品安全标签的使用方法如下：应粘贴、挂拴、喷印在化学品包装或容器的明显位置，并且保证在运输储存的期间不会脱落也不会损坏。多层包装运输，原则上要求内外包装都应加贴(挂)安全标签，若外包装上已加贴安全标签，内包装是外包装的衬里，内包装上可免贴安全标签；当外包装为透明物时，内包装的安全标签可清楚地透过外包装，外包装可免加标签(见图 5-3)。安全标签的粘贴位置规定如下：对于桶、瓶形包装，应粘贴于桶、瓶侧身；对于箱状包装，应粘贴于包装端面或侧面明显处；对于袋、捆包装，应位于包装明显处；对于集装箱、成组货物，应贴于四个侧面。

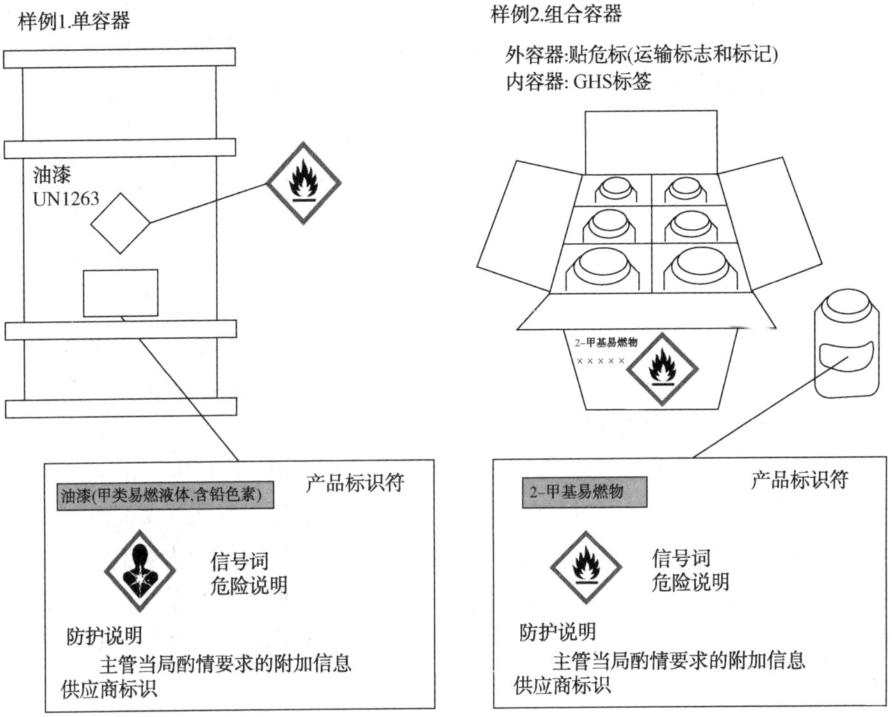

注：危标和GHS标签可组合加贴。

图 5-3　包装上的安全标签和运输象形图

通常，安全标签应在出产前进行粘贴，如果要更换包装，应由更换包装的单位重新粘贴。只有在经过处理并确认危险性完全消除以后才可以撕去安全标签。

三、GHS 分类

多年来许多国家或组织制定了各种法律或命令，要求以标记或物质安全数据表的信息来传达至各相关化学品的使用者，以便使用者在使用时可采取适当的保护措施。鉴于化学品的数量和种类繁多，且每个国家对化学品的危险性定义不同，这就会导致同一化学品会有不同的标记或物质安全数据表。例如，烯丙基丁酸醋，它的急性毒性，经口的 LD_{50}(半数致死量)值是 250mg/kg。而不同的国家或区域对烯丙基丁酸醋的描述却不同。例如：澳大利亚、马来西亚、泰国和欧洲描述它是有害的，而印度描述它是无害的，日本、韩国和美国却描述它是有毒的。所以，对于同一种化学品，如果没有采用统一的标识，那么它在不同国家的标识也是多种多样的，且在不同的国家或区域之间流转将会受到阻碍。

1956 年，第一个国际性的危险品运输分类和标记体系产生，即《联合国关于危险货物运输建议书》(UN RTDG，以下简称“桔皮书”)。随后以桔皮书为基础，国际海事组织(IMO)和国际民用航空组织(ICAO)等国际组织分别制定了《国际海运危规》(IMDG)和《国际空运危规》(IATA)。此外，欧美等发达国家还针对消费者、工人和环境制定了各自的化学品分类及标记制度。但是，这些化学品分类标签制度依然有许多缺陷：分类标准不统一，造成统一产品在不同国家有着不同的分类和标签；缺乏对化学品生产、存储、运输和使用整个生命周期的管理；缺乏对化学品潜在危害的分类和标记。例如：在此之前，欧盟确定的急性毒性 LD_{50} 为 200mg/kg(口服)，而美国为 500mg/kg。因此，为减少对化学品试验和评价的需要，促进化学品的国际贸易，1992 年，有人在环发会议《21 世纪议程》中提到"如果可行的话，到 2000 年，应该做到：一个全球统一的危险分类和标签制度(Global Harmonized System，GHS)，包括物质的安全数据单和易懂的符号。"国际劳工组织、经济合作与发展组织和联合国三个国际组织经过十多年的努力，于 2001 年形成了 GHS 制度的最初版本。2002 年 12 月，经联合国正式出版，因其封面为紫色，GHS 又称"紫皮书"。

GHS 分类的依据是联合国《全球化学品统一分类和标签制度(GHS)》紫皮书。GHS 制度包括两方面内容：对化学品危害性的统一分类；对化学品危害信息的统一公示。GHS 的实施具有重大意义，它通过提供一个全球范围内容易理解的危害的沟通系统，提高了对人类健康及环境的保护；对尚未有相关系统的国家提供了一个被认可的管理框架；协调一致的分类体系，降低了对化学品的测试和评估的需求，极大地促进了化学品的国际贸易。

1. 化学品危害性的统一分类

根据第八版修订的《全球化学品统一分类和标签制度(GHS)》，GHS 分类主要包含了物理危险、健康危害和环境危害三大类。其中物理危害包含 17 项，健康危害包含 10 项，环境危害包含 2 项。

1）物理危害

① 爆炸物：物质或混合物能够通过化学反应产生气体，而产生气体的温度、压力和速度能对周围人和环境造成破坏，包括爆炸性物质或混合物、含有爆炸性物质或混合物的物品、烟火物质/物品。

② 易燃气体：在 20℃和 101. 3kPa 时，与空气混合具有可燃性的气体。

③ 气雾剂及加压化学品：气雾剂即喷雾器，是任何不可再充装的贮器，用金属、玻璃或塑料制成，内装压缩、液化或加压气体，包含或不包含液体、膏剂或粉末，配有释放装置，可使内装物喷射出来，形成在气体中悬浮的固态或液态微粒或形成泡沫、膏剂或粉末，或处于液态或气态；加压化学品是指装在除气雾剂喷罐之外的其他压力贮器内、20℃条件下用某种气体加压到等于或高于 200kPa(表压)的液体或气体。

④ 氧化性气体：通过提供氧气，可以比空气更能导致或促使其他物质燃烧的任何气体。

⑤ 高压气体：装在 20℃下压力不小于 280kPa 的容器中的气体或者成为冷冻液体的气体，包括压缩气体、液化气体、冷冻液化气体、溶解性气体。

⑥ 易燃液体：闪点不高于93℃的液体。

⑦ 易燃固体：容易燃烧或通过摩擦可引燃或助燃的固体。

⑧ 自反应物质和混合物：指即使没有氧气(空气)也容易发生激烈分解的热不稳定性液态或固态物质或混合物，不包括该分类方法中的爆炸物、有机过氧化物或氧化性物质和混合物。

⑨ 发火液体：指即使数量很少，也能与空气接触并在5min之内被引燃的液体。

⑩ 发火固体：指即使数量很少，也能与空气接触并在5min之内被引燃的固体。

⑪ 自热物质或混合物：除发火液体或固体以外，不需要外加能量，与空气接触就能够自己发热的固体或液体物质或混合物。这类物质或混合物只有数量很大(千克级)并经过长时间(几个小时或几天)才会燃烧。

⑫ 遇水放出易燃气体的物质和混合物：通过与水作用，具有自燃性或容易放出危险数量的易燃气体的固态、液态物质或混合物。

⑬ 氧化性液体：本身未必燃烧，但因放出氧气可能引起或促使其他物质燃烧的液体。

⑭ 氧化性固体：本身未必燃烧，但因放出氧气可能引起或促使其他物质燃烧的固体。

⑮ 有机过氧化物：含有—O—O—过氧官能团的液态或固态热不稳定有机物或混合有机物，容易放热自加速分解，易于爆炸分解、迅速燃烧，对撞击或摩擦敏感。也包括有机过氧化物配制品(混合物)。

⑯ 金属腐蚀剂：通过化学作用显著损坏或毁坏金属的物质或混合物。

⑰ 退敏爆炸物：指固态或液态爆炸性物质或混合物，经过退敏处理可抑制其爆炸性，使之不会整体爆炸或迅速燃烧，不划入“爆炸物”危害类别，包括固态退敏爆炸物和液态退敏爆炸物。

2）健康危害

① 急毒性：指一次或短时间口服、皮肤接触或吸入接触一种物质或混合物后，出现严重损害健康的效应(致死)。

② 皮肤腐蚀/刺激：皮肤腐蚀是指接触试验物质4h后，可观察到表皮和真皮的坏死(具有不可逆性)；皮肤刺激是指接触试验物质4h后，对皮肤造成的可逆损伤(具有可逆性)。

③ 严重眼损伤/眼刺激：严重眼损伤是指将受试物施用于眼睛前部表面进行暴露接触，引起了眼部组织损伤，或出现严重的视觉衰退，且在暴露后的21天内尚不能完全恢复。眼刺激是指将受试物滴入眼睛前部表面进行暴露接触后，眼睛发生了改变，且在暴露后的21天内改变可完全消失，恢复正常。

④ 呼吸道或皮肤致敏：呼吸道致敏指吸入一种物质或混合物后引起的呼吸

道过敏；皮肤致敏，指皮肤接触一种物质或混合物后引起的过敏反应。

⑤ 生殖细胞致突变性：指接触一种物质或混合物后发生的遗传基因突变，包括生殖细胞的遗传结构畸变和染色体数量异常。

⑥ 致癌性：指接触一种物质或混合物后导致癌症或增加癌症发病率的情况。在正确实施的动物试验性研究中诱发良性和恶性肿瘤的物质和混合物，被认为是假定或可疑的人类致癌物，除非有确凿证据显示肿瘤形成机制与人类无关。

⑦ 生殖毒性：指接触一种物质或混合物后发生的对成年男性和成年女性性功能和生育能力的有害影响，以及对后代的发育毒性。

⑧ 特定目标器官毒性——单次接触：指单次接触一种物质或混合物后对目标器官产生的特定、非致死毒性效应，所有可能损害机能的、可逆和不可逆的、即时或延迟的显著健康影响。

⑨ 特定目标器官毒性——重复接触：指重复接触一种物质或混合物后对目标器官产生的特定毒性效应，所有能够损害机能的显著健康影响，包括可逆和不可逆的、即时或延迟的显著健康影响。

⑩ 吸入危害：指吸入一种物质或混合物后发生的严重急性效应，乃至死亡，如化学性肺炎、肺损伤。

3）环境危害

① 危害水生环境：是指物质本身的性质可对在水中短时间接触该物质的生物体造成伤害，或对在水中接触该物质的生物体造成有害影响，其程度根据相对于生物体的生命周期确定。

② 危害臭氧层。

虽然化学品 GHS 的分类涵盖了 29 个类别，但它依然没有涵盖所有的分类，还在不断完善中。

第二节　化学品的毒理学基础

毒理学（toxicology）是一门研究外源因素（化学、物理、生物因素）对生物系统毒害作用的应用学科，是一门研究化学物质对生物体的毒性反应、严重程度、发生频率和毒性作用机制的科学，也是对毒性作用进行定性和定量评价的学科，在化学品的使用、生产和应用过程中，需要认识其中的风险。

一、毒理学相关术语的基本概念

（1）非有害作用：不引起形态、生长、发育和寿命的改变；不引起机体功能的损伤；不损害机体对额外应激状态的代偿能力；接触停止后，发生的改变可逆，且不能检测出机体维持自稳态能力的损害；不增加机体对其他有害作用的敏感性。

(2) 有害作用：能反映早期临床疾病的效应；不易恢复并使机体维持向稳态能力降低的效应；使个体对其他有害因素不良作用易感性增加的效应；反映机体功能水平偏离“正常”范围的效应；反映引起某些重要的代谢和生化改变的效应。以上都称为有害作用。

(3) 毒作用机制：有过敏反应或变态反应；速发与迟发性作用；局部与全身作用；可逆与不可逆作用；功能、形态损伤作用；影响细胞内或者细胞间稳态；直接作用于生物大分子；特异体质反应。例如眼睛实验和皮肤腐蚀，有的腐蚀作用过段时间后能够恢复，有的则无法恢复。

(4) 靶器官：外源化学物进入机体后，对体内各器官的毒副作用并不一样，往往有选择毒性，外源化学物可以直接发挥毒副作用的器官或组织就称为该物质的靶器官。

(5) 毒性：在毒性研究中，有经口、经皮、经呼吸道 3 种主要的接触途径，毒性缓急与接触时程、速率和频率有关。通常按照给动物染毒的时间长短分为急、亚急性、亚慢性和慢性毒性试验，在化学品安全技术说明书中可以得到经口毒性、经皮毒性和呼吸毒性。

(6) 剂量：机体接触化学物的量，或在实验中给予机体受试物的量，也可以指化学毒物被吸收的量或在体液和靶器官中的量，通常以单位体重接触的外源化学物数量(mg/kg 体重)或在环境中的浓度(mg/m^3空气、mg/L 水)表示。

(7) 半数致死浓度(LC_{50})：在一定时间内经呼吸道吸入受试样品后引起受试动物发生死亡概率为 50%的浓度。以单位体积空气中受试样品的质量(mg/m^3)来表示。

(8) 半数致死剂量(LD_{50})：在一定时间内经口或经皮给予受试样品后，受试动物发生死亡概率为 50%的剂量。以单位体重接受受试样品的质量(mg/kg 或 g/kg)来表示。

(9) 亚急性经口毒性：实验动物在 14~28 天内，每日经口接触受试样品后所引起的健康损害效应。

(10) 亚急性经皮毒性：实验动物在 14~28 天内，每日经皮接触受试样品后所引起的健康损害效应。

(11) 亚急性吸入毒性：实验动物在 14~28 天内，每日经呼吸道接触受试样品后所引起的健康损害效应。

(12) 免疫毒性：受试样品引起机体免疫功能抑制或异常增强的效应。

(13) 神经毒性：受试样品对神经系统功能或结构的损害效应。

(14) 亚慢性经口毒性：实验动物在一段生存期(不超过 10%的寿命期)内，每日经口接触受试样品后所引起的健康损害效应。

(15) 亚慢性经皮毒性：实验动物在一段生存期(不超过 10%的寿命期)内，每日经皮接触受试样品后所引起的健康损害效应。

（16）亚慢性吸入毒性：实验动物在一段生存期(不超过 10%寿命期)内，每日经呼吸道接触受试样品后所引起的健康损害效应。

（17）蓄积毒性：受试样品在体内蓄积引起的有害效应。蓄积有两种形式：物质蓄积，即长期反复接触受试样品时，由于吸收速度超过消除速度导致的该物质在体内逐渐增多；功能蓄积，即受试样品虽然在体内的代谢和排出速度较快，但其造成的损伤恢复慢，在前一次的损伤未恢复前又发生新的损伤，如此残留损伤的累积称为功能蓄积。

（18）职业接触限值(OEL)：职业性有害因素的接触限制量值，指劳动者在职业活动过程中长期反复接触对机体不引起急性或慢性有害健康影响的容许接触水平。

（19）最高容许浓度(MAC)：指工作地点、在一个工作日内、任何时间均不应超过的有毒化学物的浓度。

二、化学品毒性的分类

目前，我国对毒性的分类并不统一。《化学物质毒性全书》分别介绍了 29 大类 3000 余种化学物质的特性，该书将化学物质的毒性分为 5 个级别，分别为剧毒、高度、中等毒、低毒、微毒，详见表 5-3。

表 5-3　化学物质的急性毒性分级

毒性分级	大鼠一次经口 LD_{50}/(mg/kg)	6 只大鼠吸入 4h 死亡 2~4 只的浓度($\times10^{-6}$)	兔涂皮时 LD_{50}/(mg/kg)	对人可能致死量	
				g/kg	总量/g(60kg 体重)
剧毒	<1	<10	<5	<0.05	0.1
高毒	1~	10~	5~	0.05~	3
中等毒	50~	100~	44~	0.5~	30
低毒	500~	1000~	350~	5~	250
微毒	5000~	10000~	2180~	>15	>1000

注：摘自《化学物质毒性全书》。

而《职业性接触毒物危害程度分级》将我国接触的 56 种常见毒性化学品的危害程度分为 4 个等级，分为极度危害、高度危害、中度危害和轻度危害，见表 5-4。

表 5-4　职业性接触毒物危害程度依据

指标		分级			
		Ⅰ(极度危害)	Ⅱ(高度危害)	Ⅲ(中度危害)	Ⅳ(轻度危害)
危害中毒	吸入 LC_{50}/(mg/cm^3)	<200	200~2000	200~20000	>20000
	经皮 LD_{50}/(mg/kg)	<100	100~500	500~2500	>2500
	经口 LD_{50}/(mg/kg)	<25	25~500	500~5000	>5000
急性中毒发病状况		易发中毒，后果严重	可发生中毒	偶可发生中毒	尚无急性中毒，但有急性影响

续表

指标	分级			
	Ⅰ(极度危害)	Ⅱ(高度危害)	Ⅲ(中度危害)	Ⅳ(轻度危害)
慢性中毒发病状况	患病率高(≥5%)	患病率较高(<5%)或症状发生率高(≥20%)	偶有中毒病例发生或症状发生率较高(≥10%)	无慢性中毒而有慢性影响
慢性中毒后果	脱离后继续进展或不能治愈	脱离接触后，可基本治愈	脱离后可恢复，不致严重后果	脱离后可自行恢复，无不良后果
致癌性	人体致癌物	可疑人体致癌物	实验动物致癌物	无致癌性
最高容许浓度/(mg/m^3)	<0.1	0.1~1.0	1.0~10	>10

同时该法根据危险化学品的分类方法，将56种常见毒性化学品分类如表5-5所示。

表5-5　职业性接触毒性化学品危害程度分级

级别	化学品名称
Ⅰ(极度危害)	汞及其化合物、苯、砷及其无机化合物、氯乙烯、铬酸盐、重铬酸盐、黄磷、铍及其化合物、羰基镍、八氟异丁烯、氯甲醚、锰及其无机化合物、氰化物
Ⅱ(高度危害)	三硝基甲苯、二硫化碳、氯、丙烯腈、四氯化碳、硫化氢、甲醛、苯胺、氟化氢、五氯酚及其钠盐、铬及其化合物、敌百虫、氯丙烯、钒及其化合物、溴甲烷、硫酸二甲酯、金属镍、甲苯二异氰酸酯、环氧氯化烷、砷化氢、敌敌畏、光气、氯丁二烯、一氧化碳、硝基苯
Ⅲ(中度危害)	苯乙烯、甲醇、硝酸、硫酸、盐酸、甲苯、二甲苯、三氯乙烯、二甲基甲酰胺、六氟丙烯、苯酚、氮氧化物
Ⅳ(轻度危害)	溶剂汽油、丙酮、氢氧化钠、四氟乙烯、氨

2005年5月公安部公布了《剧毒化学品购买和公路运输许可证件管理办法》。本办法所称剧毒化学品，按照国务院安全生产监督管理部门会同国务院公安、环保、卫生、质检、交通部门确定并公布的剧毒化学品目录执行。国家规定的三类剧毒化学品如表5-6所示。

表5-6　国家规定管制的三类24种化学品

类别	化学品名称
第一类	1-苯基-2-丙酮、3,4-亚甲基二氧苯基-2-丙酮、胡椒醛、黄樟素、黄樟油、异黄樟素、*N*-乙酰邻氨基苯酸、邻氨基苯甲酸、麦角酸、麦角胺、麦角新碱、麻黄素、伪麻黄素、消旋麻黄素、去甲麻黄素、甲基麻黄素、麻黄浸膏、麻黄浸膏粉等麻黄素类物质、羟亚胺
第二类	苯乙酸、醋酸酐、三氯甲烷、乙醚、哌啶
第三类	甲苯、丙酮、甲基乙基酮、高锰酸钾、硫酸、盐酸

化学品的毒性可以通过皮肤吸收、消化道吸收及呼吸道吸收等3种方式对人体健康产生危害。掌握正确的操作方法，避免误接触及误食等能使前两种方式的中毒概率降到最低。而对于通过呼吸道吸收的毒物(也是最广的)，由于看不见、摸不着而往往容易对身体造成伤害。因此，一方面应从改进生产、实验等方式(规程)来降低有害物质在空气中的浓度；另一方面，个人对此也应引起重视，该戴防护罩的地方必须戴，不必戴防护罩的地方也应保持空气新鲜。我国于1979年发布了车间空气卫生标准(见表5-7)，规定了有毒化学品的最高容许浓度，由此可以了解些常见化学品的毒性大小，以便引起足够的重视。

表5-7　车间空气中有毒化学品的最高容许浓度

物质名称	最高容许浓度/(mg/m^3)	物质名称	最高容许浓度/(mg/m^3)
有毒物质		五氯酚及其钠盐	0.3
一氧化碳	30	六六六	0.1
一甲胺	5	丙体六六六	0.05
乙醚	500	丙酮	400
乙腈	3	丙烯腈(皮)	2
二甲胺	40	丙烯醛	0.3
二甲苯	100	丙烯醇(皮)	2
二甲基甲酰胺	10	甲苯	100
二甲基二氯硅烷	2	甲醛	3
二氧化硫	15	光气	0.5
二氧化硒	0.1	内吸磷(皮)	0.02
二氯丙醇(皮)	5	对硫磷(皮)	0.05
二硫化碳(皮)	10	甲拌磷(皮)	0.01
二异氰酸甲苯酯	0.2	马拉硫磷(皮)	2
丁烯	100	甲基内吸磷(皮)	0.2
丁二烯	100	甲基对硫磷(皮)	0.1
丁醛	10	乐戈(乐果)(皮)	1
三乙基氯化锡(皮)	0.01	敌百虫(皮)	1
三氧化二砷及五氧化砷	0.3	敌敌畏(皮)	0.3
三氧化铬、镉酸盐、重铬酸盐(换算成CrO_3)	0.05	吡啶	4
		金属汞	0.01
三氯氢硅	3	升汞	0.1
己内酰胺	10	有机汞化合物(皮)	0.005
五氧化二磷	1	松节油	300

续表

物质名称	最高容许浓度/（mg/m³）	物质名称	最高容许浓度/（mg/m³）
环氧氯丙烷（皮）	1	酚（皮）	5
环氧乙烷	5	萘烷、四氢化萘	100
环己酮	50	氰化氢及氢氰酸盐（换算成 HCN）（皮）	0.3
环己醇	50		
环己烷	100	联苯-联苯醚	7
苯（皮）	40	硫化氢	10
苯及其同系物的一硝基化合物（硝基苯及硝基甲苯等）（皮）	5	硫酸及三氧化硫	2
		锆及其化合物	5
苯及其同系物的二及三硝基化合物（二硝基苯、三硝基苯等）（皮）	1	锰及其化合物（换算成 MnO_2）	0.2
		氯	1
苯的硝基及二硝基氯化物（一硝基氯苯、二硝基氯苯等）（皮）	1	氯化氢及盐酸	15
		氯苯	50
苯胺、甲苯胺、二甲胺（皮）	5	氯萘及氯联苯（皮）	1
苯乙烯	40	氯化苦	1
五氧化二钒烟	0.1	二氯乙烷	15
五氧化二钒粉尘	0.5	三氯乙烯	30
钒铁合金	1	四氯化碳（皮）	25
苛性碱（换算成 NaOH）	0.5	氯乙烯	30
氟化氢及氟化物（换算成 F）	1	氯丁二烯（皮）	2
氨	30	溴甲烷（皮）	1
臭氧	0.3	碘甲烷（皮）	1
氧化氮（换算成 NO_2）	5	溶剂汽油	350
氧化锌	5	滴滴涕	0.3
氧化镉	0.1	羰基镍	0.001
砷化氢	0.3	钨及碳化钨	6
铅烟	0.03	醋酸甲酯	100
铅尘	0.05	醋酸乙酯	300
四乙基铅（皮）	0.005	醋酸丙酯	300
硫化铅	0.5	醋酸丁酯	300
铍及其化合物	0.001	醋酸戊酯	100
钼（可溶性化合物）	4	甲醇	50
钼（不溶性化合物）	6	丙醇	200
黄磷	0.03	丁醇	200

续表

物质名称	最高容许浓度/（mg/m^3）	物质名称	最高容许浓度/（mg/m^3）
戊醇	100	含有10%以下游离二氧化硅的水泥粉尘	6
糠醛	10	含有10%以下游离二氧化硅的煤尘	10
磷化氢	0.3	铝、氧化铝、铝合金粉尘	4
生产性粉尘		玻璃棉和矿渣棉粉尘	5
含有10%以上游离二氧化硅的粉尘（石英、石英岩等）	2	烟草及茶叶粉尘	3
石棉粉尘及含有10%以上石棉的粉尘	2	其他粉尘	10
含有10%以下游离二氧化硅的滑石粉尘	4		

第三节　化学品安全监管

危险化学品往往具有易燃易爆、有毒有害、腐蚀等特性，而化工生产过程又多在高温高压(或低温真空)状态下进行。因此，无论是生产、储存，还是搬运使用过程中，都存在着很多危险性因素，随之也引发了许多危险化学品事故。20世纪60年代以前，人们对化学品和化工生产过程中可能产生的危害不甚了解，而今随着化学事故的频繁发生、人们安全意识的增强，人类对化学品的认识和对策措施也不断得到提高。据统计，全世界每年因化学事故和化学危害造成的损失超过了4000亿元人民币，这引起了世界各国的高度重视。因此从20世纪60年代开始，各工业国和一些国际组织纷纷制定有关法规、标准和公约，旨在加强化学品的安全管理，从而有效预防和控制化学品的危害。

一旦危险化学品在生产、使用过程中管理不善，就有可能发生重大的恶性事故，企业可能毁于一旦，如博帕尔事件。因此，做好危险化学品的安全管理是企业自身生存发展的需要。危险化学品在流通、贮存、运输过程中，如果管理不善而发生特大重大事故，会造成非常严重的社会影响，如东京沙林毒气杀人案。因此，做好危险化学品的安全管理也是社会安定的需要。

危险化学品品种繁多，性质各异，且一种危险化学品往往具有多重危险性。例如：二硝基苯酚既有爆炸性、易燃性，又有毒害性；一氧化碳既有易燃性，又有毒害性。而如何将具有多重危险性的化学品归类呢？实际上，每一种危险化学品在其多重危险性中必有一种是对人类危害最大，这也是它的主要危险性。因此，在对危险化学品分类时，应遵循“择重归类”的原则，即根据该危险化学品的主要危险性来进行分类。根据《常用危险化学品的分类及标志》(GB 13690—

1992)，按主要危险特性把危险化学品分为 8 类。

第 1 类：爆炸品。

第 2 类：压缩气体和液化气体。

第 3 类：易燃液体。

第 4 类：易燃固体、自燃物品和遇湿易燃物品。

第 5 类：氧化剂和有机过氧化物。

第 6 类：有毒品。

第 7 类：放射性物品。

第 8 类：腐蚀品。

根据《危险化学品安全管理条例》，对于危险化学品的安全监管主要包含如下几个方面：生产、储存安全；使用安全；经营安全；运输安全。

一、生产、储存安全监管

国家对危险化学品的生产、储存实行统筹规划、合理布局。国务院工业和信息化主管部门以及国务院其他有关部门依据各自职责，负责危险化学品生产、储存的行业规划与布局。地方人民政府组织编制城乡规划，应当根据本地区的实际情况，按照确保安全的原则，规划适当区域专门用于危险化学品的生产、储存。

新建、改建、扩建生产、储存危险化学品的建设项目(以下简称建设项目)，应当由安全生产监督管理部门进行安全条件审查。建设单位应当对建设项目进行安全条件论证，委托具备国家规定的资质条件的机构对建设项目进行安全评价，并将安全条件论证和安全评价的情况报告建设项目所在地设区的市级以上人民政府安全生产监督管理部门；安全生产监督管理部门应当自收到报告之日起 45 日内做出审查决定，并书面通知建设单位。具体办法由国务院安全生产监督管理部门制定。新建、改建、扩建储存、装卸危险化学品的港口建设项目，由港口行政管理部门按照国务院交通运输主管部门的规定进行安全条件审查。

生产、储存危险化学品的单位，应当对其铺设的危险化学品管道设置明显标志，并对危险化学品管道定期检查、检测。进行可能危及危险化学品管道安全的施工作业，施工单位应当在开工的 7 日前书面通知管道所属单位，并与管道所属单位共同制定应急预案，采取相应的安全防护措施。管道所属单位应当指派专门人员到现场进行管道安全保护指导。

危险化学品生产企业进行生产前，应当依照《安全生产许可证条例》的规定，取得危险化学品安全生产许可证。生产列入国家实行生产许可证制度的工业产品目录的危险化学品的企业，应当依照《中华人民共和国工业产品生产许可证管理条例》的规定，取得工业产品生产许可证。负责颁发危险化学品安全生产许可证、工业产品生产许可证的部门，应当将其颁发许可证的情况及时向同级工业和信息化主管部门、环境保护主管部门和公安机关通报。

危险化学品生产企业应当提供与其生产的危险化学品相符的化学品安全技术说明书，并在危险化学品包装（包括外包装件）上粘贴或者拴挂与包装内危险化学品相符的化学品安全标签。化学品安全技术说明书和化学品安全标签所载明的内容应当符合国家标准的要求。危险化学品生产企业发现其生产的危险化学品有新的危险特性的，应当立即公告，并及时修订其化学品安全技术说明书和化学品安全标签。

生产实施重点环境管理的危险化学品的企业，应当按照国务院环境保护主管部门的规定，将该危险化学品向环境中释放等相关信息向环境保护主管部门报告。环境保护主管部门可以根据情况采取相应的环境风险控制措施。

危险化学品的包装应当符合法律、行政法规、规章的规定以及国家标准、行业标准的要求。危险化学品包装物、容器的材质以及危险化学品包装的形式、规格、方法和单件质量（重量），应当与所包装的危险化学品的性质和用途相适应。

生产列入国家实行生产许可证制度的工业产品目录的危险化学品包装物、容器的企业，应当依照《中华人民共和国工业产品生产许可证管理条例》的规定，取得工业产品生产许可证；其生产的危险化学品包装物、容器经国务院质量监督检验检疫部门认定的检验机构检验合格，方可出厂销售。运输危险化学品的船舶及其配载的容器，应当按照国家船舶检验规范进行生产，并经海事管理机构认定的船舶检验机构检验合格，方可投入使用。对重复使用的危险化学品包装物、容器，使用单位在重复使用前应当进行检查；发现存在安全隐患的，应当维修或者更换。使用单位应当对检查情况做出记录，记录的保存期限不得少于2年。

危险化学品生产装置或者储存数量构成重大危险源的危险化学品储存设施（运输工具、加油站、加气站除外），与下列场所、设施、区域的距离应当符合国家有关规定：

（一）居住区以及商业中心、公园等人员密集场所；

（二）学校、医院、影剧院、体育场（馆）等公共设施；

（三）饮用水源、水厂以及水源保护区；

（四）车站、码头（依法经许可从事危险化学品装卸作业的除外）、机场以及通信干线、通信枢纽、铁路线路、道路交通干线、水路交通干线、地铁风亭以及地铁站出入口；

（五）基本农田保护区、基本草原、畜禽遗传资源保护区、畜禽规模化养殖场（养殖小区）、渔业水域以及种子、种畜禽、水产苗种生产基地；

（六）河流、湖泊、风景名胜区、自然保护区；

（七）军事禁区、军事管理区；

（八）法律、行政法规规定的其他场所、设施、区域。

已建的危险化学品生产装置或者储存数量构成重大危险源的危险化学品储存设施不符合前款规定的，由所在地设区的市级人民政府安全生产监督管理部门会同有关部门监督其所属单位在规定期限内进行整改；需要转产、停产、搬迁、关闭的，由本级人民政府决定并组织实施。储存数量构成重大危险源的危险化学品储存设施的选址，应当避开地震活动断层和容易发生洪灾、地质灾害的区域。重大危险源，是指生产、储存、使用或者搬运危险化学品，且危险化学品的数量等于或者超过临界量的单元(包括场所和设施)。

生产、储存危险化学品的单位，应当根据其生产、储存的危险化学品的种类和危险特性，在作业场所设置相应的监测、监控、通风、防晒、调温、防火、灭火、防爆、泄压、防毒、中和、防潮、防雷、防静电、防腐、防泄漏以及防护围堤或者隔离操作等安全设施、设备，并按照国家标准、行业标准或者国家有关规定对安全设施、设备进行经常性维护、保养，保证安全设施、设备的正常使用。生产、储存危险化学品的单位，应当在其作业场所和安全设施、设备上设置明显的安全警示标志。

生产、储存危险化学品的单位，应当在其作业场所设置通信、报警装置，并保证处于适用状态。

生产、储存危险化学品的企业，应当委托具备国家规定的资质条件的机构，对本企业的安全生产条件每 3 年进行一次安全评价，提出安全评价报告。安全评价报告的内容应当包括对安全生产条件存在的问题进行整改的方案。生产、储存危险化学品的企业，应当将安全评价报告以及整改方案的落实情况报所在地县级人民政府安全生产监督管理部门备案。在港区内储存危险化学品的企业，应当将安全评价报告以及整改方案的落实情况报港口行政管理部门备案。

生产、储存剧毒化学品或者国务院公安部门规定的可用于制造爆炸物品的危险化学品(以下简称易制爆危险化学品)的单位，应当如实记录其生产、储存的剧毒化学品、易制爆危险化学品的数量、流向，并采取必要的安全防范措施，防止剧毒化学品、易制爆危险化学品丢失或者被盗；发现剧毒化学品、易制爆危险化学品丢失或者被盗的，应当立即向当地公安机关报告。生产、储存剧毒化学品、易制爆危险化学品的单位，应当设置治安保卫机构，配备专职治安保卫人员。

危险化学品应当储存在专用仓库、专用场地或者专用储存室(以下统称专用仓库)内，并由专人负责管理；剧毒化学品以及储存数量构成重大危险源的其他危险化学品，应当在专用仓库内单独存放，并实行双人收发、双人保管制度。危险化学品的储存方式、方法以及储存数量应当符合国家标准或者国家有关规定。

储存危险化学品的单位应当建立危险化学品出入库核查、登记制度。对剧毒化学品以及储存数量构成重大危险源的其他危险化学品，储存单位应当将其储存数量、储存地点以及管理人员的情况，报所在地县级人民政府安全生产监督管理部门(在港区内储存的，报港口行政管理部门)和公安机关备案。

危险化学品专用仓库应当符合国家标准、行业标准的要求，并设置明显的标志。储存剧毒化学品、易制爆危险化学品的专用仓库，应当按照国家有关规定设置相应的技术防范设施。储存危险化学品的单位应当对其危险化学品专用仓库的安全设施、设备定期进行检测、检验。

生产、储存危险化学品的单位转产、停产、停业或者解散的，应当采取有效措施，及时、妥善处置其危险化学品生产装置、储存设施以及库存的危险化学品，不得丢弃危险化学品；处置方案应当报所在地县级人民政府安全生产监督管理部门、工业和信息化主管部门、环境保护主管部门和公安机关备案。安全生产监督管理部门应当会同环境保护主管部门和公安机关对处置情况进行监督检查，发现未依照规定处置的，应当责令其立即处置。

二、使用安全监管

使用危险化学品的单位，其使用条件(包括工艺)应当符合法律、行政法规的规定和国家标准、行业标准的要求，并根据所使用的危险化学品的种类、危险特性以及使用量和使用方式，建立、健全使用危险化学品的安全管理规章制度和安全操作规程，保证危险化学品的安全使用。

使用危险化学品从事生产并且使用量达到规定数量的化工企业(属于危险化学品生产企业的除外，下同)，应当依照本条例的规定取得危险化学品安全使用许可证。根据规定的危险化学品使用量的数量标准，由国务院安全生产监督管理部门会同国务院公安部门、农业主管部门确定并公布。

申请危险化学品安全使用许可证的化工企业，除应当符合本节上述提及的规定外，还应当具备下列条件：

(一) 有与所使用的危险化学品相适应的专业技术人员；

(二) 有安全管理机构和专职安全管理人员；

(三) 有符合国家规定的危险化学品事故应急预案和必要的应急救援器材、设备；

(四) 依法进行了安全评价。

申请危险化学品安全使用许可证的化工企业，应当向所在地设区的市级人民政府安全生产监督管理部门提出申请，并提交其符合规定的证明材料。设区的市级人民政府安全生产监督管理部门应当依法进行审查，自收到证明材料之日起45日内作出批准或者不予批准的决定。予以批准的，颁发危险化学品安全使用许可证；不予批准的，书面通知申请人并说明理由。安全生产监督管理部门应当将其颁发危险化学品安全使用许可证的情况及时向同级环境保护主管部门和公安机关通报。

三、经营安全监管

国家对危险化学品经营(包括仓储经营，下同)实行许可制度。未经许可，任何单位和个人不得经营危险化学品。依法设立的危险化学品生产企业在其厂区范围内销售本企业生产的危险化学品，不需要取得危险化学品经营许可。依照《中华人民共和国港口法》的规定取得港口经营许可证的港口经营人，在港区内从事危险化学品仓储经营，不需要取得危险化学品经营许可。

从事危险化学品经营的企业应当具备下列条件：

（一）有符合国家标准、行业标准的经营场所，储存危险化学品的，还应当有符合国家标准、行业标准的储存设施；

（二）从业人员经过专业技术培训并经考核合格；

（三）有健全的安全管理规章制度；

（四）有专职安全管理人员；

（五）有符合国家规定的危险化学品事故应急预案和必要的应急救援器材、设备；

（六）法律、法规规定的其他条件。

从事剧毒化学品、易制爆危险化学品经营的企业，应当向所在地设区的市级人民政府安全生产监督管理部门提出申请，从事其他危险化学品经营的企业，应当向所在地县级人民政府安全生产监督管理部门提出申请（有储存设施的，应当向所在地设区的市级人民政府安全生产监督管理部门提出申请）。申请人应当提交其符合规定的证明材料。设区的市级人民政府安全生产监督管理部门或者县级人民政府安全生产监督管理部门应当依法进行审查，并对申请人的经营场所、储存设施进行现场核查，自收到证明材料之日起30日内作出批准或者不予批准的决定。予以批准的，颁发危险化学品经营许可证；不予批准的，书面通知申请人并说明理由。设区的市级人民政府安全生产监督管理部门和县级人民政府安全生产监督管理部门应当将其颁发危险化学品经营许可证的情况及时向同级环境保护主管部门和公安机关通报。申请人持危险化学品经营许可证向工商行政管理部门办理登记手续后，方可从事危险化学品经营活动。法律、行政法规或者国务院规定经营危险化学品还需要经其他有关部门许可的，申请人向工商行政管理部门办理登记手续时还应当持相应的许可证件。

危险化学品经营企业储存危险化学品的，应当遵守储存危险化学品的规定。危险化学品商店内只能存放民用小包装的危险化学品。

危险化学品经营企业不得向未经许可从事危险化学品生产、经营活动的企业采购危险化学品，不得经营没有化学品安全技术说明书或者化学品安全标签的危险化学品。

依法取得危险化学品安全生产许可证、危险化学品安全使用许可证、危险化学品经营许可证的企业，凭相应的许可证件购买剧毒化学品、易制爆危险化学品。民用爆炸物品生产企业凭民用爆炸物品生产许可证购买易制爆危险化学品。除规定以外的单位购买剧毒化学品的，应当向所在地县级人民政府公安机关申请取得剧毒化学品购买许可证；购买易制爆危险化学品的，应当持本单位出具的合法用途说明。个人不得购买剧毒化学品(属于剧毒化学品的农药除外)和易制爆危险化学品。

申请取得剧毒化学品购买许可证，申请人应当向所在地县级人民政府公安机关提交下列材料：

(一) 营业执照或者法人证书(登记证书)的复印件；

(二) 拟购买的剧毒化学品品种、数量的说明；

(三) 购买剧毒化学品用途的说明；

(四) 经办人的身份证明。

县级人民政府公安机关应当自收到前款规定的材料之日起3日内，做出批准或者不予批准的决定。予以批准的，颁发剧毒化学品购买许可证；不予批准的，书面通知申请人并说明理由。剧毒化学品购买许可证管理办法由国务院公安部门制定。

危险化学品生产企业、经营企业销售剧毒化学品、易制爆危险化学品，应当查验相关许可证件或者证明文件，不得向不具有相关许可证件或者证明文件的单位销售剧毒化学品、易制爆危险化学品。对持剧毒化学品购买许可证购买剧毒化学品的，应当按照许可证载明的品种、数量销售。禁止向个人销售剧毒化学品(属于剧毒化学品的农药除外)和易制爆危险化学品。

危险化学品生产企业、经营企业销售剧毒化学品、易制爆危险化学品，应当如实记录购买单位的名称、地址、经办人的姓名、身份证号码以及所购买的剧毒化学品、易制爆危险化学品的品种、数量、用途。销售记录以及经办人的身份证明复印件、相关许可证件复印件或者证明文件的保存期限不得少于1年。

剧毒化学品、易制爆危险化学品的销售企业、购买单位应当在销售、购买后5日内，将所销售、购买的剧毒化学品、易制爆危险化学品的品种、数量以及流向信息报所在地县级人民政府公安机关备案，并输入计算机系统。

使用剧毒化学品、易制爆危险化学品的单位不得出借、转让其购买的剧毒化学品、易制爆危险化学品；因转产、停产、搬迁、关闭等确需转让的，应当向具有相关许可证件或者证明文件的单位转让，并在转让后将有关情况及时向所在地县级人民政府公安机关报告。

四、运输安全监管

从事危险化学品道路运输、水路运输的，应当分别依照有关道路运输、水路运输的法律、行政法规的规定，取得危险货物道路运输许可、危险货物水路运输许可，并向工商行政管理部门办理登记手续。危险化学品道路运输企业、水路运输企业应当配备专职安全管理人员。

危险化学品道路运输企业、水路运输企业的驾驶人员、船员、装卸管理人员、押运人员、申报人员、集装箱装箱现场检查员应当经交通运输主管部门考核合格，取得从业资格。具体办法由国务院交通运输主管部门制定。危险化学品的装卸作业应当遵守安全作业标准、规程和制度，并在装卸管理人员的现场指挥或者监控下进行。水路运输危险化学品的集装箱装箱作业应当在集装箱装箱现场检查员的指挥或者监控下进行，并符合积载、隔离的规范和要求；装箱作业完毕后，集装箱装箱现场检查员应当签署装箱证明书。

运输危险化学品，应当根据危险化学品的危险特性采取相应的安全防护措施，并配备必要的防护用品和应急救援器材。用于运输危险化学品的槽罐以及其他容器应当封口严密，能够防止危险化学品在运输过程中因温度、湿度或者压力的变化发生渗漏、洒漏；槽罐以及其他容器的溢流和泄压装置应当设置准确、起闭灵活。运输危险化学品的驾驶人员、船员、装卸管理人员、押运人员、申报人员、集装箱装箱现场检查员，应当了解所运输的危险化学品的危险特性及其包装物、容器的使用要求和出现危险情况时的应急处置方法。

通过道路运输危险化学品的，托运人应当委托依法取得危险货物道路运输许可的企业承运。

通过道路运输危险化学品的，应当按照运输车辆的核定载质量装载危险化学品，不得超载。危险化学品运输车辆应当符合国家标准要求的安全技术条件，并按照国家有关规定定期进行安全技术检验。危险化学品运输车辆应当悬挂或者喷涂符合国家标准要求的警示标志。

通过道路运输危险化学品的，应当配备押运人员，并保证所运输的危险化学品处于押运人员的监控之下。运输危险化学品途中因住宿或者发生影响正常运输的情况，需要较长时间停车的，驾驶人员、押运人员应当采取相应的安全防范措施；运输剧毒化学品或者易制爆危险化学品的，还应当向当地公安机关报告。

未经公安机关批准，运输危险化学品的车辆不得进入危险化学品运输车辆限制通行的区域。危险化学品运输车辆限制通行的区域由县级人民政府公安机关划定，并设置明显的标志。

通过道路运输剧毒化学品的，托运人应当向运输始发地或者目的地县级人民政府公安机关申请剧毒化学品道路运输通行证。

申请剧毒化学品道路运输通行证，托运人应当向县级人民政府公安机关提交下列材料：

（一）拟运输的剧毒化学品品种、数量的说明；

（二）运输始发地、目的地、运输时间和运输路线的说明；

（三）承运人取得危险货物道路运输许可、运输车辆取得营运证以及驾驶人员、押运人员取得上岗资格的证明文件；

（四）购买剧毒化学品的相关许可证件，或者海关出具的进出口证明文件。

县级人民政府公安机关应当自收到前款规定的材料之日起 7 日内，做出批准或者不予批准的决定。予以批准的，颁发剧毒化学品道路运输通行证；不予批准的，书面通知申请人并说明理由。剧毒化学品道路运输通行证管理办法由国务院公安部门制定。

剧毒化学品、易制爆危险化学品在道路运输途中丢失、被盗、被抢或者出现流散、泄漏等情况的，驾驶人员、押运人员应当立即采取相应的警示措施和安全措施，并向当地公安机关报告。公安机关接到报告后，应当根据实际情况立即向安全生产监督管理部门、环境保护主管部门、卫生主管部门通报。有关部门应当采取必要的应急处置措施。

通过水路运输危险化学品的，应当遵守法律、行政法规以及国务院交通运输主管部门关于危险货物水路运输安全的规定。

海事管理机构应当根据危险化学品的种类和危险特性，确定船舶运输危险化学品的相关安全运输条件。拟交付船舶运输的化学品的相关安全运输条件不明确的，货物所有人或者代理人应当委托相关技术机构进行评估，明确相关安全运输条件并经海事管理机构确认后，方可交付船舶运输。

禁止通过内河封闭水域运输剧毒化学品以及国家规定禁止通过内河运输的其他危险化学品。前款规定以外的内河水域，禁止运输国家规定禁止通过内河运输的剧毒化学品以及其他危险化学品。禁止通过内河运输的剧毒化学品以及其他危险化学品的范围，由国务院交通运输主管部门会同国务院环境保护主管部门、工业和信息化主管部门、安全生产监督管理部门，根据危险化学品的危险特性、危险化学品对人体和水环境的危害程度以及消除危害后果的难易程度等因素规定并公布。

国务院交通运输主管部门应当根据危险化学品的危险特性，对通过内河运输的危险化学品(以下简称通过内河运输危险化学品)实行分类管理，对各类危险化学品的运输方式、包装规范和安全防护措施等分别做出规定并监督实施。

通过内河运输危险化学品，应当由依法取得危险货物水路运输许可的水路运输企业承运，其他单位和个人不得承运。托运人应当委托依法取得危险货物水路运输许可的水路运输企业承运，不得委托其他单位和个人承运。

通过内河运输危险化学品，应当使用依法取得危险货物适装证书的运输船舶。水路运输企业应当针对所运输的危险化学品的危险特性，制定运输船舶危险化学品事故应急救援预案，并为运输船舶配备充足、有效的应急救援器材和设备。通过内河运输危险化学品的船舶，其所有人或者经营人应当取得船舶污染损害责任保险证书或者财务担保证明。船舶污染损害责任保险证书或者财务担保证明的副本应当随船携带。

通过内河运输危险化学品，危险化学品包装物的材质、型式、强度以及包装方法应当符合水路运输危险化学品包装规范的要求。国务院交通运输主管部门对单船运输的危险化学品数量有限制性规定的，承运人应当按照规定安排运输数量。

用于危险化学品运输作业的内河码头、泊位应当符合国家有关安全规范，与饮用水取水口保持国家规定的距离。有关管理单位应当制定码头、泊位危险化学品事故应急预案，并为码头、泊位配备充足、有效的应急救援器材和设备。用于危险化学品运输作业的内河码头、泊位，经交通运输主管部门按照国家有关规定验收合格后方可投入使用。

船舶载运危险化学品进出内河港口，应当将危险化学品的名称、危险特性、包装以及进出港时间等事项，事先报告海事管理机构。海事管理机构接到报告后，应当在国务院交通运输主管部门规定的时间内做出是否同意的决定，通知报告人，同时通报港口行政管理部门。定船舶、定航线、定货种的船舶可以定期报告。在内河港口内进行危险化学品的装卸、过驳作业，应当将危险化学品的名称、危险特性、包装和作业的时间、地点等事项报告港口行政管理部门。港口行政管理部门接到报告后，应当在国务院交通运输主管部门规定的时间内做出是否同意的决定，通知报告人，同时通报海事管理机构。载运危险化学品的船舶在内河航行，通过过船建筑物的，应当提前向交通运输主管部门申报，并接受交通运输主管部门的管理。

载运危险化学品的船舶在内河航行、装卸或者停泊，应当悬挂专用的警示标志，按照规定显示专用信号。载运危险化学品的船舶在内河航行，按照国务院交通运输主管部门的规定需要引航的，应当申请引航。

载运危险化学品的船舶在内河航行，应当遵守法律、行政法规和国家其他有关饮用水水源保护的规定。内河航道发展规划应当与依法经批准的饮用水水源保护区划定方案相协调。

托运危险化学品的，托运人应当向承运人说明所托运的危险化学品的种类、数量、危险特性以及发生危险情况的应急处置措施，并按照国家有关规定对所托运的危险化学品妥善包装，在外包装上设置相应的标志。运输危险化学品需要添加抑制剂或者稳定剂的，托运人应当添加，并将有关情况告知承运人。

托运人不得在托运的普通货物中夹带危险化学品，不得将危险化学品匿报或者谎报为普通货物托运。任何单位和个人不得交寄危险化学品或者在邮件、快件内夹带危险化学品，不得将危险化学品匿报或者谎报为普通物品交寄。邮政企业、快递企业不得收寄危险化学品。

对涉嫌违反相关规定的，交通运输主管部门、邮政管理部门可以依法开拆查验。

通过铁路、航空运输危险化学品的安全管理，依照有关铁路、航空运输的法律、行政法规、规章的规定执行。

参 考 文 献

[1] 修光利，李涛. 企业环境健康安全风险管理[M]. 北京：化学工业出版社，2017.
[2] 夏元洵. 化学物质毒性全书[M]. 上海：上海科学技术文献出版社，1991.
[3] 方文林. 危险化学品储运安全[M]. 北京：中国石化出版社，2017.
[4] 朱兆华，姜松，高汛. 危险化学品储运安全管理[M]. 徐州：中国矿业大学出版社，2010.

第六章

安全仪表系统及功能安全

安全仪表系统是生产安全的重要保障，其自身的功能安全问题日益受到广泛关注。功能安全是近些年逐步发展形成的一套全新安全技术理念和管理方法，对传统安全管理方式形成重要突破。采用功能安全技术的目的在于，保证安全系统在必要时能正确有效地执行其安全功能。

功能安全技术的核心是系统在安全生命周期各阶段的安全完整体水平，通过对受控过程进行风险和危险分析，对其设置有效的安全功能，选择恰当的目标安全整体性水平，设计满足目标完整性水平要求的安全功能。通过安全仪表系统的应用，可以把受控过程的风险降低到能够接受的水平。功能安全技术为安全系统的设计、安装、评估、维护和停用的整个过程提供一套切实可行的科学方法。

第一节　基本概念和定义

一、安全仪表系统及组成

安全仪表系统由传感变送器、控制器和执行器组成，是可以执行安全仪表功能的仪表系统。在设计一个安全仪表系统的时候，正确的安全功能是安全仪表系统必备的条件。另外，顺利执行安全仪表功能是必须进行考虑的。

图 6-1 为安全仪表控制系统的一个实例，该系统涉及反应器的自动控制，由检测器、信号变送器和控制系统组成。检测器检测反应器内的温度或压力，并传递给变送器转化为可被识别的电信号输出，控制系统根据是否超过设定的安全阈值来确定是否采取相应措施。在这个例子中，三个设备只要有一个设备失效，那么整个安全仪表系统的功能就起不到作用，也就达不到保障安全的目的。

安全仪表系统的功能包括以下几个方面：

(1) 危险条件的阈值达到时，安全仪表功能被执行，防患于未然。

(2) 危险事件的影响被减弱，通过减轻不良后果或减少损失的办法使风险降低。

减小风险，或者说是减小潜在危险发生的概率是安全仪表系统实现其功能的目的。

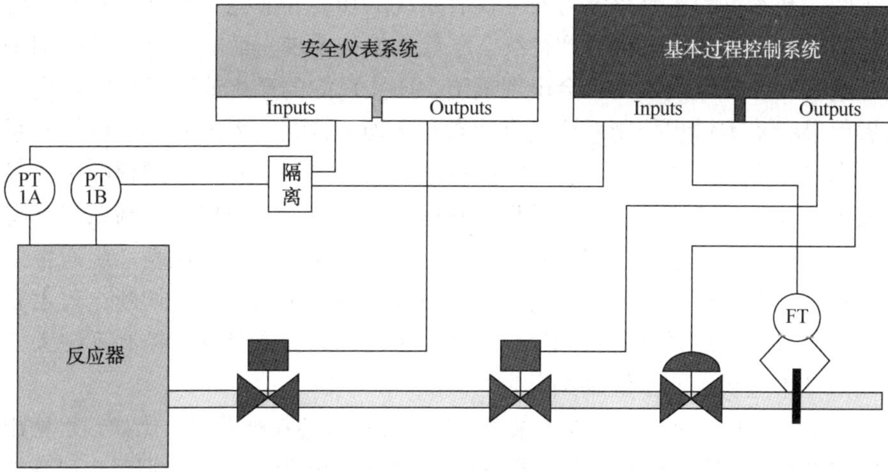

图 6-1　安全仪表系统示例

二、安全仪表系统和基本过程控制系统

基本过程控制系统指的是执行一般正常生产功能的控制系统，与执行过程优化等复杂过程控制系统相对应。尽管复杂过程控制系统更为先进，但是成本也更高。基本过程控制系统执行常规的生产控制功能，以达到生产过程正常操作的目标。图 6-2 为某反应器设置的过程控制系统和安全仪表系统。

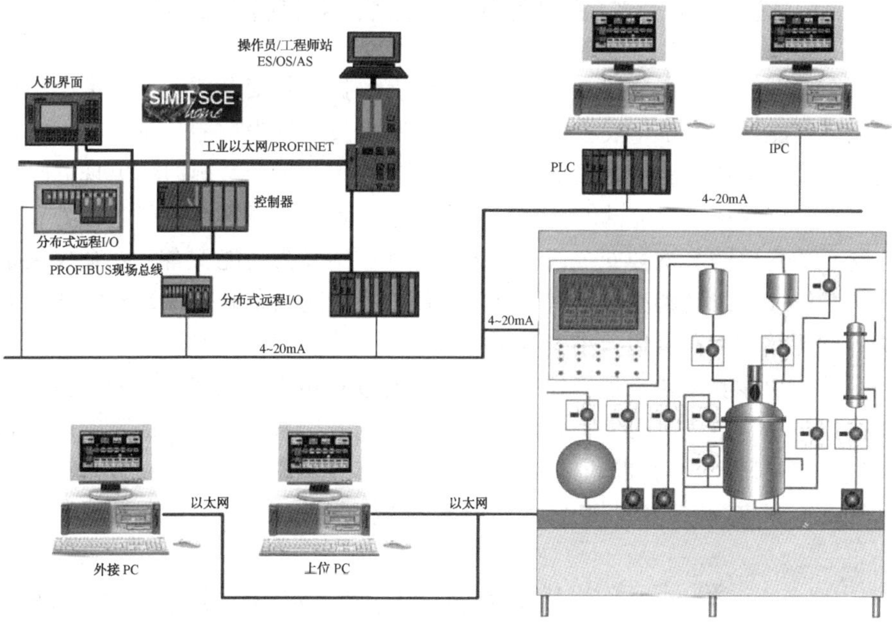

图 6-2　反应器安全系统示意图

显然，基本过程控制系统与安全仪表系统的功能并非完全相同。基本过程控制系统的目的是使生产过程达到持续、平稳的操作要求；而安全仪表系统则是监视生产过程状态并且判断是否会出现危险，防止风险的产生或减轻风险产生后造成恶劣后果。基本过程控制系统具有动态和主动的特点。因为基本过程控制系统是用来满足正常生产需求的，它必须根据系统的设定要求和生产过程的干扰状态不断地进行调整，才能维持生产过程正常运行。相反，安全仪表控制系统具有被动和静态的特点。在基本过程控制系统运行正常的时候，安全仪表系统通常处于休眠状态。只要生产超过安全阈值，基本过程控制系统就会立刻切断，改由安全仪表系统进行控制。系统运行到安全阈值范围之内时，安全仪表控制系统人工切断，改由基本过程控制系统来操纵生产。

对于基本过程控制系统，如果某个环节失效一般容易被发现。比如，水槽出口控制阀如果发生故障，则不能在需要的时候满足特定的开关状态，那时出口液体流量要么过大，要么过小甚至关闭，由此产生的故障现象是显而易见的。也就是说，对基本过程控制系统而言，失效会在动态生产的过程中自行显现，极少会隐藏。

因为安全仪表系统运行过程中很长时间处于休眠状态，该系统的失效一般很难被发现。正因如此，确定休眠系统是否能正常工作的方法，就是对该系统人为进行周期性的诊断或调试，或进行购置较为昂贵的带有内部自诊断测试装置的安全仪表系统。

第二节　安全仪表系统和安全仪表功能

功能安全体现在安全仪表系统是否能够有效执行其安全功能。通常，一个安全仪表系统能够具有多个安全仪表回路，每一个安全仪表功能针对工业生产过程可能产生的风险进行防护。安全仪表系统需要在工业生产系统即将出现危险情况时，能够正确采取它对应的安全仪表功能，这一点对保证工业生产过程处于安全状态是至关重要的。这种安全仪表系统的特性被定义为功能安全。安全仪表系统具有的功能安全级别越高，则说明该安全仪表系统越具备有效执行器安全功能的能力，则能够较大程度地减小安全风险。

目前，功能安全越来越受到广泛关注。通过对相关概念和方法的分析，可解决很多以电子、电气、可编程软件技术为保障的安全系统及安全保障的理论和实际问题。其中所蕴含的科学安全管理程序，可有效避免风险、提高效率和节约成本。因此，很多国家已经将功能安全标准定为强制性标准。

第三节　仪表系统的安全完整性

安全完整性水平能够衡量安全仪表系统运行水平，指的是在特定时间和条件下，安全相关系统对其所规定的安全功能执行的可能性。设定安全完整性水平的目的是，通过降低风险发生的概率，从而使系统的风险降低为一个可以接受的水平。一个系统由控制器、传感器以及执行器组成，需要各个环节都达到安全完整性水平才能达到标准。通常，整个回路的安全完整性水平由回路中最薄弱的环节的可靠性水平限制。

安全完整性水平由以下两部分构成：

(1) 安全完整性水平硬件。这部分的安全完整性和危险失效模式的随机硬件失效紧密相关，主要体现在安全仪表功能的运行过程中。

(2) 安全完整性水平系统。该部分的安全完整性和危险失效模式的系统失效有关，这种系统失效在系统设计过程中就已经存在。

安全完整性水平一般分为若干个等级。安全完整性水平的级别越高，安全相关系统可以实现其所要求的安全功能的概率就越高。对于某一安全完整性水平需要达到的失效概率范围，一般可分为两种：计算要求时的平均失效概率与每小时危险失效的概率，如表 6-1 所示。

表 6-1　安全完整性水平等级

操作模式	低要求		高要求
水平	计算要求时的平均失效概率	风险降低因子	每小时失效概率
1	$10^{-1}\sim10^{-2}$	$10\sim10^{2}$	$10^{-5}\sim10^{-6}$
2	$10^{-2}\sim10^{-3}$	$10^{2}\sim10^{3}$	$10^{-6}\sim10^{-7}$
3	$10^{-3}\sim10^{-4}$	$10^{3}\sim10^{4}$	$10^{-7}\sim10^{-8}$
4	$10^{-4}\sim10^{-5}$	$10^{5}\sim10^{6}$	$10^{-8}\sim10^{-9}$

低要求操作模式与高要求操作模式是依据安全相关系统使用的方式规范产生的频率来进行划分的。在低要求模式下，对一个安全相关系统提出操作要求的频率小于每年一次。在高要求操作模式下，对一个安全相关系统提出操作要求的频率大于每年一次的检验测试频率，包括为维持安全功能实现连续控制的安全相关系统。低要求操作模式是过程工业中最普遍应用的模式，而高要求操作模式一般在制造加工和航空工业中使用。

针对高要求操作模式，表 6-1 中的参数以每小时危险失效次数为单位，即每小时危险失效的概率，有时也称为危险失效的概率或简称危险失效率。在规定的任务时间内不能进行维修的，按连续操作模式运行的安全相关系统，其某个安全工业要求的安全完整性水平可以按这种办法得到：在运行寿命时间内，确定要求的安全功能失效概率，除以运行寿命时间，即得到要求的每小时失效概率，然后根据表 6-1 中高要求操作模式进行确定。

对于不同等级的定性描述如表 6-2 所示，对于安全仪表系统而言，因为安全仪表失效而导致的后果是确定安全仪表系统完整性水平的重要因素之一。需要注意，操作模式水平越高，则失效概率要求越苛刻，实现方案就会更加复杂和昂贵。因此，工业上需要在要求和成本之间进行平衡。

表 6-2 安全完整性水平的定性描述

等级	事故后果	等级	事故后果
1	较少的财产损失	3	对工厂职工及社会造成影响
2	引起财产损失并有可能伤害工厂内的职工	4	引起社会灾难性的后果

安全完整性水平在实现功能安全中处于核心地位，其代表了某些事件发生的概率，比如故障容错性、危险失效、危害程度以及应该通过避免系统失效来提高安全性等。完整性水平是安全仪表系统设计的根据，它使得功能安全管理具有一致性。安全完整性水平不光是安全仪表系统安全性能的衡量依据，而且是整体安全生命周期的主干。对其选择应该恰到好处，过高会造成浪费成本，过低则会使风险不可接受。安全完整性水平的选择为保障安全相关系统被执行及其安全功能提供科学系统的方法。

在设计一个安全仪表系统时，应该考虑两方面的内容：一是安全仪表系统应该具有正确的功能；二是安全仪表系统可以执行其正确功能的可靠性程度。只有满足正确的安全功能并且可以可靠地被执行，才能称为安全完整性的含义。安全完整性要求安全整体功能可以拥有有效被执行的能力，而安全完整性水平即是这种能力高低的度量。设计一个安全仪表系统的时候，无疑应该使该安全仪表系统拥有正确的安全功能，而且需要考虑安全功能可以可靠地被执行。

目前，关于怎样选择安全仪表系统的安全整体水平，运用的方法主要涉及定性和定量两个方面。定性方法的好处是省时、简单、所需资源少。而它的不足之处在于，过分依赖人的主观判断和经验，所以一致性比较差，从而不利于对整体生命周期进行系统修改和完善。定量方法可以得到更加准确的安全一致性水平，对安全生命周期的管理有利。它的缺点在于，所需资源较大，造成选择过程相对比较耗时。

第四节 仪表系统安全生命周期

一、安全生命周期的定义

安全生命周期指的是在安全仪表功能被实施过程中，从项目的概念设计阶段开始到所有安全仪表功能停用之间的整个时间段。在安全生命周期需要进行一系列必要的活动，涉及安全仪表系统在概念、设计、运行、测试、维修及停用各个阶段所有的活动，以达到高水平的功能安全。达到功能安全并不是一劳永逸的，而是一个持之以恒、面面俱到的过程。比如，安全仪表功能不但应该正确，而且必须有一定资质的人员对其进行正确的周期性测试，才能保证安全性以及正常生产的顺利进行。不正确的安装不会在开车时被发现，却会给安全运行埋下隐患的种子。所以，采用安全生命周期的方法进行功能安全管理的关键一环是，从最初的概念设计阶段直到最后的停用阶段，全部都自始至终地贯穿安全概念。

安全生命周期的目的在于，达到较高的功能安全水平，最大限度地减小风险。安全生命周期使用系统的方式建立一个框架，用于指导安全仪表系统的设计与评价。根据安全生命周期的每项活动要求实施的安全仪表系统，就能最大程度地减小工业生产过程中的风险，降低安全仪表系统中存在系统性不足的概率。

安全完整性水平贯穿在安全系统生命周期的始终，不但是安全系统安全性能的度量标准，而且是安全系统生命周期中的主干。安全完整性水平使得整体安全生命周期在这个大框架内的所有活动能够具有良好的统一性。

二、安全生命周期的各项活动

安全生命周期可划分为分析、实现与运行 3 个阶段。如表 6-3 所示，各阶段的活动之间不是独立存在的，而是一个有机的整体，相互之间有一定的逻辑关系和次序。

表 6-3　安全生命周期阶段

分析	实施	运行
1. 风险分析	4. 设计	7. 执行
2. 安全完整性功能确认	5. 安装	8. 维护
3. 安全完整性水平选择	6. 调试	9. 修改

1. 分析阶段

分析阶段首先进行的是概念与整体范围的定义，当概念设计过程完成之后，应该得到比较详细的安全信息，例如所使用的化学物质的类型与数量，需要设计的压力、温度与流量的参数数值等信息。

取得以上过程安全的相关信息之后，接下来进行的活动是危险与风险信息。该活动是用来预测潜在的危险与风险，并通过分析得到危险会造成的相应后果以及发生的概率。在某些项目中，后果预测及风险发生的概率有时是通过仔细分析得到的，有时是通过估计得到的。

2. 实施阶段

当分析阶段的工作完成以后便可以进行设计工作，首先通过选择所需要的控制器、传感器、执行器等零部件来进行概念性设计。需要时则考虑冗余系统，从而达到高水平的安全完整性。

只要选择了相应的技术与结构，设计者就需要考虑安全仪表系统周期性的功能测试。由于安全仪表系统绝大部分时间都处于休眠状态，所以有必要周期性地对其进行诊断与测试，以确保其能够正常运行。在某些工业过程中，目标测试周期与维修周期密切相关，如 2 年、3 年或 5 年，甚至更加频繁。假如测试是在系统运行时进行的，那么需要于系统中设计在线测试设备。

当结构、技术与测试间隔周期确定后，设计者就需要对系统的可用性与安全性进行评估，以确定系统能满足目标安全整体性水平与可用性的要求。该过程需要收集安全仪表系统中的每个安全仪表功能的失效率数据。一般来说，评估结果中包含安全完整性和可用性的指标。如果单次的评估结果不能达到要求，可以进行多次评估以得到最好的设计结果。

当最优概念性设计完成后，就可以进行更详细的设计工作，该工作一般由设计院来完成。仪表生产商的安全顾问应保证所有的安全仪表都能满足对应的安全规则需求。

最后需要生成一份安装和试运行的任务书，包括一个完整全面的测试，以保证安全仪表系统能够完全和正确地满足所有运行要求。同时，还需要一份整体安全确认的计划书。当安装后的系统经测试和重新确认后，安全仪表系统就可以投入运行了。

3. 运行阶段

在安全生命周期的试运行阶段之初，首先需要运行启动前的安全监控。其间，工程师需要寻找若干问题的答案，例如系统能否满足所有的安全要求、安全生命周期所有必要的设计步骤是否能成功地被执行。假如这些问题的答案是肯定的，那么系统就可启动并进入运行阶段。

在运行阶段，系统不但要执行合适的运行程序，还需要执行所有的维护与修理工作，包括周期性的功能维修与测试。周期性功能测试必须保证以最大的可能性检测到所有潜在的危险。更为重要的是，每个安全仪表功能在每次测试以后，必须能够恢复到完整的运行状态。

安全生命周期还包括整体修改与改型。这时，工程师需要综合考虑修改带来的影响，并且返回到生命安全周期中的相应环节进行修改和改型。如果采用新设备或技术，则必须重复安全完整性水平验证环节。工程师还要考虑系统的停用和处理。如果某些安全仪表功能仍然在起保护作用，则不能执行系统的停用。否则，当过程出现危险时，将没有安装仪表系统进行有效保护。

三、安全生命周期的特点

整体安全生命周期包含系统的确认、分析、设计、操作、安装、维护、停用等诸多方面，每一方面都要求建立其相应的文档与安全规范。系统还可以依据实际应用中的效果来进行修改乃至从头再来。安全生命周期具有以下特点：

（1）包括安全系统从无到有，直到停用的每个阶段，为安全系统的开发和应用建立一个框架。

（2）整体安全生命周期清楚地说明各个阶段在时间与结构上的关系。

（3）能够依据不同阶段明确安全系统的开发应用并建立文档与规范，为整个安全系统提供结构化的分析。

（4）与传统非安全系统的开发周期相似，已有的开发与管理经验和手段都能够被应用。

（5）从系统的角度进行安全系统开发，涉及面广泛，同时还蕴含了一种循环的理念，使得安全系统在分析、设计、应用和改进中不断地得到完善，保证更好的安全性能与投入成本比例。

四、保护层

重大事故的发生可能会在毫无预兆的情况下，由一系列偶然独立的事件同时发生而产生。所以，为了预防类似事故的发生，有必要在可能发生危险的地方，尽可能多地建立保护层。这样，就可以最大限度地减少事故发生的概率。保护层就像盾牌一样，层层挡住事故发生的诱因，从而急剧减小危险事故发生的概率。此时，保护层如果越多，那么起到的保护作用就会越好。如果将多重保护作用集成到同一保护层中，有时反而是有害而无益的。因为一旦该保护层失去作用，所有的保护措施将全面崩溃，这会导致不堪设想的严重后果。

保护层是安全仪表相关系统以外的其他有效阻止起始事件演化为事故的保护措施。图6-3为系统保护层模型中的"洋葱图"。从该图中可以看出，外部设立了多种多样的保护层，以确保生产过程的安全运行。例如，压力容器的泄压阀、控制系统的操作员都可以是独立于安全仪表相关系统的保护层，因为他们在检测到某个会引发风险的危险事件后都会采取一定的措施来保护生产过程，使过程处于某种安全状态。

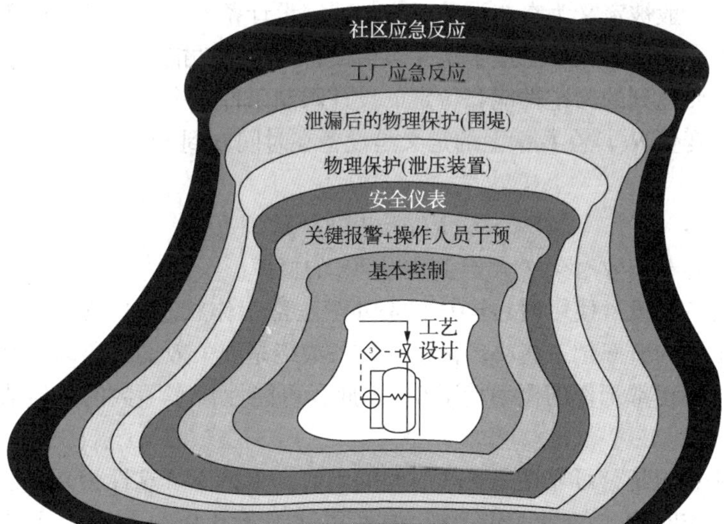

图6-3　保护层的洋葱模型

总体来说，保护层可分成两大类：事件阻止层与后果减弱层。事件阻止层的作用是阻止潜在危险发生的概率；后果减弱层则是对已经发生的危险事件，尽可能有效地减小后果带来的损失。

保护层应具有以下特点：

(1) 特定性。一个独立保护层需要考虑特定地防止风险后果的发生，而并不仅仅是通用的风险保护措施。

(2) 独立性。保护层需要能够独立地防止风险，同其他保护层没有公共设备。

(3) 可靠性。保护层需要能够可靠地防止危险事件的发生，包括由系统失效与随机失效引发的危险事件。

(4) 可审查性。保护层设备应能够进行功能测试与维护。功能审查对于确保一定水平的风险降低是必要的。

第五节 可靠性计算

一、可靠性指标定义

对安全仪表系统的安全仪表功能的可靠性进行分析，用到与安全仪表功能有关的某些随机变量。评价安全仪表功能可靠性能是通过一些统计指标来完成的，这些指标包括可靠性、有效性、平均无故障时间、计算要求时的平均失效概率等。

1. 可靠性

可靠性一般被定义为在与设备对应的特定设计条件下，设备在被要求工作时实现它的指定功能的概率。这个定义包括设备的指定功能、设备被要求工作的时间、设备需要达到的给定性能和特定的设计限制条件 4 个方面。

可靠性变量 $R(t)$ 在数学上的定义是设备在时间 0 到 t 内正常工作的概率，其表达式为：

$$R(t)=P(T>t) \tag{6-1}$$

可靠性等于失效时刻 T 大于工作时间 t 的概率。

一台设备在投入使用时($t=0$)，是处于正常工作状态的。随着时间的延长，设备正常工作的概率越来越小。由于该设备最终是要失效的，所以当时间趋于无穷大时，设备正常工作的概率趋于 0。因此，可能性概率函数的数值从 1 开始下降到 0。

需要注意的是，可靠性是工作时间的函数。单独说可靠性为 0.9 是没有意义的，因为工作时间未知。工作 100h 的可靠性等于 0.9 的表述才是完整和有意义的。

可靠性是一种比较苛刻的度量，适用于无须考虑设备维修的情况。在此情况下，系统必须不间断地工作，不能够失效。

和可靠性相对应的是不可靠性，定义为设备在时间 0 到 t 范围内失效的概率。

$$F(t)=P(T\leqslant t) \tag{6-2}$$

不可靠性等于失效时间小于或等于工作时间的概率。因为认可设备的工作状态不是正常就是失效，所以：

$$F(t)=1-R(t) \tag{6-3}$$

$F(t)$是一个累积分布函数，从 0 开始增长到 1。

2. 有效性

在设备可维修的情况下，正常工作的平均概率也是人们所关心的。此时需要一种对可维修系统工作的可靠性度量，即有效性。

有效性定义为设备在时刻 t 正常工作的概率。需要注意，该定义并未涉及时间长度。如果一个系统正常工作，那么它就是有效的。有效性并不关心设备过去是否失效，或者被修理过以及是否从 $t=0$ 开始一直持续工作。换过话说，有效性是一种瞬时的度量。

有效性和可靠性不同，前者是失效率、维修率和工作时刻的函数。有效性随时间的推移会达到一个稳态值。稳态有效性仅仅是失效率和维修率的函数，随着时间增长，由 1 逐渐变到 0。可靠性是工作时间长度和失效率的函数。

与有效性相对的是无效性，它被定义为设备在 t 时刻工作实效的概率。无效性等于 1 减去有效性，即：

$$U(t)=1-A(t) \tag{6-4}$$

比如，一个控制器的有效性为 0.9，则其无效性是 0.1。对于不可维修系统，可靠性和有效性是等价的。

3. 平均无故障时间

平均无故障时间指的是设备持续正常工作时间长度的平均值，即设备从一个故障状态结束直到下一个故障发生的平均时间长度。平均无故障时间是最经常使用的可靠性指标之一，它是统计学意义上的指标，并不代表设备一定能够工作多长时间，只是失效时间的期望值。根据数理统计中对于期望值的定义，在失效时间为 t、失效概率密度函数是 $f(t)$时，平均无故障时间 $E(t)$为：

$$E(t)=\int_{0}^{+\infty} tf(t)\,\mathrm{d}t \tag{6-5}$$

由于 $f(t)=\mathrm{d}F(t)/\mathrm{d}t$，由式(6-3)可得

$$f(t)=-\frac{\mathrm{d}R(t)}{\mathrm{d}t} \tag{6-6}$$

代入式(6-5)得：

$$E(t) = -\int_0^{+\infty} t\mathrm{d}R(t) \tag{6-7}$$

使用分部积分，有：

$$E(t) = \int_0^{+\infty} R(t)\,\mathrm{d}t \tag{6-8}$$

所以，在可靠性理论中，平均无故障时间定义为可靠性函数的定积分。对于失效率为常数的单一设备，平均无故障时间为失效率的倒数。

4. 平均修复时间和维修率

平均修复时间亦被称作平均恢复时间，是从设备发生故障到重新正常工作的时间期望值。定义中包含检测到失效发生所需要的时间及发现且确定失效后维修所需要的时间。平均修复时间只应用于能维修的设备，表示将系统由运行失效转变成运行正常所需要的平均时间。平均停车时间是另外一种经常使用的概念，它和平均修复时间具有相同的含义。

维修率与失效率是相近的概念，是单位时间内的维修设备次数和设备总数的比值。在数学上，表示在时刻 t 之前，设备尚未修复的条件下，在单位时间内完成修复的条件概率。当维修概率密度为指数分布，亦就是维修率为定值的情况时，维修率等于平均修复时间的倒数。

5. 平均故障间隔时间

平均故障间隔时间是一个仅仅用于可修复系统的概念，是指两次失效发生时刻之间的时间长度。

6. 失效率

失效率指的是指瞬时失效概率，它是衡量可靠性的一种常用指标。在工程上，是指单位时间内的失效次数和设备总数的比值。失效率的单位为时间的倒数，实际应用中经常使用次失效每十亿小时，失效单位有时也缩写为 FIT。例如，一个积分电路在 25℃时失效率为 7 次失效每十亿小时，因此它的失效率为 7FIT。

例 6.1 一个工厂中的 300 个工业 I/O 模块已经运行了 7 年，共发生了 5 次失效。这组模块的平均失效率是多少?

解： 平均失效率为 $5/(300\times7\times8760) = 0.000000271798 = 272\text{FIT}$。

在可靠性数学相关理论中，失效率为一种条件概率，是系统在时刻 t 之前正常工作，在时刻 t 到时刻 $t+\Delta t$ 之间显现失效的概率。并且由此能够推导出失效率等于失效概率密度除以可靠度，即：

$$\lambda(t) = \frac{f(t)}{R(t)} \tag{6-9}$$

由于电子/电气/可编程电子(E/E/PE)系统的失效概率密度通常遵守指数分布。这时失效概率密度函数为：

$$s(t)=\lambda\, e^{-\lambda t} \tag{6-10}$$

对以上的函数进行积分，可以得到失效概率函数：

$$F(t)=1-e^{-\lambda t} \tag{6-11}$$

可靠概率函数：

$$R(t)=e^{-\lambda t} \tag{6-12}$$

失效率等于 λ。

换句话说，一个具有指数衰减失效概率的设备具有常数的失效率。很多种产品的失效率都为常数。有指数概率密度的设备的平均失效时间 MTTF 可以从其定义得到：

$$\text{MTTF}=\int_{0}^{+\infty} R(t)\,\mathrm{d}t=\left[-\frac{e^{-\lambda t}}{\lambda}\right]_{0}^{\infty}=\frac{1}{\lambda} \tag{6-13}$$

式(6-13)对于具有指数概率密度函数的单组件系统或串联系统都是适用的。

例 6.2 一个电机具有的常数失效率为 150FIT，该电机工作 1000h 的可靠性是多少？

解：将已知数值失效率 150FIT 和时间长度 1000h 代入式(6-12)。

$$R(1000)=0.99985$$

例 6.3 计算例 6.2 中电机的 MTTF。

解：因为电机具有指数概率密度函数，可以用式(6-13)。因此

$$\text{MTTF}=1/0.00000015=6666666.7\text{h}$$

理论上，模型中考虑的因素越多，定量分析的准确性越高。当在一个系统里有冗余设备时，共因失效是一个要考虑的因素。共因失效可能导致系统的安全或危险失效，所以设备失效率可分为两个互补的类别：安全失效与危险失效。采用 β 模型为共因失效建模，上标 SC 表示共因安全失效，SN 表示非共因安全失效。危险失效也分为两类：共因危险失效和非共因危险失效，上标分别为 DC 和 DN。于是对于安全失效率 X 和危险失效率 X 有下面的结果：

$$\lambda^{S}=\lambda^{SC}+\lambda^{SN} \tag{6-14}$$

$$\lambda^{D}=\lambda^{DC}+\lambda^{DN} \tag{6-15}$$

考虑到设备的自诊断功能后，可进一步将失效率划分为可在线诊断的与不可在线诊断的。诊断覆盖是系统内诊断能力的量度，可用诊断覆盖率 C 表示。采用诊断覆盖率能把每一个设备的失效划分为检测到的失效与未检测到的失效。

7. 安全失效概率和要求时失效概率

安全仪表功能的失效模式可分为安全失效与危险失效。安全失效概率指的是安全仪表功能失效造成过程误停车的概率。

在安全仪表功能出现危险失效以后，当过程中发生危险情况需要安全仪表功能进行保护动作的时候，安全仪表功能会因为失效而不能完成保护功能。此种情

况称为要求时失效，用要求时失效概率来衡量。从某种意义上说，能够将要求时失效概率理解成危险失效概率。随着时光的流逝，安全仪表系统的可靠性可能会降低，其要求时失效概率增大。

8. 平均无故障时间和平均无危险故障时间

平均无故障时间描述了系统从正常工作开始直到系统发生失效的平均时间，该定义包含所有的失效模式。在实际应用中，人们往往需要计算从开始正常工作直到系统发生某种模式失效的平均时间。如同按照安全和危险来划分失效概率一样，平均无故障时间进一步划分为平均无安全故障时间和平均无危险故障时间。

为了进一步理解这两个定义，下面举例来说明。表 6-4 记录了某一设备 10 次故障的失效模式以及每次故障距正常运行开始的时间。设备的维修恢复时间并不包含在该时间之内。可以看出，$t=0$ 设备开始工作，在正常工作了 2327h 后设备发生危险失效；经过修理恢复之后，接着又正常运行了 4016h 出现安全失效；接着它又被修好，继续正常运行了 4521h 后再次出现危险失效。此时，设备已经危险失效了两次：第一次在运行了 2327h 后；第二次在运行了 8537h（4016+4521）之后。可按如下方法计算平均无危险故障时间。

表 6-4　设备故障记录表

失效序号	失效时间/h	模式	失效序号	失效时间/h	模式
1	2327	危险	6	3842	安全
2	4016	安全	7	3154	安全
3	4521	危险	8	2017	危险
4	3176	安全	9	5134	安全
5	70	安全	10	4215	危险

表 6-4 共记录了 4 个危险失效，它们之间的时间间隔分别为：

第一次危险失效　2327h

第二次危险失效　4016+4521＝8537h

第三次危险失效　3176+70+3842+3154+2017＝12259h

第四次危险失效　5143+4215＝9358h

取平均值得 8120h。

在两次危险失效之间可能存在安全失效，安全失效需要一定的维修恢复时间来实现设备重新正常运行。本例中略去了对维修恢复时间的考虑，实际中平均无危险故障时间包括安全失效的恢复时间。

二、可靠性建模和分析

不论建模的最终结果是哪种模型，可靠性建模的过程都应该遵守一种系统的方法。该过程通常包括定义所需要的目标功能并取得系统中设备的失效率与失效模式数据，彻底搞清系统的工作方式以及建立可靠性模型等步骤。

(1) 定义需要的目标功能。首先应该清楚保障安全需要何种安全仪表功能、安全仪表功能涉及哪些设备，以及定义这些安全仪表功能的失效状态，哪些设备是需要在可靠性模型中给予考虑的，哪些设备需要在建模过程中排除在外。

(2) 取得系统中设备的失效率与失效模式数据，建立包括所有设备及其失效模式的检查表。

(3) 彻底搞清系统的工作方式，清楚每一个设备的各个失效模式会对整个系统的工作造成什么样的影响。这一步可以通过失效模式、影响与诊断分析来完成。

(4) 建立可靠性模型。在这个过程中需要保证所有的设备及其相关的失效模式都被包含于模型当中。

以下是经常用到的可靠性模型建立与分析方法。

1. 可靠性框图

可靠性框图作为一种传统的可靠性分析方法，用图形的方式来表示系统内部组件的串并联关系，把表决方式的连接关系也转化为串并联的方式，具有简单、清晰与直观的特点。可靠性框图也可被称为可靠性网络。图 6-4 所示为一个具有两个通道的 loo2 传感器表决组的可靠性框图。在该传感器表决组中，两个传感器中的一个可以正常工作，那么整个表决组就能输出正确的测量检测信号。串联的共因失效则表示两个传感器会因为共因而同时失效，这时整个表决组将会失效，因此共因失效和传感器是串联关系。

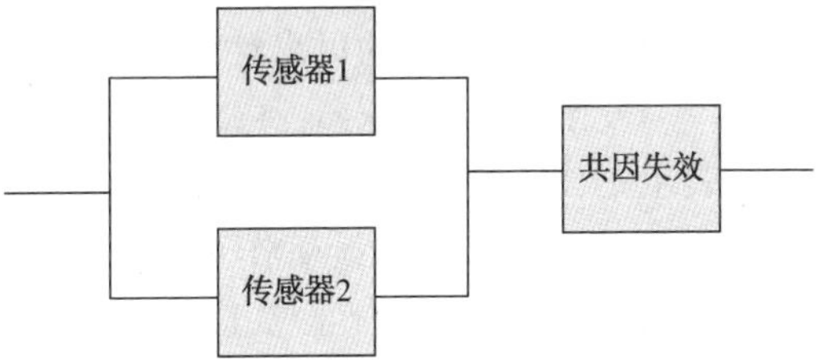

图 6-4　loop2 传感器表决组的可靠性框图

若从左端点到右端点存在一条或一条以上的通路，则系统可以正常工作，可靠性框图就是由所有系统正常工作的通路组成的。所以由可靠性框图来计算失效概率时，串联的支路计算一个及一个以上组件失效的概率，并联的支路计算所有支路同时失效的概率。

需要特别注意的一点是，可靠性框图所反映的是系统组成设备之间在可靠性上的结构关系，并非系统组成结构上的关系。图 6-5 所示的压力容器受到一安全仪表系统的保护。安全仪表系统由一个压力变送器 PT、一个 PLC 和两个泵 P1、P2 组成。压力变送器 PT 测量容器 El 内的压力并将结果发送到 PLC。当设备内压力超过警戒值时，PLC 会将阀门 P1 和 P2 关闭以切断主管道向容器输送物料。

该安全仪表系统安全功能的可靠性框图如图 6-6 所示。因为两个阀门中只要有一个能够正常关闭，安全功能就能够完成，容器就能够得到保护，所以在可靠性框图中，P1 和 P2 是并联的关系。但是在系统组成结构上，P1 和 P2 却是串联关系。因此，在建立可靠性框图时，应该分析在系统设备结构关系基础上的可靠性关系。

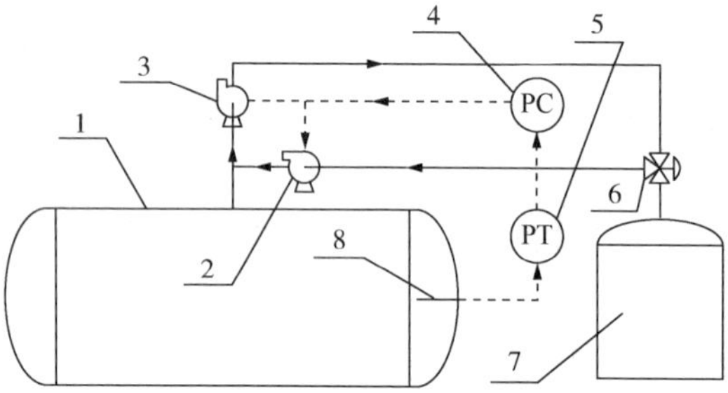

图 6-5　压力容器示例图

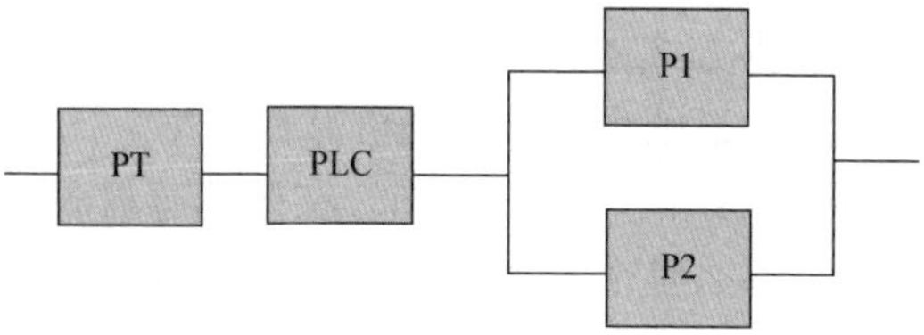

图 6-6　压力容器可靠性框图

以图 6-6 为例说明可靠性框图分析方法：假设其中的设备都是不可修的且相互独立。根据图 6-6，得到安全仪表系统的可靠性结构函数为：

$$\Phi(X)=x_{\mathrm{p}}\times x_{\mathrm{plc}}\times(x_{\mathrm{P1}}+x_{\mathrm{P2}}) \tag{6-16}$$

式中，x 为二值变量；1 表示工作正常；2 表示失效；“×”表示与；“+”表示或。

$\Phi(X)$ 也是二值函数，其值为 1 表示系统工作正常，其值为 0 表示系统失效。因为图 6-6 左端点到右端点的路径表示系统正常工作，所以通过可靠性结构函数可以求得系统的可靠性，即：

$$R(t)=R_{\mathrm{p}}(t)R_{\mathrm{plc}}(t)\left[R_{\mathrm{P1}}(t)+R_{\mathrm{P2}}(t)-R_{\mathrm{P1}}(t)R_{\mathrm{P2}}(t)\right] \tag{6-17}$$

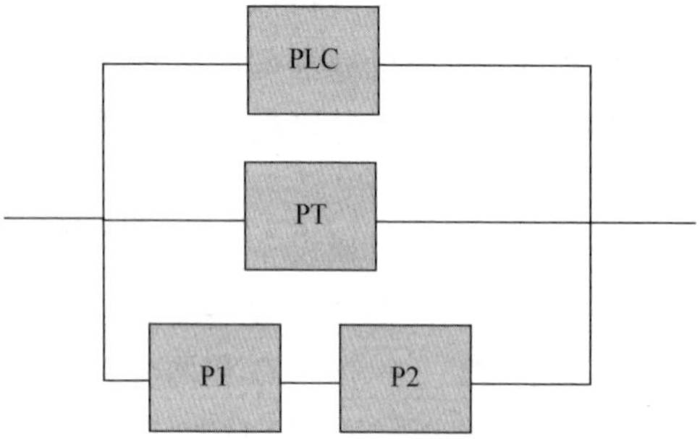

图 6-7　压力容器的不可靠性框图

在分析安全仪表系统时，人们往往更关心系统的不可靠性或者要求时失效概率。当分析目标从可靠性变为不可靠性后，系统的可靠性框图也要随之改变。分析图 6-6 所示的安全仪表系统的不可靠性时所建立的框图如图 6-7 所示。

注意，当设备处于故障状态时，该可靠性框图中的支路才是连通的。

系统的可靠性结构函数为：

$$\Phi(x)=y_{p}+y_{plc}+y_{P1}\times y_{P2} \tag{6-18}$$

对比式(6-17)和式(6-18)会得到 $y=x_{平均}$。这是正确的但并不是可靠性框图的必然规律，只有在设备仅有两种可能状态时才成立。如果设备有多种时效模式，那么它的可能状态将超过两个，上面的关系就不再成立。可修系统的可靠性框图分析过程相比之下要复杂得多。

2. 故障树

故障树表示根据布尔逻辑用图表示系统特定故障间的相互关系，针对故障发生的根本原因进行推理分析，而后建立从结果到原因描述故障的有向逻辑图。这种方法是一种自上而下的方法，其基本原理是：把所研究系统中最不希望发生的故障状态或事件作为故障分析的目标与出发点，在系统中寻找直接导致这一个故障发生的所有因素，并将其作为最不希望发生的故障的首层原因事件；此后，接着再以这一层中的各个原因事件作为出发点，分别寻找导致各个原因事件发生的下一级安全因素；以此类推，直到查询到那些原始的故障机理或概率分布都已知的因素为止。此方法具有直观、应用范围广泛以及逻辑性强等特点。

图 6-8 所示的是化工生产中有可能会遇到的加氢爆炸故障树系统示意图。加氢爆炸可能发生于装置内和装置外。只要发生在一处即造成加氢爆炸事故，因此它们之间是或的关系。装置内爆炸可能是环境异常或者控制失效引起的，而装置外爆炸则需要氢气泄漏和火源两个条件同时具备。

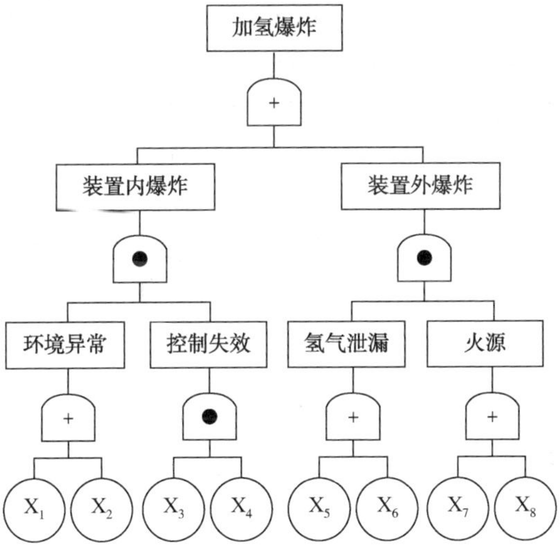

图 6-8　故障树系统示例

失效事件既可以是故障树的顶事件也可以是故障树的中间事件。它是由其他事件或事件的组合所导致的事件，也就是某个逻辑门的输出事件。基本事件位于故障树底部，总可以作为某个逻辑门的输入事件、业已探明其发生原因的底事件。基本元部件或者人为失误、环境因素等均属于基本事件。基本事件是故障分布已知的随机故障事件单元，并不需要再进一步查找其发生原因的事件。未探讨事件指的是需要进一步探明的底事件。触发事件拥有两个作用：首先，触发事件是一种正常的事件，但它能够触发系统故障；其次，当该事件发生时，该事件所在的逻辑门其他输入有效，否则就无效。后者则是一种开关作用。“与门”表示只有当所有输入事件发生时，门的输出事件才会发生。“或门”表示至少一个输入事件发生时，门的输出事件会发生。“约束门”表示只有当约束条件发生时，输入事件的发生导致输出事件发生。“约束门”与“与门”在功能上是等效的。“约束门”可以被看作约束条件和输入事件的“与关系”。

建立故障树通常采用演绎法。首先，选取系统的一种失效状态作为分析的目标。第一步找到直接导致顶事件发生的各种潜在因素或因素组合，这些因素可以包含功能故障、程序错误、部件不良、人为错误，环境影响等。下一步再找出第一步中各因素的直接诱因。照此方法逐级向下进行演绎，一直到找出各个基本事件为止。

对一个大型的复杂系统进行故障树分析，工作量是很大的，而且在故障树构造的过程中，有时候难免会遗漏某些造成顶事件发生的失效模式。这就要求故障树的构建者对系统及其各部分的组成有相当透彻的理解。最好由系统设计、运行和可靠性等方面学者或专家密切合作来建树。建树过程一般又是一个多次反复、逐步深入和逐步完善的过程。一旦发现薄弱环节可以边建边改，用以提高系统可靠性。这比简单地计算出一个可靠性指标数值要更有意义。因为建立故障树的工作量很大，计算机辅助建立故障树由此产生，目前在这些领域的研究十分活跃。

故障树也可以用来做定量分析。需要已知基本事件与触发事件的发生概率来进行计算，然后依据逻辑门把这些概率进行组合运算，从而获得顶事件的发生概率，这就是求解故障树的全过程。目前，已经有许多文献专门讨论故障树的求解问题。根据系统性质可将故障树所表示的系统分为单调关联系统与非单调关联系统。单调关联系统通常是指系统中的任何一个设备故障，并不会使系统的可靠性得以改善，而且系统中并不存在对系统可靠性起作用很小的设备。此外，故障树还分为两状态故障树与多状态故障树。求解故障树的方法有下行法、上行法和不交化法，对于非单调关联故障树还存在求质蕴含集的方法。然而一般而言，在对大型系统进行故障树分析时的计算量都是非常巨大的，往往存在困难问题。故障树的规模一般可以用底事件与逻辑门数目来表征，故障树分析中的计算量会随着故障树规模的增大而呈指数形式增长。

安全仪表系统可靠性定量分析的对象是由设备组成的系统，所以这种分析是设备级的，而不是元器件或零件级的。安全仪表系统中一个设备的失效一般不会影响另一个设备失效。这样，在安全仪表系统的定量可靠性分析当中设备之间能够看作是相互独立的。安全仪表系统也能满足单调关联系统之条件。此外，安全仪表系统故障树的底事件一般是某一个设备失效。综上所述，从安全仪表系统故障树求解的过程中采取适当简化和近似的方法，完全能够满足工程上的要求。

3. 马尔可夫模型

马尔可夫模型把系统归纳成不同的几种状态，一个状态会以某种概率转移为其他状态。系统以后所处的状态和系统的历史状态没有关联，仅仅和现在的状态有关系。该模型有可涵盖设备的多种失效模式、一次建模可求得多个可靠性指标、反映系统的动态行为、覆盖许多项影响可靠性的因素和不受设备间的依赖关系影响的特点。

然而，马尔可夫模型一般求解困难且费时费力，在实际应用中大多非常忌讳该模型的复杂程度。此外，该模型反映系统设备之间的可靠性关系不如故障树和可靠性框图简明和直观。

马尔可夫模型分为两种：其中一种是离散时间马尔可夫模型，在随机过程理论上称为马尔可夫链；另一种是连续时间马尔可夫模型，在随机过程理论上通常被称为马尔可夫过程。马尔可夫过程可以理解为马尔可夫链的离散时间增量趋近于零。离散时间马尔可夫模型通常通过计算机来进行计算；连续时间马尔可夫模型在多状态复杂系统下，求解状态转移矩阵比较困难。一些专著中有求解马尔可夫模型的方法，其中一些并不适用于安全仪表系统。安全仪表系统具有周期性的功能测试或维修，因此求解稳态 PFD 平均值比较合适，求解离散时间上的 PFD 平均值更加准确与方便。

马尔可夫模型比其他的一些可靠性模型拥有更高的灵活性。在一张可靠性转移图上不仅可以反映出多种失效模式，而且可以体现出整个系统的故障容纳能力。对于不同的失效可以建立不同的维修率模型。马尔可夫模型状态转移图中还可以获取与系统失效所对应的设备失效序列。

通常求解马尔可夫模型的方法有很多，工程上一般采用一种离散时间矩阵相乘的方法，非常有效且方便。首先选择一个时间间隔作为基本的时间单位，状态的转移概率等于失效率或者维修率和时间间隔的乘积。时间间隔设定得越小，模型解的精度便越高，但耗时也会越多。

三、失效数据

从本章前面内容可以看出，对安全仪表系统的安全功能进行定量的可靠性分析之基础在于设备的失效率数据。功能安全标准的发布初期，失效率数据库中的数据并不是针对应用设备或者具体的应用的。尽管这样的数据只能够近似地反映设备的失效率，它依然能够帮助人们发现设计中的问题。例如，一个 SIL3 等级的 PLC、一个压力开关和一个电磁阀组成安全仪表系统，有人会错误地认为这样的系统是一个能够达到 SIL3 等级的安全仪表系统。利用这些数据进行计算可以帮助系统设计取得更高的安全性能和更低的成本开销。无论定量的 SIL 分析能够带来多大的好处，安全仪表系统所使用设备的随机失效率与失效模式数据都是不可或缺的。严格遵照功能安全标准进行安全管理可以最大限度地降低系统失效的概率，却不能降低设备随机失效造成的影响。功能安全国际标准要求针对安全仪表系统安全功能执行定量的 SIL 评估，目的就是要对安全功能的随机失效进行定量的可靠性的分析。

1. 工业失效数据库

通过收集工业现场设备失效记录来估计设备的运行时间并计算失效率，将这些数据建设成工业数据库，目前已经有多种工业失效数据库。它们有的以工具书的形式，有的以计算机的电子数据库方式呈现。这些数据库的主要好处就是，它们是基于工业现场数据的；然而不足之处在于，掌握一种失效所需要的信息一般不能够被充分收集，比如运行总时间、失效原因、失效的确认、技术水平、环境条件等。如此得到的失效数据可能比实际值要大很多，原因主要在于以下几个方面：

（1）对随机失效与老化失效缺少区分。如果设备总运行时间未知，那么就很难区分设备的失效是随机失效还是因为到达使用年限的老化失效。结果会造成设备随机失效的失效率变大，同时也不利于人们掌握设备真实的可用寿命。

（2）对随机失效和系统失效缺少区分。若设备失效不够详细，则很难区分随机失效和系统失效。

（3）对于不同设备采用的不同技术缺少合理的区分。在工业现场，某些设备从 50 年前就开始使用，有的设备是近几年才出现的新技术。不同技术水平的设备也应加以区分。

（4）不完全的故障隔离。

虽然存在诸多不足之处，工业数据库对人们来说还是很有价值的，尤其是在无其他数据源可用的条件下。

2. 失效模式和诊断有效性数据

可靠性的概率计算光有失效率是不够的，还需要失效模式和诊断有效性数据。在工业数据库中，失效模式和诊断有效性只有比较粗略的记录。根据安全验证计算保守的经验估计，大多数电子设备安全失效的比例大概为 50%，继电器的安全失效比例更是高达 70%或 80%。机械部件如电磁吸铁安全失效率比例大概为 40%。对诊断覆盖估计表明：基于处理器的设备可以保守地认为拥有 50%的诊断覆盖率；而机械设备原则上诊断覆盖率为 0，除非可以进行一些比较特殊的测试，例如部分关断测试。

充分利用工业数据库、公司的数据与经验，三者的有机结合可以为安全验证提供优良的失效数据估计。

3. 具体设备的失效数据

工业现场环境千差万别，设备的失效率与失效模式等信息处于不一样的现场环境，可能会有不同的取值。我们一直都希望能够有针对特定设备的失效数据，因为工业数据库中存储的数据过于一般化。目前，很多设备制造商都对产品进行了深入细致的分析，为安全验证计算配备更准确的失效数据。

4. 失效数据未来的发展

虽然工业数据库可以提供更加优良的失效数据，但它仍然没有考虑具体详尽工业应用中环境对设备失效的影响。理想的情况是，将来的失效数据不但是某一点的数值，还可能以具体应用中涉及的变量为参数的解析表达式，如此安全验证就能够获得更加准确的失效率。

美国化学工程师协会的化学过程安全中心已经定义了数据收集技术和对各种过程设备失效的分类。石油化工、煤化工、天然气等行业的一些公司正在进行建立失效检查和报告机制，并利用化学过程安全中心所开发的数据收集软件向中心数据库提交现场失效信息。这些信息有望成为最好的针对具体应用、具体产品的失效率和失效模式可靠数据源。

第七章

设备完整性管理

第一节 基本概念和定义

一、完整性管理的概念

完整性来自美国职业安全和健康管理局的高度危险性化工过程安全管理办法中第 8 个条款。历经长期的推广，设备完整性已成为一个独立的领域，得到世界上各大型化工企业的普遍认同和应用。设备完整性指的是设备所具有的功能状态，也就是设备在物理上与功能上都是完整的，其生产安全与可靠性方面都处于受控状态，且运行状态达标。

完整性定义包含 3 个方面的范畴：首先是设备始终处于安全可靠的工作状态；其次是设备在物理结构与功能上是完整的，其安全生产与可靠性处于受控制的状态；最后是设备管理部门以及运营商不断地采取措施防止设备事故的发生。

设备完整性同设备的设计、制造、安装、运行、保养、维护、检修及管理的整个过程密切相关。

设备完整性管理指的是资产运营企业根据资产在运营整个过程中持续变化的设备影响因素，通过加强使用、维护、监测、检验检测、检修管理和技术改造等手段，可以对设备在运营过程中所要面临的风险因素进行识别与技术评价，并且采用相对应的风险控制措施，持续改善识别到的不良影响因素，从而把设备的运营风险水平控制在可接受的合理的范围之内，以保证设备的完好性，防止故障发生。

完整性管理是一个完善和系统的管理过程，保证完整性是其首要任务，用均衡、整体优化的方式管理资产整个生命周期，从而实现资产运行本质安全，节约设备维护的成本，达到可持续发展的目的。

二、设备完整性管理的特点

设备完整性管理拥有如下几个方面的特点：一是设备完整性具备整体性，也就是一套装置或者系统中所有设备的完整性，单个设备的完整性要求和设备的重要程度有关；二是设备完整性将贯穿设备设计、制造、安装、使用、维护直到报废的全过程；三是设备完整性管理是采取技术改进与加强管理相结合的方式，以保证整个装置中设备运行状态的优良性，它的核心是在保障安全的前提下，用整合的观点来处理设备的作业，并且确认每一个作业的落实和品质保证；四是设备的完整性状态是处于动态的，设备完整性通常需要持续改进。

第二节　完整性管理的关键要素

设备完整性管理包括关键设备的识别与分类、设备异常管理、品质保证、作业程序文件化与培训、检验试验和预防性维修 6 个要求。其不但是企业设备管理部门的责任，也是相关部门及个人共同的责任。

化工生产相关的机器、工艺设备、动力设备、工业管道、起重运输设备、机修设备和仪器仪表等，都包括在设备完整性管理的应用范围之中。运营企业应该建立一套切实可行的程序以不断地保持工业设备的完整性，对其予以文件化并且确保执行。再者，企业对于每一个参与维护设备完整性的工作人员要进行教育培训，使他们掌握工艺系统运行过程中可能造成的危害与工作上所需具备的技术以及步骤，来确保员工安全有效地完成工作。

完整性管理技术是设备资产管理的新技术，国际著名的化工企业经验表明，化工企业对专业设备实施完整性管理，对于保障化工安全生产、实现化工生产本质安全和节约生产运营成本具有明显的经济和安全意义。

第三节　典型完整性管理方法介绍

完整性管理方法以基于风险的管理技术为支撑，基于风险的管理方法包含 RBI(基于风险的检验)方法、SIL(安全完整性等级分析)方法、RCM(以可靠性为中心的维修)方法、RAMS(可靠性、可用性、可维护性分析)方法等技术。基于风险的系统化管理方法就是分析和识别风险并对风险进行评估，用以确定整个系统风险中需要改进的特定部分并且采取相应的控制方案，来实现风险控制措施最优化，以最达到降低安全、环境及运营风险，把风险控制在可接受水平的有效管理技术方法的目的。

完整性管理体系包括管理体系和技术体系两大部分。完整性体系的实施过程与风险管理的过程一致，是个 PDCA 循环过程，包括完整性管理体系的建立、检查、实施、评审及改进等环节，是一个互相关联的活动与程序，所有的程序均是 PDCA 循环中的重要组成部分，通过 PDCA 循环可以实现持续改进与不断提高。完整性管理体系示例如图 7-1 所示。

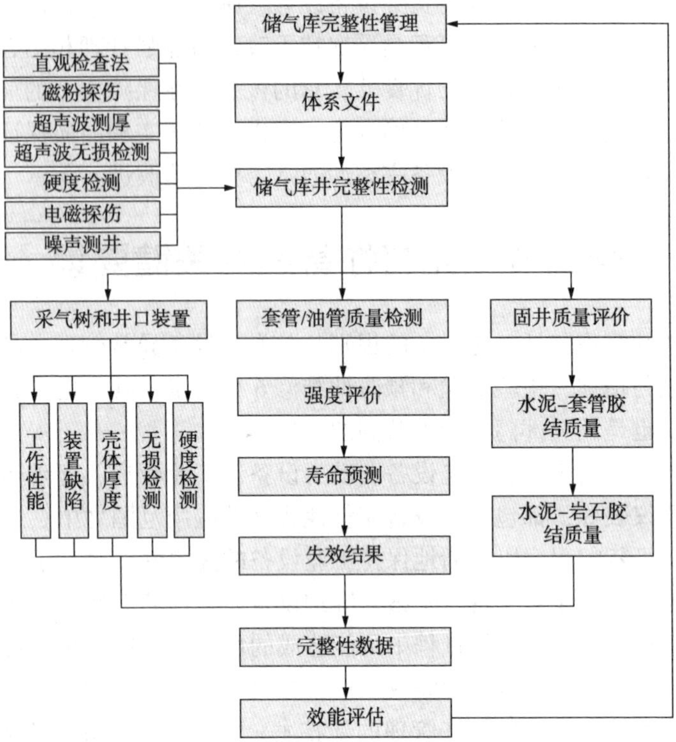

图 7-1　完整性管理体系举例

一、以可靠性为中心的维护

目前，以可靠性为中心的维护（RCM）是国际上比较流行的、用来确保设备预防性维修需求的一种系统工程方法。RCM 定义为：按照用最小的资源消耗保持设备原有可靠性与安全性的原则，应用逻辑决断等方法确保设备预防性维修要求的过程或者方法。它的基本思路在于，首先对设备进行功能和故障分析，确定设备各故障产生的后果；其次用规范化的逻辑判断方法，确定各个故障的预防性维修对策；最后通过专家评估、现场故障数据统计、定量化建模等手段，在保证设备安全与完好的前提下，以维修停机损失最少为目标对设备的维修策略进行最优化。

RCM 属于一种用于确定各种设备在其运行环境下维修要求的一种方法，也是用于确定为保障任意设备在现有使用环境下维持实现其设计功能的状态所需要的活动的方法。它最大的特点是，从故障后果的严重程度出发，以尽可能避免或者至少能够减轻故障后果为目标，一改过去依据设备故障的技术特性对故障本身进行防治的传统观点。

依据设备的可靠性状况，RCM 用最少的维修资源消耗，确定所需要的维修类型、周期、内容和成本，制定出预防维修的大纲。RCM 基于对设备维修全新的研究与认识，对设备故障特性尤其是隐蔽故障的特性进行研究，以形成新的观念，为制定维修策略打下坚实基础。

1. 重要产品功能确定

对系统和设备作粗略的划分，剔除明显不重要的产品或部件，只将其故障影响任务性、安全性或者严重影响经济性的产品选择为重要功能产品。

设备是由很多的零部件构成的，这些零部件都具有具体的功能，也都很可能产生故障。其中某些故障的后果会有安全隐患，有些对任务完成情况有直接影响，而绝大部分的故障对设备整体并没有直接影响，其唯一的不良后果就是事后需要维修处理，且由此产生的费用通常会比预防修理的费用低。所以，制定维修大纲的时候，完全没有必要对所有的零件逐个进行分析。预防性维修大纲的工作仅仅针对比较少一部分拥有重要功能的产品，它指的是那些故障会影响任务或安全性，或者会产生重大经济性后果的产品。这些产品可以是分系统、系统、部件或零件。鉴定重要产品的工作即是确定分系统、系统、部件或零件每一层次中的重要产品。

首先，把设备按照复杂程度逐次列出所有产品，形成“构造树”，而后把发生故障显著对设备不产生严重后果的产品从中略去，剩下来的产品是必须进行维修研究的产品。

归纳为次要的产品是指其功能对设备的使用功能不会造成重大影响，在设计上有余度，其功能不会影响其使用能力，故障没有安全性或使用性后果，比较容易进行修复，根据经验与实际分析不存在发生故障风险的产品。隐蔽功能产品无论它们是否重要都需要做预防性维修，所以隐蔽功能产品都需要作为重要产品。

如此从简化的“构造树”中，能够确定一个重要产品的层次，把这个层次的产品作为重要产品来分析，使分析工作集中于数十个产品，而并非成千上万个零部件，从而极大地简化了分析流程。

2. 故障模式及影响分析

RCM 分析过程的第二步就是对选定的重要功能产品进行故障模式和影响分析(FMEA)，以方便为进一步维修工作与逻辑决断分析提供所需要的信息。通过 FMEA，明确相应产品的功能、故障原因、故障模式以及故障影响，从而为基于故障原因的 RCM 决断分析提供必要信息。对在可靠性设计中也已进行了 FMEA 的系统和设备，能够直接引用它的分析结果。

在分析中主要考虑 5 个方面：一是功能故障模式的环境结果；二是功能故障模式的故障概率；三是功能故障模式的安全结果；四是功能故障模式的生产损失结果；五是功能故障模式的维护成本结果。

为每一种功能故障模式确定其故障概率，并根据其故障影响确定故障结果。主要评估 4 个方面的风险：一是生产损失风险；二是安全风险；三是环境风险；四是维修成本风险。

对中、高风险项目，应建立针对性地降低故障原因发生的维护策略，对低风险的项目也确定相应的维护策略。

3. RCM 逻辑推断

按所确定的各个功能故障的各个故障模式与各个故障原因对功能故障进行判断分析，选择适用且有效的预防性维修。

每类预防性维修工作间隔期间的确定可以参考以下 5 类数据和方法：一是类似产品的相似数据；二是产品生产厂家提供的数据；三是有经验的分析人员的主观判断；四是已有的现场故障统计数据；五是要有模型支持和定量分析来确定重要、关键产品的维修工作间隔期。

4. 综合、确定维修策略和计划

通过分析和使用维修数据、实验数据及技术手册所提供的信息，确定产品可靠性和使用时间的联系，调整产品预防性维修工作类型与其间隔期。

单项工作的间隔期如果最优，并不能够保证总体的工作效果最佳。有的时候为了提高维修工作的效率，需要把维修时间间隔都不相同的维修工作组合在一块，如此可能会使某些工作的频度比计算出的结果要稍高，然而提高工作效率所节约的费用可能会超过所增加的费用。组合工作时应该以预定的间隔期为标准，尽可能采用预定的间隔期。确定预定的间隔期时应该结合现有的维修制度，尽可能地和现有的维修制度维持一致。

二、基于风险的检验

基于风险的检验(RBI)系在追求系统安全性和经济统一性理论基础上所建立的一种优化检验策略的方法。它的定义是对于设备实施风险评估与风险管理的过程，所关注的重点包括材料退化失效引起的压力设备内容物泄漏的风险与通过监测实施风险控制两个方面。

RBI 是在装置检测、失效分析技术、探伤技术、材料损伤机理研究以及计算机应用技术等基础上发展起来的一类在役装置检测技术。它的基本管理是采用系统工程的原理与方法，采用定性或者定量分析方法对系统中固有的或潜在的维修及其程度进行评估，找到薄弱环节，优化检测方法与检测频率，降低停机及日常检测和维修费用，从而降低生产成本，提出保障生产安全的对策，使设备的安全环保与生产处于最佳状态。

图 7-2 表示了随着检测程度的增加，风险水平的变化曲线，可以明显地看出 RBI 技术比传统的检测程序能更有效地降低装置风险。

RBI 是一种系统的设备检查与维护的管理体系，既能够用于整个工程，也能够用于某套装置和单台设备及部件，以及某些操作和操作的特定环节。

1. RBI 分析方法

根据风险分析方法不同，RBI 分析方法包含定性定量风险分析评估、风险分

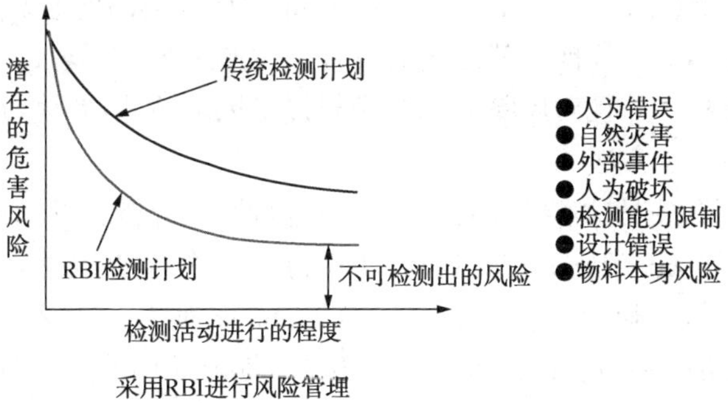

图 7-2　使用 RBI 的风险管理

析评估以及半定量分析评估 3 种方法。在制定检修计划的不同阶段，3 种方法得到了不同程度的应用。定性方法稳定过程呈现出风险依时间改变的现象，半定量方法提供以意见和建议为主的结果，定量法提供准确计算的结果。RBI 分析方法和分析过程如图 7-3 和图 7-4 所示。

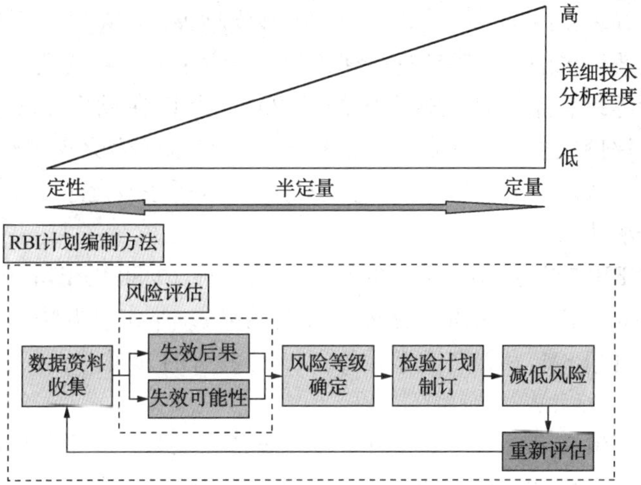

图 7-3　RBI 定性分析

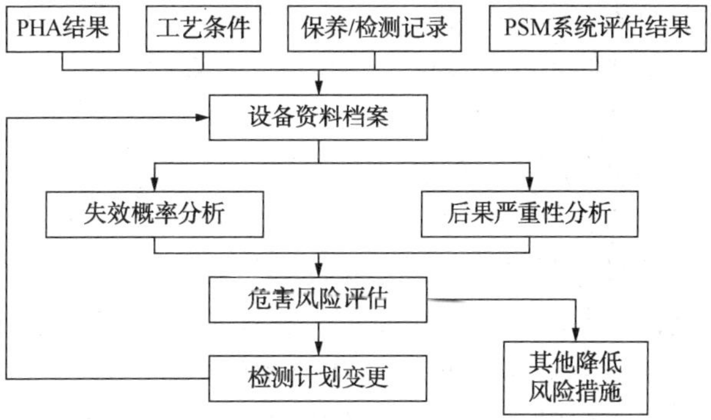

图 7-4　RBI 定量分析

定性风险评价(Qualitative Risk Assessment)由于其操作直观、简单、容易掌握，而且只需要少量的数据，就能够对设备、生产工艺、环境、管理与人员配置等多方面做出分析，并且对风险进行排序与提出风险防范措施，所以是风险评价前期通常采用的评价方法。

定性评价主要根据专家经验对评价对象进行风险分析，常用的方法包括预危险分析法(Preliminary Hazard Analysis，PHA)、安全检查表法(Safety Checklist，SCL)、危险和可操作性分析(Hazard and Operability study，HAZOP)、故障类型和影响分析法(Failure Modes and Effects Analysis，FMEA)和基于风险的检验(RBI)的定性风险分析法。

定性风险评价通常适用于系统或者装置的筛选评价，因为其评价结果在很大程度上依赖于专家的经验，对事故发生的可能性或事故后果的严重程度不能够进行量化。所以，定性风险评价筛选出的单元相对风险等级之后，需要进一步对单元内的具体设备进行定量风险分析。

定量风险评价(Quantitative Risk Assessment)也称为概率风险评价(Probabilistic Risk Assessment，PRA)，它是在定性评价的基础上，对系统和设备失效概率或失效后果的严重程度进行评价的一种方法，能够从数量上定量说明被评对象的风险等级，精确地描述系统的危险性，所以在风险评价中得以广泛应用。定量风险评价依据危险性量化方法的不同，可以分为火灾爆炸危险指数法、事件树分析法、故障树分析法、故障类型与影响分析法及基于风险的检验(RBI)的定量风险分析法。

半定量的 RBI 方法选用了简化的假设，是一种 20/80 的 RBI 方法(通过使用其 20%的时间可得出定量 RBI 方法的 80%的结果)。半定量方法的失效可能性并不包含安全管理(PSM)和设备完整性计划(MI)所有的方面。

2. RBI 的分析步骤

(1) 组建 RBI 专家小组。RBI 分析涉及设备、工艺、安全、风险分析、检验等多方面的问题，因此进行 RBI 分析需要由上述几个方面有经验的专家组建 RBI 专家小组，强调专家集体的力量。

(2) 文件体系的建立。RBI 实施过程中涉及很多文件和技术标准规范，因此需要建立起相应的文件体系，并保证文件体系的有效性。

(3) 定制 RBI 的实施计划。

(4) 资料收集，包含历年检维修记录、工艺流程数据、工艺介质性质特点分析失效分析记录和工艺参数、环境资料、设备设计资料、管理文件等。

(5) 根据后果等级、腐蚀手册、危险性等级等来确定工作群组即为 PFD 流程简图，将流程进行分割。而后在 PFD 图上标注流体状态、种类、隔离装置等。由工艺工程师确认流体的温度、压力、pH 值和污染物种类，失效概率专家或失效后果专家审查收集的数据，腐蚀专家审查 DM 损坏机制。

(6) 进行风险分析及排序，取得分析结果，找出风险最大的设备或部位。

(7) 根据风险分析结果，制定检测策略、检测计划和维修策略，进行预防性维修和检测。

(8) 根据维修和检测结果，重新计算系统或设备的风险，并进行排序，得出新的分析结果。

(9) 重复步骤(6)，进行下一个循环。在实施 RBI 过程中，要保持 PFD 的有效性。

三、安全完整性等级分析

安全完整性水平(SIL)涉及功能安全等级的划分，完整定义是在规定的时间内和规定的条件下，安全相关系统能够实现所要求的安全功能的概率。安全完整性与执行安全功能的安全相关系统的性能有关，由硬件安全完整性和系统安全完整性两个因素组成。

SIL 是一种离散的等级，用于规定分配给安全相关系统的安全功能和安全完整性要求。安全相关系统的 SIL 应该达到哪种级别由风险分析而得，即通过分析风险后果严重程度、风险暴露实践和频率、不能避开风险的概率及不期望事件发生概率这 4 个因素综合得出。级别越高，要求其危险失效概率越低，如表 7-1 所示。

表 7-1　SIL 等级

SIL 整体安全性等级	PFD 按要求的故障概率	PFH 每小时的危险故障概率
1	$10^{-1} \sim 10^{-2}$	$10^{-6} \sim 10^{-5}$
2	$10^{-2} \sim 10^{-3}$	$10^{-7} \sim 10^{-6}$
3	$10^{-3} \sim 10^{-4}$	$10^{-8} \sim 10^{-7}$
4	$10^{-4} \sim 10^{-5}$	$10^{-9} \sim 10^{-8}$

1. SIL 定级流程

SIL 定级的工艺流程一般包括以下几个过程：建立安全目标(合理可接受的风险)；进行危险源和风险分析，评估存在的风险；确认需要的安全功能、分配保护层的安全功能；确认是否需要 SIF；确认 SIF 所要求的健康与安全完整性等级(S)、环境完整性等级(E)、资产完整性等级(L)；确定 SIF 所具备的完整性等级(SIL)。如图 7-5 所示。

2. 风险图表法 SIL 定级

SIL 定级的方法有危险与风险图表法(定性方法)、校正的风险图表法(半定性方法)、安全层矩阵法(半定量方法)和保护层分析法(定量方法)等几种。以下简单介绍风险图表法 SIL 定级原理及过程。

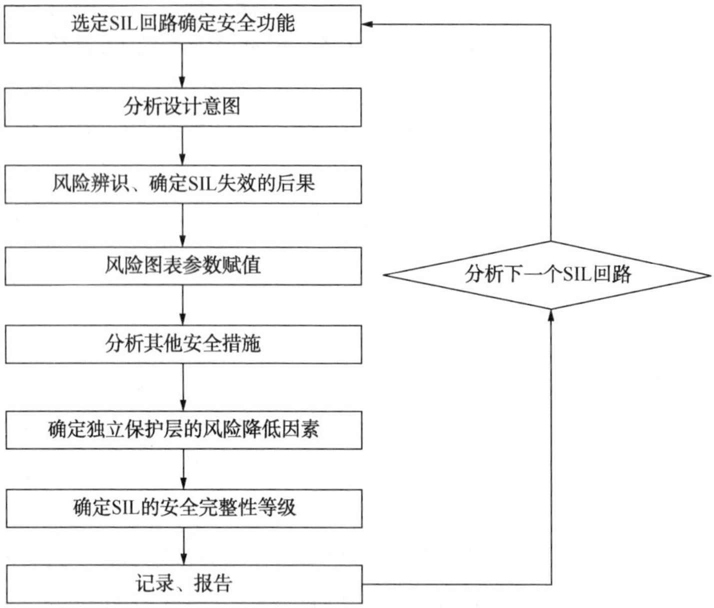

图 7-5　SIL 定级的工艺流程

风险图表法是基于风险与危险事件的后果和频率成比例的原理。采用风险图表法确定安全仪表功能的完整性等级时引用了后果参数、暴露参数、避免参数和需求频率参数来描述当 SIS 故障或不可用时可能出现的危险状态。

——危险事件后果(C)：每一危险事件可造成包括人身的健康与安全损害(S)、环境破坏(E)和经济财产损失(L)3 种类型后果中的一种后果或其组合。每种后果定义级别见表 7-2。

表 7-2　危险事件后果参数表

后果参数	健康与安全损害	环境破坏	经济损失
C1	S1：较小伤害的或无伤害	E1：较小损害的排放，不严重，但大到足以向厂区管理层汇报	L1：10 万~70 万元
C2	S2：对 1 人或多人造成严重永久的伤害，1 人死亡	E2：厂区内排放有重大伤害	L2：主要设备损坏，1~7 天生产浪费
C3	S3：几个人死亡	E3：厂区外排放有严重损害，但可以快速清除未造成长期的严重后果	L3：重大的设备损坏，7~30 天生产浪费
C4	S4：非常多的人员死亡	E4：厂区外排放有严重损害，不快速清除未造成长期的严重后果	L4：某工艺区整体破坏，大于 1 个月生产浪费

——风险暴露时间和频率参数(F)：表征人、环境或财产暴露于危险事件区域的时间长短或频度。级别定义见表 7-3。

表 7-3　风险暴露事件和频率参数表

暴露率 F	F1	短时间频繁暴露于危险区域(一天不足几小时，处于受意外影响的区域的时间少于总时间的 10%)
	F2	频繁而持久暴露于危险区域(一天几小时以上)

——避免危险事件后果的概率(P)：在危害事件发生后能避免危险事件后果的概率。级别定义见表 7-4。

表 7-4　避开危险事件的概率表

安全仪表系统失效情况下避免危险事件的概率	P1	在同时满足以下三个条件的情况下可避免危害事件的后果：如果 SIS 系统失效，操作员能够得到警告；有独立于 SIS 系统之外的设施能够关闭工艺系统从而避免危险或使所有人员撤离到安全区域；操作员接收到警告到发生危险事件之间的时间间隔超过 1h 或有足够长的时间采取行动
	P2	几乎不可能避免危害事件的后果，上述 PI 中的某一个条件不能满足

——危险事件的发生频率(W)：危险事件的发生频率，定义如表 7-5 所示。

表 7-5　危险事件的频率表

危险事件发生频率(W)：危险事件发生频率是指不考虑安全仪表功能(SIF)情况下危险事件发生的频率	W1	<0.03 次/年出现频率极其微小，大约每 30 年以上发生 1 次
	W2	0.03~0.3 次/年出现频率较小，每 3~30 年发生 1 次
	W3	0.3~1 次/年相对较高的频率，每 3 年发生 1 次到 1 年发生 1 次

某站场内天然气管道系统见图 7-6，调压阀两侧压差较大(上下游分别为 10MPa 和 6.4MPa)，设置串联的紧急切断阀保护下游低压管道和设备。以其为例介绍 SIL 定级的基本过程。

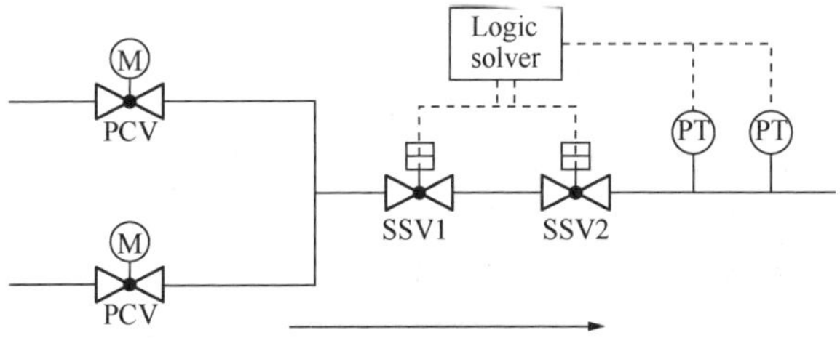

图 7-6　某站场天然气管道系统示意图

第一步确定事件后果参数 C：以人身安全与健康为后果事件参数。

——调压阀失效可能导致高压气进入低压管线，低压管道并未设置独立的其他安全仪表系统来防止可能的超压，因此可能的后果是低压管道和设备的超压损坏，天然气泄漏遇点火源可能发生火灾、爆炸事故。

——站内建筑和设备分布比较密集，火灾爆炸后影响范围为全站；全站常驻工作人员约 40 人，点火概率约为 0.25，根据泄漏的天然气物性确定其致命性系数为 0.1。

——伤亡人数约为 40×0.25×0.1＝1 人。

查后果参数表(表 7-2)，确定后果等级为 C2。

第二步确定暴露参数 F。

——在正常工作时间内，所有站内工作人员都持续暴露在危险区域内(天然气站场内)，查暴露率参数表(表 7-3)，确定暴露率等级为 F2。

第三步确定避开危险事件的概率 P。

——站内无警告告知操作员 SIS 系统失效，并且不能确保有足够时间采取行动。查避开危险事件的概率表(表 7-4)，确定避开危险事件的概率为 P2。

第四步确定危险事件的频率 W。

——根据工业数据源，调压阀失效的频率约为 0.1 次/年，查危险事件频率表(表 7-5)，确定危险事件发生频率等级为 W2。

根据以上 4 个参数的值，在风险图(见图 7-7)上依次选择 C2-F2-P2 确定路径的箭头所指的行与确定危险事件的频率 W2 对应的列的交点即框里的数字 2，表示该系统基于人身健康安全需求的安全完整性等级为 SIL2。

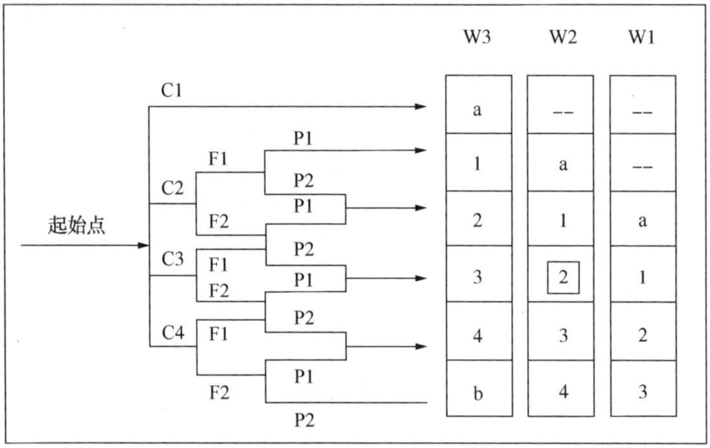

S:安全参数	--:没有安全要求
F:暴露参数	a:没有特别的安全要求
P:避免参数	b:一个单独的安全仪表系统不够
W:需求参数	1, 2, 3, 4:安全与健康完整性等级(S)

图 7-7　风险图

四、RAM 分析

RAM 为可靠性、可用性、可维护性的简称，是可靠性工程的一部分，是可靠性理论基础的延伸和发展。RAM 是评价系统效能的一种分析方法，并为设计和维修提供决策及依据。

RAM 分析具有广泛的应用性，可应用于元器件、设备和设施系统等工程的设计和分析中，在工程的不同阶段也有不同的应用。在工程前期阶段，可提供决策依据。在项目设计阶段，可预测运行状况，进行方案对比和优化，定义高危关键点的设计、运行、维护和随时间变化的动态分析，进行经济性分析等。在项目运行阶段，可提高供应链效率，运行管理模拟，优化维护周期，优化备件库存，确定设备失效的敏感性等。通过对设备进行 RAM 分析，可以降低设备的寿命周期费用。

可维护性是指产品在规定的时间内和规定的条件下，按照规定的程序方法进行维修时，保持和恢复到规定状态的能力。可维修性表征产品预防故障和修复故障的能力，表达产品维修的难易程度，是产品设计所赋予的一种固有属性。可维修性关注的是设备故障，维修性的定量衡量参数为平均维修时间。设备维修分为预防性维修和修复性维修两类。可维护性也可扩展为在规定的时间内，产品预防性维修和修复性维修总时间与该产品计划维修和非计划维修事件总时间之比。

可用性是产品在任意一个随机时刻处于可用状态的能力。可用性常用可用时间占总时间的比值来描述，即可用性=可用时间/(可用时间+不可用时间)。可用性是可靠性、维修性和运用保障的综合特性。可靠性越好，则可用时间越长；维修性越好，则维修时间越短，不可用时间越短；运用保障特性越好，则维修等待时间越短。

安全性是指产品不发生系统危险事件的能力。安全性的概念具有以下特征：首先是关注危险，包含人员伤亡、违反政府规定、重大财产损失或环境破坏；其次涉及各种环境条件或工作条件下，维护、运营和维修过程中发生的所有危险；最后是发生故障时危险的主要来源，发生危险性故障时全部故障的子集。

提高产品的可靠性设计，能够使产品总的成本降低。提升产品的可靠性，首先要增加投入，如选用昂贵的元器件和设备部件，研制部分冗余功能的电路和功能部件，以及进行可靠性设计、实验和分析，这些都需要增加投入。然而，产品可靠性设计的提高使得维修费及其他相关费用大幅减少，使总体开支费用降低。因此，可靠性、可用性、维修性的设计是紧密结合的，能降低设备装置的寿命周期成本。

1. RANM 分析参数

(1) 可靠性(Reliability)。针对不可修复的系统，常用平均无故障时间(Mean Time Between Failure)来表示。可修复系统可以用平均失效时间(Mean Time To Failure)来表示，是平均维修时间(MTTR)和平均无故障时间(MTBF)之和。

(2) 失效率(Failure rate)。失效率是指工作到某一时刻尚未失效的产品，在该时刻后单位时间内发生失效的概率。

(3) 可维护性(Maintainability)。可维护性用平均维修时间(Mean Time To Re-

pair）来表示。

（4）可用性（Availability）。可用性常用可用时间占总时间的比值来描述，即可用性=可用时间/（可用时间+不可用时间）。

（5）平均故障间隔时间（MTBF）。平均故障间隔时间是指相邻两次故障之间的平均工作时间，仅适用于可维修产品，也称为平均故障间隔。

（6）停车时间（Down Time）。停车时间指的是修复单元不处于工作状态的时间。导致停车的原因可能是管理上的迟滞、系统处于失效状态、等待更换部件送到，以及系统正在修复中。

2. RAM 分析的过程

RAM 分析的过程如图 7-8 所示，包括以下方面：

（1）数据的收集与分析。

（2）可靠性建模（RBD）。

（3）可靠性预计。

（4）维修性预计。

（5）可用性计算。

（6）故障模式影响与危害性分析（FMECA）。

（7）RAM 计算。

（8）给出 RAM 分析报告。

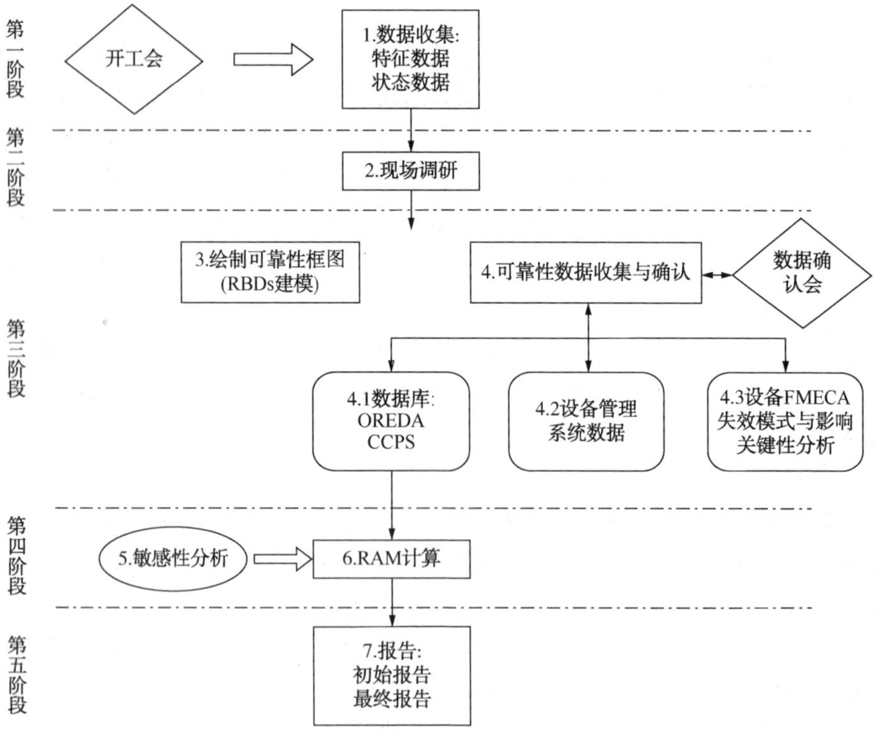

图 7-8　RAM 分析流程图

五、完整性技术应用

1. 完整性管理体系的建立

执行完整性管理应建立相应的完整性管理体系。完整性管理的管理体系文件包含管理程序文件、管理手册(或总则)、管理作业文件或操作文件3个层次。跟组织的其他管理体系文件一样，管理手册是对组织整个完整性管理体系的整体性描述，为管理体系的进一步开展和管理程序文件的制定提供框架和原则要求。在建立完整性管理体系文件时，应由组织的最高管理者确定完整性管理的方针和目标，强调领导承诺和领导作用及全员参与。

管理手册包括以下内容：

(1) 范围。

(2) 参考依据。

(3) 术语和定义。

(4) 设备设施完整性管理要求。

(4.1) 设备设施完整性管理概述。

(4.2) 设备设施完整性管理理念和策略。

(4.3) 设备设施完整性管理方针。

(4.4) 设备设施完整性管理目标和计划。

(4.4.1) 设备设施完整性管理目标。

(4.4.2) 设备设施完整性管理计划。

(4.4.3) 设备设施应急策划。

(4.5) 设备设施完整性管理要求和控制。

(4.5.1) 组织结构、职责和权限。

(4.5.2) 承包商管理。

(4.5.3) 培训、资质和能力。

(4.5.4) 沟通、参与和协调。

(4.5.5) 设备设施管理体系文件。

(4.5.6) 信息管理。

(4.5.7) 风险管理。

(4.5.8) 法律法规及相关要求。

(4.5.9) 变更管理。

(4.6) 设备设施完整性管理计划的实施。

(4.6.1) 生命周期活动。

(4.6.2) 工程、设施和设备管理。

(4.7) 设备设施完整性管理绩效评估和改进。

(4.7.1) 绩效和状态监视。

(4.7.2) 设备设施相关的失效事件和不符合的调查。

(4.7.3) 符合性评估。

(4.7.4) 审核。

(4.7.5) 改进措施。

(4.7.6) 记录。

(4.8) 设备设施完整性管理评审。

作为管理手册的支持性文件，程序文件包含以下内容：

(1) 设备完整性管理计划管理程序。

(2) 设备设施应急策划程序。

(3) 产品及服务采购质量管理程序。

(4) 设备设施管理及专业培训程序。

(5) 设备设施完整性沟通程序。

(6) 设备设施完整性文件管理程序。

(7) 设备设施完整性信息管理程序。

(8) 设备设施完整性风险管理程序。

(9) 设备设施法律法规及相关要求识别、评估与应用程序。

(10) 设备设施变更管理程序。

(11) 生命周期完整性活动管理程序(含设备设施完整性前期研究管理程序、设备设施完整性工程建设管理程序、设备设施完整性运营维护管理程序、设备设施废弃处理管理程序、用户前期参与管理程序和项目后评估管理程序6个子程序文件)。

(12) 设备设施完整性管理活动中使用的工具、设施和设备管理程序。

(13) 设备设施完整性监视和测量管理程序。

(14) 设备设施失效事件(事故)和不符合管理程序。

(15) 设备设施完整性审核程序。

(16) 设备设施完整性控制管理程序。

(17) 设备设施完整性持续改进管理程序。

(18) 设备设施完整性管理评审程序。

(19) 建设工程质量监督管理程序。

(20) 承包商管理程序。

(21) 设施设备完整性信息管理程序。

(22) 设施设备检验检测管理程序。

(23) 设施设备技术文件资料管理程序。

制定了如下作业文件：

(1) 安全预警作业指导书。

(2) 设备设施抢维修指导书。

(3) 承包商管理指导书。
(4) 物料采购质量管理技术指导书。
(5) 服务采购质量管理技术指导书。
(6) 关键设备设施完整性解决方案框架指南。
(7) 前期研究及工程建设数据采集交接作业指导书。
(8) 运营维护数据采集作业指导书。
(9) 信息管理系统使用和维护作业指导书。
(10) 资料数字化作业指导书(平台/开发生产动态/海管)。
(11) 地图(海图)数字化信息使用作业指导书。
(12) 信息传递和处理作业指导书。
(13) 前期研究风险分析作业指导书。
(14) 工程建设风险分析作业指导书。
(15) 运营维护风险分析作业指导书。
(16) 高后果区分析作业指导书。
(17) 高风险评价作业指导书。
(18) 自然灾害评价作业指导书。
(19) 变更管理作业指导书。
(20) 前期研究完整性技术指导书(设计参考数据及基础参数定性)。
(21) 工程设计符合性管理作业指导书。
(22) 工程交接验收作业指导书。
(23) 工程建造质量管理作业指导书。
(24) 隐蔽设备设施质量控制指导书。
(25) 试运行方案编制作业指导书。
(26) 设备设施分级管理作业指导书。
(27) 预算管理作业指导书。
(28) 日常维护检查作业指导书。
(29) 自检自修作业指导书。
(30) 外委维修和验收管理作业指导书。
(31) 运行参数控制作业指导书。
(32) 安全关键设置及仪表管理作业指导书。
(33) 动设备检测作业指导书。
(34) 海上石油压力容器检验规程。
(35) 海底管线检测作业指导书。
(36) 平台起重设备检测作业指导书。
(37) 救生设备维护保养作业指导书。
(38) 内腐蚀评估作业指导书。

(39) 外腐蚀评估指导书。

(40) 缺陷适用性评价作业指导书。

(41) 设施周边环境监测作业指导书。

(42) 禁用和闲置设备管理作业指导书。

(43) 防腐层综合性能评价作业指导书。

(44) 设备设施废弃处置作业指导书。

(45) 项目后评估技术指导书(编制评估内容、评估方法)。

(46) 工具、设施和设备管理作业指导书。

同时对涉及海洋石油生产设施设备相关的国家标准、行业标准和企业标准及ASME、API等发布的标准进行了收集、整理更新和分析，形成了技术标准体系。

完整性管理体系的建立，由于各单位实际情况不同，企业领导者关注的重点和焦点不同，完整性管理的理念和策略不同，管理的方针目标不同，建立的完整性管理体系存在很大的差别。因此，在制定完整性管理体系文件时，应重视领导承诺和领导作业，同时应结合单位设施设备的实际情况和管理特点，保证制定的完整性管理体系运行通畅、有效。

2. 基于风险的分析管理技术应用

完整性管理技术的核心是基于风险的分析技术，在建立完整性管理体系后应用RBI、RCM、RAM和SIL分析技术对平台上部设备资产完整性状况进行分析和评估，以掌握设施设备所处的安全技术状态。

1) RAM应用

RAM分析的过程包括建立分析小组、数据的收集与分析、可靠性建模(RBD)、可靠性预计、维修性预计、可用性计算、故障模式影响与危害性分析(FMECA)、RAM计算及给出RAM分析报告等。分析软件采用的是BV开发的Blocksim7，软件可对设备装置系统或单个设备进行可靠性、可用性和可维护性分析计算，并给出软件推荐的分析报告。

(1) 建立模型。为建立RAM分析模型，模拟过程的生命周期，需收集产能预测值、工艺流程图、管道及仪表图、设备列表、操作和维护手册、设备故障和维护手册等信息资料。

(2) 可靠性分析计算。RAM模型中每个设备所使用的设备可靠性数据来源于平台现场调研数据、海上可靠性数据(OREDA)手册、BV内部可靠性数据库，无有效或可靠的数据时根据工程经验判断得到数据。

将收集的数据输入BlockSim7软件并进行分析参数设置，可靠度计算分析模型选用指数分布，分析计算可得到系统各部件和系统的可靠度。软件依据计算结果得出系统的可靠度分析报告。

2) RCM应用

对某采修一体化平台上部设备进行了RCM分析，具体分析过程和结果如下。

（1）分析单元划分。平台上部设施按照生产实际情况分为3个单元进行筛选分析，考虑到生产危险性的实际，这些单元均评价为高风险性、关键性单元。

（2）定义FMEA分析可接受风险准则。定义功能故障模式的故障概率、环境后果、安全后果、维护成本后果及生产损失后果等级，定义的生产损失后果及维护成本后果等级。

（3）定义风险矩阵。依据设备各失效故障模式发生的概率及失效所造成的后果不同定义风险矩阵，定义的生产损失风险矩阵和维修成本风险矩阵。

（4）故障模式与影响分析(FMEA)。FMEA风险分析的结果是制定设备维护检修策略的根本。FMEA风险分析结果从环境风险、安全风险、生产损失风险与维修成本风险共4个方面来进行评价。

各种故障模式都要分别进行环境、安全、生产损失和维修成本风险评价；环境、安全、生产损失和维修成本风险只要其中一个为高风险等级，则故障模式就是高风险模式；环境、安全、生产损失和维修成本风险全部处于低风险等级时，故障模式才是低风险模式；其他为中风险故障模式。制定FMEA分析表。

（5）制定维护检修策略。通过RCM分析，提出设备的维护检修策略。

3）RBI应用分析

对设备和工艺管道进行了RBI分析，以分离器为例对RBI分析过程做简单介绍。

（1）组建RBI分析小组。

（2）通过翻阅设计、制造、施工、运行等文件，完成容器及管道的基础数据采集。数据经审查确认后，经过汇总和整理，建立评价范围内的容器的基础数据信息。

容器基础数据信息包括容器编号、投用时间、设计压力、设计温度、操作压力、操作温度、材质、壁厚、腐蚀裕量、有无保温、工作介质等数据。

（3）工作介质(工艺物流)分析。计量分离器的工作介质为原油、天然气和水，对原油、天然气、水质、细菌等进行分析。

（4）单元划分并进行编号。生产分离器的上部主要涉及天然气，下部主要为原油及采出水的混合液体。所以分离器被分为两个分析单元：分离器下部和分离器上部，下部介质是油和水，上部工作介质是天然气。

（5）绘制PFD图并标注物流。按照设备划分区域绘制PFD图，然后在各区域标注物流信息。

（6）利用软件或按照有关的技术标准进行腐蚀分析和计算。利用BV开发的RBI软件进行腐蚀类型、腐蚀原理分析及腐蚀速率计算。分析认为，平台上部设备和管道存在大气及保温层下腐蚀、细菌腐蚀和海水腐蚀倾向，需要采取防腐措施。

（7）风险计算。风险=失效后果×事故发生的频率，风险可以是定量风险也可以是定性风险。在分析计算前需要对失效后果、频率及风险等级进行定义。计算结果以风险矩阵或风险图表的形式给出。RBI 分析的风险包括人身安全与健康风险、环境风险和经济损失风险。分析得到的平台设备风险分布矩阵。

(8) 制定检验策略。根据风险分析计算结果，制定检验策略，包括检测部位、检测内容、检测方法、检测的时间间隔等，并形成了相应的检测计划表。

4) SIL 分析应用

对平台安全仪表系统进行定级和验证分析。定级的基本过程包括建立安全目标(合理可接受的风险)、进行危险源和风险分析、评估存在的风险、确认需要的安全功能、分配保护层的安全功能、确认是否需要 SIF，确认 SIF 所要求的健康与安全完整性等级(S)、环境完整性等级(E)和资产完整性等级(L)，确定 SIF 所具备的完整性等级(SIL)。

第四节　法规发展

1985 年，美国化学工程师学会成立了美国化工过程安全中心，并于 1994 年之后颁发了一系列工艺安全实施指导原则，意在指导化工企业工艺的标准操作和设备过程的完整性管理，防止安全事故的发生。

1992 年，OSHA 颁布了高危化学品工艺安全管理系统的相关要求以及工人和普遍接受的良好工程规范。

1996 年，欧洲将“Seveso Ⅰ指令”修订为“Seveso Ⅱ指令”。这些标准进一步强调了重大危险控制和设备完整性管理的必要性。

挪威船级社和美国石油协会将有关设备风险管理标准如 API 580、SAE JA1011、ABS 132 等纳入资产完整性管理标准体系的范畴。

2015 年，挪威船级社发布了水下生产系统的操作过程建议，为如何建立、实施和维持一个水下生产设施的完整性管理系统提供了指导。

随着设备完整性的相关标准规程办法和逐步完善，国外一些企业已经将设备完整性管理的相关标准和法规应用于自身企业管理，如 DuPont、Dow Chemical 等国际化工企业和 BP、Shell、Statoil 等国际知名石油公司。

近年来，中国石油天然气公司在管道完整性管理成功实施的基础上，开展了站场设备设施完整性管理的研究，并于 2012 年修订了《设施完整性管理规范》(QSY 1516—2012)标准，定义设施完整性的概念。

中国石化海上石油工程技术检验中心基于 RBI 技术和专业风险评估软件对压力容器和管道进行了分析，并提出了开展设备实施完整性管理的建议。

综上所述，逐步实现设备完整性管理技术是全球企业管理发展的趋势，随着相关法规和标准的颁布，将保证安全生产和保护资源和环境、保障可持续发展战略实施，也将带来明显的经济和社会效益。而设备完整性管理技术的全面实施，对于石油、化工等高风险行业来说是势在必行的。

从国内外文献和相关资料调研可知，设备完整性管理技术的研究和应用还处于发展阶段，没有形成一套成熟的体系和方法。

在我国，设备完整性管理的理论研究和工程应用还处于起步阶段，相应的技术和标准还不够完善。在石油石化行业，国内学者也只是结合国外现有技术和商业软件提出一些实施设备完整性管理的构想和建议，且主要是针对管道、储罐等静设备。

因此，在传统的设备管理模式已经不能完全适应企业生产发展要求的情况下，有必要大力开展设备完整性管理技术的相关研究工作。

第八章

职业健康

第一节　职业健康基础知识

一、概述

1. 我国当前职业健康安全形势介绍

职业危害和工伤事故不仅威胁着数千万劳动者的生命健康，而且给国民经济造成巨大损失。据粗略估计，近几年来中国每年因工伤事故和职业病给国家带来的经济损失在2000亿元以上，占GDP的2.5%左右。

目前，我国接触职业危害人数、新发现职业病人数、职业病患者累计数以及因工伤事故死亡人数均居世界首位。据不完全统计，我国有50多万家工厂和矿山受到不同程度的粉尘、有毒物质、噪声等职业危害人群超过2亿，其中在职员工2500万以上。

在许多作业环境中，危害物质的污染水平超过国家标准的要求，有些矿山企业粉尘、高温、烟炮等有毒有害因素同时存在，劳动条件十分恶劣，严重威胁着工人的健康与安全。

职业健康安全管理体系是为适应21世纪管理需求而产生和发展起来的，它对保护劳动者的健康安全、提高工作效率、减少事故损失具有重要意义。这一制度的建立涉及一系列工作。其成功的关键之一是全面、正确地发现潜在的安全健康风险，评价风险的程度、发生的可能性和发生的后果，从而制定管理计划。

在建立职业健康安全管理体系的过程中，工作量和难度最大的是风险评估。把工作做好又认真做是不容易的，往往涉及很多问题。其中一些问题是管理者对标准认识不足，如对危险源认识不准确，还有一些问题是由企业的具体情况造成的，如企业的规模、员工的人数等，影响了风险分类的正确性。因此，正确认识职业健康安全风险评估就显得尤为重要。

二、职业健康相关概念

（1）职业健康：以防止职工在职业活动过程中受到有害因素侵害为目的的工

作领域及在法律、技术、设备、组织制度和教育等方面所采取的相应措施，主要研究的是如何防止职工在职业活动中职业病的发生。

(2) 职业病：劳动者在生产劳动及其他职业活动过程中，由生产性有害因素直接引起的特异疾病。具有法定性：职业病范围和处理办法由国家统一制定和公布。

三、职业病危害因素

定义：指在生产劳动过程中产生或存在的在一定条件下可能危害劳动者健康，进而导致疾病的因素。

(一) 职业病危害因素

1. 化学性因素

① 生产性毒物：各种毒物引起职业中毒、职业性皮肤病、职业肿瘤，如铅、苯、汞、硫酸、烧碱、有机磷农药等。

② 粉尘：一些不溶或难溶的生产性粉尘引起尘肺，如石棉尘、有机粉尘、煤尘、水泥尘等。国际标准化组织规定，粒径小于 75μm 的固体悬浮物定义为粉尘。

2. 物理性因素

① 高温、低温引起中暑或冻伤；

② 高湿使两手等处发生皮肤糜烂，促使皮肤病的发生；

③ 高低气压，如潜水员及沉箱工的减压病、高山高原地区的高山病；

④ 噪声引起的听力障碍或耳聋，并对心血管及中枢神经系统也有不良影响；

⑤ 两上肢的局部振动引起血管痉挛、溶骨症及骨坏死，全身振动对神经系统、血管等也有不良影响；

⑥ 电离辐射如 X 线、γ 射线等引起的放射病；

⑦ 非电离辐射中的微波与高频电磁场，场强过高可引起神经系统功能紊乱等；

⑧ 光线、紫外线引起电光性眼炎，红外线引起白内障，照明过强过弱引起眼疲劳；

⑨ 机械刺激或击伤。

3. 劳动性因素

① 劳动组织和制度不合理，如作息制度不合理等；

② 心理过度紧张；

③ 劳动强度过大或生产定额不当，如安排的作业与劳动者生理状况不相适应等；

④ 个别器官或系统过度紧张，如视觉紧张、运动器官紧张等；

⑤ 劳动姿势不良或使用不合理工具，如弯腰劳作等。

四、职业接触限值

（一）化学有害因素的职业接触限值

1. 时间加权平均容许浓度(Permissible Concentration-time Weighted Average, PC-TWA)

PC-TWA 是以时间为权数规定的 8h 工作日、40h 工作周的平均容许接触浓度，它是评价工作场所环境、卫生状况和劳动者接触水平的重要指标。当进行定期危害评价、系统接触评估、工作环境影响评价时，应进行 PC-TWA 的检测和评价。

个体检测是测定 PC-TWA 的理想方法，特别是评价工人的实际接触状态，是工作场所化学有害因素职业接触限值的主体性限值。定点检测是测定 PC-TWA 的另一种方法，应收集样本在一个工作日内某一工作地点各时段的样品，按各时段的持续接触时间与其相应浓度乘积之和除以 8，得出 8h 工作日的时间加权平均 PC-TWA。定点检测既可以反映个体接触水平，也可以评价工作场所环境的卫生状况。

2. 短时间接触容许浓度(Permissible Concentration-short Term Exposure Limit, PC-STEL)

PC-STEL 是在遵守 PC-TWA 前提下，容许短时间(15min)接触的浓度。

PC-STEL 是与 PC-TWA 相配套的短时间接触限值，可看作对 PC-TWA 的补充。适用于短时间接触较高浓度可导致刺激、窒息、中枢神经抑制等急性作用及其慢性不可逆性组织损伤的化学物质。

在遵守 PC-TWA 的前提下，PC-STEL 水平的短时间接触不引起：①刺激作用；②慢性或不可逆性损伤；③存在剂量接触次数依赖关系的毒性效应；④麻醉程度足以导致事故率升高、影响逃生和降低工作效率。

3. 最高允许浓度(Maximum Allowable Concentration, MAC)

MAC 指在工作场所内、工作日内及任何时间内不应超过的有毒化学物质浓度。在任何情况下都不应超过最大允许接触限度，主要适用于对中枢神经系统有显著刺激、窒息或中枢神经系统抑制作用并可造成严重急性损害的化学品。在了解生产工艺的基础上，根据不同的工作类型和操作地点，采集能代表最高瞬时浓度的空气样品进行检测。

4. 超限倍数(Excursion Limits)

PC-STEL 对许多含有 PC-TWA 的物质没有规定，对于没有 PC-STEL 的化学有害因素，在到达 8h 时间加权平均容许浓度的条件下，任何短时间(15min)接触的浓度均不应超过 PC-TWA 的倍数值。

对于没有 PC-STEL 的粉尘和化学品，即使其 8h TWA 不超过 PC-TWA，也应控制其漂移上限。因此，可利用超限倍数控制短时间接触水平的过高波动。超限倍数对应的浓度为短时间接触浓度，采样和检测方法与 PC-STEL 一致。

（二）职业接触限值的意义

职业接触限值：职业有害因素暴露极限值，指劳动者在职业活动过程中长时间重复暴露且对绝大多数接触者的健康不会造成有害影响的允许暴露水平。化学有害因素的职业接触限值主要包括 PC-TWA、PC-STEL 和 MAC 这三种。职业接触限值越低，表明这种物质的危害性越大。

（三）噪声职业接触限值

生产性噪声（Industrial Noise）：在生产过程中产生的一切声音。

稳态噪声（Steady Noise）：在观察时间内，采用声级计“慢挡”动态特性测量时，声级波动<3dB（A）的噪声。

非稳态噪声（Nonsteady Noise）：在观察时间内，采用声级计“慢挡”动态特性测量时，声级波动≥3dB（A）的噪声。

脉冲噪声（Impulsive Noise）：噪声突然爆发又很快消失，持续时间≤0.5s，间隔时间>1s，声压有效值变化≥40dB（A）的噪声。

近几年来，中国每年因工伤事故和职业病给国家带来的经济损失高达在 2000 亿元以上，占 GDP 的 2.5%左右，等于担负 2 个三峡工程。这些数据是在给我们敲响警钟，警醒我们需要将个人利益与集体利益紧紧联系起来，需要高度的社会责任感。与此同时，在建立职业健康安全管理体系的过程中，工作量、难度最大的就是风险评价评估，因此，对于评估人员的专业知识、专业素养就有着较高的要求。在学习的过程中，我们需要严于律己，潜心钻研，用自己的专业知识去帮助他人，服务他人，有着以公司为家、热爱集体、无私奉献的风格和精神，以此来获得源源不断的幸福感。同时在这个过程中，我们要有着对于工作认真负责的态度，要有追求卓越、精益求精的工匠精神，这也有助于我们形成核心竞争力，利于实现我们个人价值。

第二节　个人防护知识

一、个人防护器材概述

人身防护设备，是指保护个人免受有毒物质、放射性粉尘、生物物质以及灾害、事故直接伤害的设备，分为标准（特殊）和简单两大类。

（一）制式个人防护器材

（1）过滤式呼吸器用于保护面部、皮肤和眼睛，并将污染的空气过滤成清洁空气。

（2）有上下两节连接式的防毒服。即使水滴直接接触到防护服，防护服也能抵御所有的毒素。

(3) 防毒气披风、防毒气靴套、防毒气手套属于局部皮肤防毒气装备，适用于防止毒气或放射性粉尘，使用一次后应立即掩埋或焚烧。

此外，还配备了个人防护盒，其中防磷片用于预防中毒，磷针、磷鼻粉用于中毒急救，皮肤消炎剂用于皮肤消毒。个人防护箱必须在专业人员和医务人员的指导下使用。标准防护装备防护效果好，但数量有限，大多只适合成人使用。

(二) 简易个人防护器材

(1) 简单呼吸保护设备包括浸入式口罩、简单气罐和带口罩的简单气罐。通过接触和污染区域，在浓度不高的区域提供保护。

(2) 简单的防病毒眼镜可以用潜水镜、废眼镜、铁丝、棉布等材料制作，短期保护眼睛。

(3) 为了保护皮肤免受放射性粉尘和有毒物质的危害，可以使用橡胶手套、皮手套和棉手套，但是不应使用医用手套和塑料薄膜。

脚部可采用劳保靴套、胶靴和长雨鞋，必要时可采用布片、麻袋、塑料片等耐磨柔性材料制成简单的“绑腿”或穿皮裤对下肢进行紧腿保护，均可收到相同效果。雨衣、皮衣、防尘衣或塑料布、帆布在紧急情况下，可以用来保护身体。毛毯、大衣、棉被、雨伞等可用于保护全身，帽子、围巾可用于保护头部。简单的皮肤保护设备防护效率低，离开中毒区域后应尽快拆除。使用设备后，要焚烧或深埋，防止二次使用设备中毒。

二、个人防护器材的种类和特点

(1) 按防护部位分为防护口罩、防护服、防护(鼻)口罩、防护服、防护斗篷、防护袋、防护手套、防护靴套等

(2) 根据防病毒原理分为隔离和过滤两大类，包括隔离压缩空气面罩、隔离防毒服及过滤式防毒面具、过滤透气防毒服等。隔离防护设备可以隔离所有已知病原体。过滤式防护装置的防气性能具有一定的条件和选择性，但穿戴舒适性优于隔离式防护装置。隔离口罩的有效使用时间取决于设备提供空气和氧气的能力，而过滤口罩的保护效果则取决于装在筒内的滤料的性质和数量。

(3) 按防护剂的状态分为防尘口罩、防尘服、防毒面具和防毒服。在防瓦斯设备中，有的口罩只能防蒸气，有的可以防蒸气、烟雾气溶胶。

(4) 从人民防空防护装备来源看：

① 军用防护装备主要用于野外条件下的士兵，其具有优秀的保护多功能性。

② 工业防护设备主要用于特定工作场所，其防毒气功效具有选择性。

③ 自制防护装备，是指根据自己工作的需要和条件，自行制作的防护装备，具有一定的保护作用，一般能满足一次使用的需要。

④ 方便防护装备是利用周围容易获得的材料自行制作的临时防护装备，可

以避免和减少伤害。

前两种防护效果好，数量有限，且大多只适合成人；后两种类型的优点是容易获得，缺点是保护效率有限。防空教育要求每个人都具备使用前两种装备的技能，以及制造和使用后两种装备的技能。

三、个人防护装置的分级原则

A 级防护：全罩正压空气呼吸器、全封闭密闭化学防护服、防护手套、防护靴、安全帽。

B 级防护：全罩正压空气呼吸器、化学防护衣、防护手套、防护靴、安全帽。

C 级防护：空气过滤口罩、化学防护服、防护手套、防护靴、安全帽。

D 级防护：工作服或其他普通工作服、靴子和手套、口罩。

表 8-1 所示为美国防护分类标准。

表 8-1 防护分类标准(美国分类标准)

等级	等级名称	防护类型	应用场合
A	气密型防护服	完全密闭式防护衣 全面罩正压空气呼吸器(SCBA) 化学防护靴和手套	未知处境 最高等级的皮肤和呼吸防护
B	大量喷溅性防护	化学喷溅防护衣 全面罩正压空气呼吸器(SCBA) 化学防护靴和手套	高呼吸危害 低皮肤危害
C	少量喷溅性防护	化学喷溅防护衣 空气过滤器 化学防护靴和手套	低呼吸危害 皮肤危害
D	初级防护	工作服、口罩、安全帽、安全眼镜、手套/工作鞋(非必选)	没有污染物质

四、个体防护装备

个人防护通常包括呼吸防护、身体防护、听力防护、眼面部防护和手部防护。

(一) 呼吸防护

图 8-1 所示为 3 种呼吸防护装备。呼吸是我们无时无刻都在进行的活动，一个人断氧 7min，脑细胞就会被破坏，几乎无法生存。毒物从呼吸系统进入人体最容易引起致命性伤害。长期工作在具有粉尘或有毒气体的环境下，若没有使用

合适的防护产品，会对人体呼吸系统造成伤害。肺部器官及组织的伤害通常是很严重且无法复原的，尘埃越微细，越容易进入支气管末端，杀伤力越大。

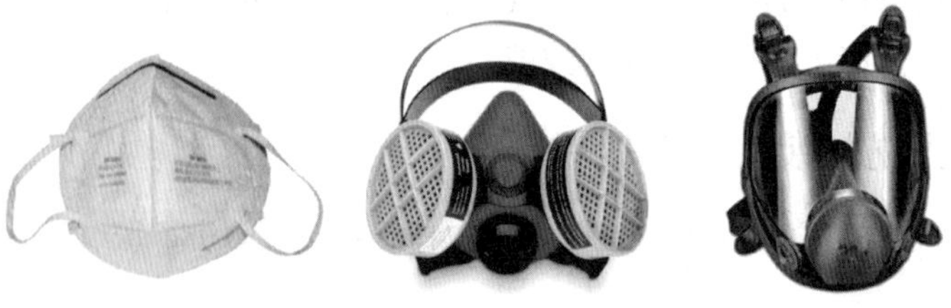

防尘口罩　　半面罩　　全面罩

图 8-1　呼吸防护装备

1. 呼吸防护的危险源

（1）粉尘是悬浮在空气中的细小固体颗粒，它一般是由机械力对大型固体物料进行破碎，或由粉状物料的输送而产生的，如矿石破碎、金属粉碎、清扫、物料切割、粉料混合等过程。

（2）烟是悬浮在空气中的固体小颗粒，一般是将物料在高温下燃烧气化，然后冷却而成的小颗粒。最常见的是在焊接和铸造过程中产生的金属。

（3）烟雾是悬浮在空气中的小液体颗粒，通常是由液体喷涂或蒸汽冷凝产生的，如喷漆过程中产生的漆雾，有些酸也容易形成酸雾，如硫酸。

（4）空气中的微生物有各种细菌、霉菌、毒素、孢子等有机体。它们中的许多都具有传染性，通常附着在空气中的其他颗粒上，通过呼吸道进入人体。

（5）气体在室温和常压下以气体形式存在的物质，如氯、一氧化碳、硫化氢和二氧化硫、氨，有的有明显的气味，有的有刺激性，也有的无色无味。

2. 防护设备

按作用原理的不同，防护设备分为过滤式和隔离式。

呼吸道防护的具体类别包括网气式呼吸保护装置、自吸过滤式防尘口罩、易防尘口罩、复合防尘口罩、过滤式防毒面具、导尿管式防毒面具、直接式防毒面具、隔离呼吸保护装置、供气呼吸保护装置、空气呼吸器、氧气面罩、隔离式自救器、闭式半面罩、闭式全罩、防尘过滤装置、氧气罐、毒罐、毒箱等。

（二）身体防护

1. 气体致密性化学防护服

在工业生产过程中，稍有不注意，就会受到高温、高压、辐射、尖锐物品对身体的损害，故生产过程中的劳防用品应运而生。随着对危险意识的不断提高，通过科技手段来降低对身体的伤害是必不可少的手段。劳防用品就是保护劳动者在生产过程中的人身安全与健康所必需的一种防护性装备，对于减少职业危害、防止事故发生起着重要作用。

气密型防护服是特殊工人防护服，是一种单件式化学防护服，有头罩、窗户及手和脚的防护装置，操作人员需要它来保护穿戴者免受气体、液体和有毒固体及危险化学品的伤害。气密型化学防护服应配备自给式呼吸器或长管呼吸器。

气密型化学防护服有如下特征：

(1) 气体密集的化学防护服，用于防止气体危险化学品接触皮肤和伤害人体。这种类型的化学防护服也用于防止液体化学品和固体粉尘。

(2) 气体密集的化学防护服是全身密封的防护服，有两种类型：可重复使用和有限使用。

(3) 气体密集的化学防护服的生产材料、接头、拉链等具有严格的气体密封要求。

(4) 气体密度高的化学防护服在具有最高防护等级时，能很好地防止接触真皮的、致癌的或剧毒的气态化学品和高蒸气压的化学液滴。

(5) 接触的化学品(单一物质或混合物)毒性(品种、浓度等)未知时，应选择防护范围最广、防护等级最高的化学防护服。

(6) 气密集型化学防护服将人体与外界完全隔绝，提供独立的空气呼吸，有多种服装款式可供选择：空气呼吸器内置式气体密度化学防护服、空气呼吸器式外部气体密度化学防护服、连接正压供气系统采用气体密度式化学防护服。

气密型化学防护服设计：

(1) 全套化学防护服设计，对穿戴者的躯干、头部、眼睛、脸、手臂、手、腿和脚提供全面保护。

(2) 通过便携式或其他外部空气供应装置，为人员提供清洁的空气来源，以供呼吸。

(3) 安装 2 个以上单向排气阀，可完全防止环境废气从化学防护服内箱排出时的外部气体反向流入。

(4) 在眼睛和脸上设计了具有化学防护功能的透明窗，以满足佩戴者的观察需要。

(5) 允许防护服、防护手套或防护靴/鞋与化学防护服分开穿，以满足化学防护服的所有性能要求。组装的所有部件及其材料层应作为化学防护服整体进行测试。

2. 液体致密性化学防护服

防液体溅射功能化学防护服，这种类型的化学防护服可以防止液体化学品溅射，但不能防止气体化学品、大量液体化学品和蒸汽。这种化学防护服一般设计有不透水的拉链，可用于工作环境相对稳定、危险化学品较少的工作场所。

3. 粉体致密性化学防护服

这一类防护服主要有 100%的高密度聚乙烯制成，材质柔软轻巧，同时具有透气防水、防静电的功能，牢固耐用，在缝线处的防护性更加，适用于粉尘和气溶胶浓度很高的环境以及轻微溶液泼溅的环境。

（三）听力防护

听力丧失的过程通常是无声的、渐进的。听力损失在早期可能并不影响与他人的沟通，所以很难引起人们的警惕。但经过多年的积累，不注意听力保护的人会过早踏入失聪人群，拥有一双过早衰老的耳朵。研究还表明，人类的听力非常脆弱。一旦感知声音的耳蜗毛细胞受损，每次损伤都是不可逆的。

在生产过程中产生的声音，其频率和强度是不规则的，听起来令人厌烦，被称为生产噪声或工业噪声。存在有损听力、有害健康或有其他危害的声音噪声声级≥80dB 的工作为噪声作业。

1. 产品类别

用于防止噪声危害的个人防护装置通常分为两类：耳塞和耳套(见图 8-2)。

泡棉耳塞　　预成型耳塞　　耳罩

图 8-2　听力防护装备

（1）耳塞可以用隔音材料插入外耳道，按性能分为发泡和预成型两大类。泡沫耳塞由泡沫材料制成。在被压平后，回弹速度很慢，有足够的时间将小耳塞插入耳道。耳塞会慢慢膨胀，堵塞外耳道，起到隔音的作用。预成型耳塞由合成材料(如橡胶、硅酮、聚酯等)制成，预成型成一定的形状，可以直接插入耳道。

（2）耳罩形状类似耳机，外耳上覆盖隔音罩。在耳套之间，用头带或颈带将耳套固定在头部，夹紧力适当。这种耳罩还可以带有插槽和安全帽使用。

2. 选择因素

在选择助听器时，应考虑使用条件和使用者的特殊需要。

（1）具有适当的降噪效果；

（2）满足场地环境的要求，如在炎热潮湿的环境中尽量使用耳塞；

（3）在使用安全防护眼镜的同时，不要干扰其他防护设备的使用，如耳塞；

（4）舒适性应较高，用户愿意佩戴，确保有足够的佩戴时间。

3. 用品特点

1）耳塞

（1）体积小，便于携带，而且容易丢失(可以选择带线的耳塞解决)；

（2）不干扰其他防护装备的佩戴；

（3）在湿热环境中长时间佩戴耳套更舒适；

（4）佩戴耳塞需要一定的技能，使用者需要经过培训；

(5) 泡沫耳塞需要用手揉搓，不适合手脏的人使用。

2) 耳套

(1) 佩戴方法比耳塞简单，佩戴位置稳定；

(2) 体积大，可能与其他防护装备(头盔、眼镜、口罩等)发生冲突；

(3) 室外冷操作也可起到保暖作用；

(4) 使用寿命长，通常需要维护。

(四) 眼面部防护

在劳动生产过程中，劳动者们经常会被突如其来的异物、化学物质或光线伤害到眼部或者脸部。正因如此，在正规的作业场合，管理者们都会要求劳动者佩戴相对应的劳保用品，从而确保劳动者的安全与健康。图 8-3 所示为 2 种眼面部防护装备。

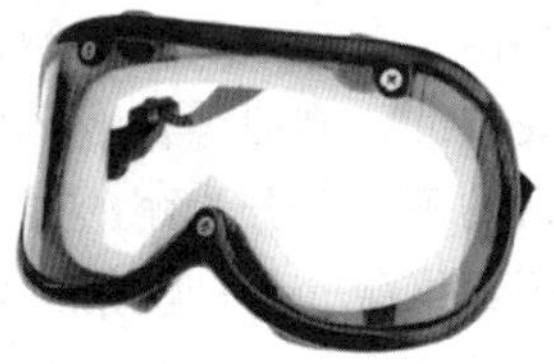

眼罩

面罩

图 8-3　眼面部防护装备

1. 防冲击眼镜

防冲击眼镜主要防止金属、沙、屑等飞溅物对眼部的伤害，常用于车、铣、刨、磨等工种。这一类防护用品对镜片和镜架的要求较高，因为不仅需要硬度足够，不易被打碎，而且接触眼部的遮边也不可有锐角，以免割伤使用者。

在选择防冲击眼镜的时候，尽可能选择带有侧翼的，用于防护来自侧面的冲击物。选择镜片时，也尽可能选择有防雾功能的镜片，以免长时间使用时，会有水汽形成，造成镜片模糊。

2. 防护眼罩

防护眼罩除了可以防止冲击物对眼部的伤害之外，还对液体喷溅起到防护作用。市面上的防护眼罩有两种：一种是有通风孔的，另一种则是没有的。通风孔的作用主要是用于保持眼罩内的空气流通，以免长时间佩戴时对使用者产生不适。但如果作业环境中存有灰尘、烟雾及各种有害气体，应选择无通风孔、镜框耐酸碱的防护眼罩，且确保眼罩与使用者脸部接触严密。防护眼罩适用于有轻微毒性、刺激性不太强的环境中使用，如果作业环境的毒性较大，应搭配防毒面具一起使用。

3. 防冲击和液体喷溅面屏

通过遮住用户的眼睛和脸，屏幕提供了更好的保护，免受冲击和液体飞溅。

但是如果环境中存有掀起面屏的风险时，应搭配防冲击眼镜一起使用。如果作业场合同时存有物体打击、粉尘、噪声等伤害，应搭配安全帽、口罩、耳塞一起使用。

4. 防热辐射面屏

防辐射面屏的制作方式有两种，一种是采用反射性强、耐热性好的材料(如铝箔)制作而成，另一种是在有机玻璃上粘上一层金属膜，进行金属电镀(如镀铝或镀金)来反射红外辐射，然后佩戴护目镜。因此，需要保护透镜在白炽灯下显示红色灯丝。工业窑炉操作人员应佩戴热辐射防护板。

5. 全面罩呼吸器

全罩式呼吸器可以覆盖使用者的嘴、鼻子、眼睛和面部，从而有效地防止物体进入。

(五) 手部防护

作为一般安全防护用品，防化手套主要用于劳动人员在接触化学品溶剂时对手部的有效防护，应用于化工行业、精密安装、印刷业等作业环境。防化手套分为防护手套和防护套袖两大类。按防护的目的不同，分为耐酸碱手套、橡胶耐油手套、防毒手套、防静电手套、带电作业用绝缘手套等(见图 8-4)。其中应用最为广泛的要数耐酸碱手套，适用于化学油品处理、石油提炼、机器操作、油漆及油漆工厂的工作。

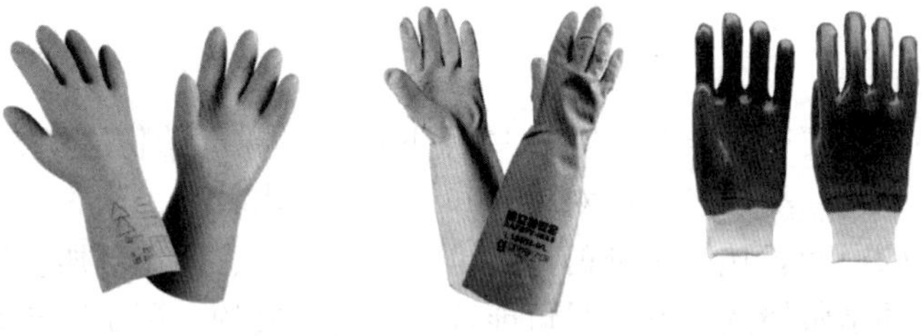

绝缘手套　　防化手套　　耐油手套

图 8-4　手部防护装备

由于所遇到化学品的多样性，防止受其伤害是一个特别复杂的问题。酸、消毒剂、碳氢化合物、溶剂、油类、脂类和醋酸酯具有不同的化学特性。

首先于劳动工作者而言，在劳动过程中，要敬畏生命，爱护自己，做好防护措施。防护装备的种类有很多，在特定的作业情况下有特定的防护装备，因此，我们要佩戴好正确的防护装备，以此来保障自己的生命安全。

防护装备在使用一定时间后，需要及时更换。公司领导应定期慰问劳动工作者，及时关心下属，了解相关情况，形成良好的上下级关系。同事之间也应相互关心，互相照顾，形成良好和睦的社会风气。

第三节 职业健康监护

一、定义

(1) 职业健康监护(Occupational Health Surveillance)是以预防为目的，根据劳动者的职业接触史，通过定期或不定期的健康检查和健康相关信息的收集，连续地对劳动者进行健康监测，分析劳动者健康变化和职业病危害因素的接触关系，并及时将卫生检查结果和信息分析报告给用人单位和劳动者，以便及时采取干预措施，保护劳动者健康。职业健康监测主要包括职业健康检查和职业健康监测文件管理。职业健康检查包括就业前、就业中和就业后的医疗随访和紧急健康检查。

(2) 职业病(Occupational Disease)是指企业事业单位和个体经济组织(以下统称用人单位)在职业活动中，因接触粉尘、放射性物质和其他有毒有害物质等因素而引起的疾病。

(3) 职业禁忌证(Occupational Contraindication)是指从事特定职业或者接触特定职业危害因素的劳动者，比一般职业人员更容易遭受职业病危害，罹患职业病或者可能导致自身原发病的劳动者；或者在操作过程中诱发可能导致危及个人生命健康和他人特殊生理或病理状况的疾病。

二、职业健康监护目的

(1) 职业病、职业健康损害和职业禁忌的早期发现；

(2) 跟踪观察职业病的发生、发展、分布和职业健康损害情况；

(3) 评价工作环境职业健康危害和职业病危害因素之间的关系及危害程度；

(4) 发现新的职业病危害因素和高危人群；

(5) 有针对性的干预措施，包括改善工作条件、改革生产工艺、采用有效的防护设施和个人防护设备，治疗和安置职业病患者、疑似职业病患者和职业禁证；

(6) 评估预防和干预措施的有效性；

(7) 拟定或修订卫生政策和职业病防治对策。

三、责任和义务

1. 用人单位的责任和义务

(1) 用人单位对接触职业病危害因素的劳动者进行职业卫生监测。用人单位应当按照国家有关法律法规，结合生产中的职业病危害因素，建立职业卫生监测系统，以确保工人能得到相应的职业病危害因素的健康监测。

（2）用人单位应当建立职业健康监测档案，由专人管理，并在规定的期限内妥善保存，保障医疗信息的保密性，保障职业卫生的隐私权和保密性。

（3）用人单位应当保证有职业病危害因素的劳动者按时参加组织的职业健康检查，劳动者接受健康检查的时间以正常参加时间为准。

（4）对从事接触职业病危害因素作业的劳动者，用人单位应当安排其进行岗前健康检查，并保证其就业机会的公平性。

（5）用人单位应根据企业文化和经营情况，鼓励更高标准的健康监测实施细则，以促进企业的可持续发展，特别是人力资源的可持续发展。

2. 劳动者的权利和义务

（1）从事接触职业病危害因素作业的劳动者有获得职业健康检查的权利，并有权了解本人健康检查结果。

（2）劳动者有权了解所从事的工作对他们的健康可能产生的影响和危害。劳动者或其代表有权参与用人单位建立职业健康监护制度和制定健康监护实施细则的决策过程。劳动者代表和工会组织也应与职业卫生专业人员合作，为预防职业病、促进劳动者健康发挥应有的作用。

（3）劳动者应学习和了解相关的职业卫生知识和职业病防治法律、法规；应掌握作业操作规程，正确使用、维护职业病防护设备和个人使用的防护用品，发现职业病危害事故隐患应及时报告。

（4）劳动者应参加遵照相关规范要求，参加用人单位安排的职业健康检查，并在其实施过程中与职业卫生专业人员和用人单位合作。如果该健康检查项目不是国家法律法规制定的强制性的项目，劳动者参加应本着自愿的原则。

（5）劳动者有权对用人单位违反职业健康监护有关规定的行为进行投诉。

（6）劳动者若不同意职业健康检查的结论，有权根据有关规定投诉。

3. 职业健康检查机构的责任和义务

（1）从事职业健康检查的医疗机构，应当经省级人民政府卫生行政部门审查批准，取得健康检查资格，并在批准的范围内从事有关活动。

（2）职业健康检查应当由具有执业资格的医师和技术人员进行。职业卫生检查机构应当保证从事职业卫生工作的主管医师具备相应的专业技能，同时应当熟悉工作场所职业病危害因素；分析劳动者健康状况与职业活动之间的关系，确定其是否适合从事该职业。

（3）职业卫生检查机构应保持并确保其工作的独立性，包括不受雇主、工人和其他行政意见的影响和干涉。当职业卫生检查机构或职业卫生检查机构专业人员开展工作的独立性受到干扰或侵犯时，可以向主管卫生行政部门提出申诉。

（4）职业健康检查机构应当客观、如实报告职业健康检查结果，并对其出具的检查结果和总结报告负责。

（5）职业健康检查专业人员应当遵守职业健康检查的伦理道德标准，保护劳动者的隐私，采取必要措施防止将职业健康检查结果挪作他用。

（6）职业健康检查人员进行职业健康检查时，应当向被检查人说明检查的目的和每次检查的意义，并说明接受或者拒绝检查的利弊。

（7）职业健康检查专业人员有义务接受劳动者对健康检查结果的询问和咨询，并考虑劳动者的文化程度和理解能力，向劳动者如实说明检查结果和问题。

（8）职业健康检查专业人员在保护劳动者健康的广泛职权范围内，必要时可以向用人单位推荐国家法律、法规规定的最低要求以外的健康监测项目。

四、职业健康监护

职业健康监护是指劳动者上岗前、在岗期间、离岗时、应急的职业健康检查和职业健康监护档案管理等。

1. 上岗前职业健康检查

上岗前职业健康检查的目的是检查工人的健康状况，找出职业禁忌，进行合理的分工。检查的内容是分析职业病危害因素及其对人类健康影响的类型和确定可从事工作，确定具体的健康检查项目，并评估劳动者是否适合工作。上岗前进行职业健康检查，可以预防职业病的发生，减少或者消除对可能患职业病的劳动者的健康损害。企业应禁止对未进行岗前职业健康检查的从业人员从事有职业病危害因素的作业；不得安排有职业禁忌的员工从事该职业禁忌的活动。

2. 在岗期间职业健康检查

在岗职业健康检查期间，将健康检查结果如实告知职工，并按照检查机构规定的时间，对需要复检、医学观察的职工安排复检、医学观察；疑似职业病病人应当向所在地安全监督卫生行政部门报告，并根据健康检查的要求进行疑似职业病诊断或者医学观察。参与职业病危害事故应急处置人员职业健康检查。

3. 离岗时职业健康检查

（1）调离产生职业病危害的作业或者岗位前，应当离开时进行健康检查；主要目标是确定他们在停止接触职业危害因素时的健康状况。

（2）受雇期间的最后一次健康检查是离职前 90 天内进行的，视为离职。

4. 离岗后职业健康检查

（1）职业病危害因素接触后有慢性健康影响或者发病潜伏期较长的，脱离接触后仍有可能发生职业病的，应当进行医学随访检查。

（2）尘肺患者离职后需要医学随访检查。

（3）根据有害因素的流行病学和临床特点、作业人员从事该作业的时间长短、作业场所有害因素的浓度等情况确定随访时间。

5. 应急健康检查

（1）发生急性职业病危害事故时，对遭受或者可能遭受急性职业病危害事故的劳动者，应当及时进行健康检查。根据检查和现场职业卫生调查的结果，确定有害因素，为职业病危害的急救和治疗、控制职业病危害的进一步传播和发展提供依据。事故发生后应立即启动紧急健康检查。

(2) 从事可能产生职业病的作业的劳动者和在疫情期间或者最近与传染源密切接触的人员，应当及时进行紧急健康检查，随时监测疫情。

五、职业健康监护档案

(一) 劳动者职业健康监护个人档案

工人的职业健康记录包括：

(1) 劳动者的职业史、既往史和职业病危害接触史；

(2) 作业场所职业病危害因素监测结果；

(3) 职业健康检查结果和治疗情况；

(4) 职业病诊断、治疗等健康资料；

(5) 劳动者的姓名、性别、年龄、组织、婚姻、文化程度、爱好等。

(二) 用人单位职业健康监护档案

用人单位应当按照职业病防治法的要求建立职业健康监护档案。健康档案是对健康监测全过程的客观记录，是系统观察劳动者健康状况变化、评估个人和群体健康损害的基础。

用人单位应当建立劳动者职业健康监测档案，并按照规定妥善保管。职业健康监测资料按照职业健康档案统一管理，包括：

(1) 职业健康监护委托书；

(2) 职业健康检查结果和评价报告；

(3) 职业病报告单；

(4) 用人单位治疗安置职业病病人的记录和职业禁忌证人的记录；

(5) 用人单位在职业卫生监测中提供的其他资料和职业卫生检查机构记录的有关资料；

(6) 卫生行政部门规定的其他情况。

(三) 职业健康监护档案管理

用人单位应当依法建立职业健康监护档案，并按照规定妥善保存。劳动者或者受劳动者委托的代理人有权查阅劳动者职业健康监护档案，用人单位不得拒绝查阅或者提供虚假的档案材料。劳动者离开用人单位时，有权索取职业健康监护档案复印件，用人单位应当如实、免费提供，并在复印件上签字。职业健康档案由专人管理，仅为保护劳动者健康目的使用，并保证档案的保密性。用人单位应当建立、管理职业健康档案，并按照国家档案法律、法规的规定移交保管。劳动者有查阅、复制自己职业健康档案的权利。

六、职业健康监护方法和检查指标的确定

职业健康监测是职业健康服务的重要组成部分。根据监测的种类、不同的职

业病危害因素和目标疾病，确定有针对性的医学检查方法和指标。职业卫生专业人员可根据不同情况提出额外筛查指标的建议，但应该有充分的理由。职业健康监测方法和检查指标确定的基本原则如下：

(1) 检验方法应当是成熟可靠的技术，不得用于科学实验或者研究；

(2) 检验方法和指标容易被工人接受；

(3) 检查指标含义明确，与监护目标密切相关；

(4) 应考虑检测指标的特异性和敏感性，避免使用不能满足要求的检测方法；

(5) 考虑检验方法和检验指标的成本；

(6) 考虑文化、宗教因素，符合医德规范；

(7) 定期对整个健康监测项目进行审查，并根据工作条件的改善及时进行修改。

考虑到检验方法的技术性，卫生行政部门应当对检验方法和检验指标做出统一规定。

七、职业健康检查结果的报告与评价

职业健康检查机构应当按照《职业健康监督管理办法》和与用人单位签订的职业健康检查委托协议，及时向用人单位提交职业健康检查报告。必要时，可根据用人单位的要求进行健康监测评价。健康监测评价是根据工作场所职业健康检查结果和监测数据，对职业病危害因素的危害程度和防护措施的效果进行综合评价，并提出改进建议。职业健康检查报告和评价应当依法严谨、科学严谨、客观公正。

职业健康检查报告包括总结报告和体检结果报告：

(1) 汇总报告：调查对象的单位、调查对象的人数、调查的时间和地点、发现的职业病嫌疑人员、职业禁忌及其他疾病的人数、汇总清单、处理意见等。

(2) 体检结果报告：每个受试者的体检表由主任医师审核，填写体检结论并签字。疑似职业病、禁忌证、复检及其他疾病的，应当提交体格检查结果报告，包括姓名、性别、接触有害因素、异常发现、结论和建议等。

(3) 个体健康检查结论：根据职业健康检查结果，劳动者个体健康状况的结论可分为5类：

① 目前无异常情况，职业健康检查各项指标均在正常范围内。

② 复核：在复核过程中发现单项或多项异常时，应明确复核的内容和时间。

③ 疑似职业病，发现疑似职业病，需要移送职业病诊断机构进行诊断的。

④ 职业禁忌证：检查发现职业禁忌证的患者应注明具体疾病名称。

⑤ 其他疾病或异常：某些检测指标中目标疾病或异常以外的疾病。

第九章

事故与应急管理

案例1

1·10烟台金矿爆炸事故

2021年1月10日，山东省烟台市栖霞市一金矿发生爆炸，导致井通梯子间损坏，罐笼无法正常运行，加之信号系统被损坏，造成井下22名工人被困失联。事故发生后，涉事企业迅速组织力量施救，但由于对救援困难估计不够，施救失败，直至1月11日20时才向栖霞市应急管理局报告情况。

接报后，山东省委书记刘家义，省委副书记、省长李干杰第一时间做出指示要求，山东省委、省政府有关领导连夜赶赴现场，按照山东省委、省政府主要领导指示要求，迅速成立"省—市—县"一体化应急救援指挥部，下设技术咨询、现场救援、后勤保障、事故调查、媒体联络、疫情防控以及矿工家属接待7个工作组，紧张有序地展开救援工作。经全力救援，有11人获救，10人死亡，1人失踪，直接经济损失6847.33万元。

案例2

"5·12"汶川地震

2008年5月12日四川省发生了震级为8.0级的汶川大地震，震中位于四川省阿坝藏族羌族自治州汶川县映秀镇(北纬31.0°、东经103.4°)，地震波及大半个中国以及亚洲多个国家和地区。

"5·12"汶川地震发生后，中共中央当即把抗震救灾确定为全党全国最重要最紧迫的任务，在中共中央、国务院、中央军委的指示领导下，由国务院抗震救灾总指挥部直接领导。在全国党政军民的支援下，四川省委、省政府率领8600万人民沉着应对，开展了1949年中华人民共和国成立以来抢险救援难度最大的一次地震救援抢险。国务院成立了抗震救灾总指挥部和四川前方指挥部，经周密组织和科学调度，形成了上下贯通、军地协调、全民动员、区域协作的高效工作机制。在总指挥部的统一部署下，各相关部门紧急拨付救灾资金，组织各方救援力量驰援灾区，调集大批救灾物资运往灾区。中共中央、国务院的领导先后赴灾区对抗震救灾给予指导和协调。

同时，四川省委、省政府紧急成立四川省“5·12”抗震救灾指挥部，迅速启动应急Ⅰ级响应，统一领导、统一指挥，及时召开新闻发布会向社会通报震情和灾情，并迅速采取一系列紧急有效的救援措施：指挥部迅速组织协调各方救援力量赶赴灾区，紧急组织和协调各地方部队、公安民警、公安消防近4万人就近投入救灾；组织全省多支地震救援队、矿山救援队、医疗救援队紧急驰援灾区；建立每天两次的会商制度来组织协调和安排部署各项具体工作；实行应急体制下的厅局工作机制，授权指挥部直接发布指令和调度职能部门；建立点对点快速处置机制，直接协调解决紧急救援事项和特殊困难，确保指挥体系高效运转；邀请在川各方专家召开救灾分析会、咨询会，研讨抢险救灾良策；紧急组织开展涉灾法律问题调研，出台有关政策文件；立即实行交通管制和交通保障，集中力量打通救援生命线；帮助受灾农户搭建简易过渡房，尽快恢复受灾居民家庭生活，以“就地、就近、分散安置”原则安置受灾群众；采取军地协调、以地方为主，军种协调、以驻军为主的办法，形成军地协同救灾合力，最大化地发挥各方救援力量作用；积极协调四川省内省外、前方后方物资支援，做好物资筹集、管理和调拨，保障应急通信联络，筹措安排救灾运力，为各方救援队伍提供有力后勤保障。

近年来，各类突发事件频繁发生，如2004年印度洋大海啸、2008年汶川地震和冰雪灾害、2021年河南特大暴雨、2021年“1·10”烟台金矿爆炸事故等，造成了财产的巨大损失和对人类生产、生存和生活的严重危害。在残酷的事故灾难面前，我们必须尽快建立灵活、高效、统一的应急管理体系，及时预防事故灾难的发生，有效控制危害的蔓延，尽快恢复正常的社会秩序，为此我们应该加强事故的应急管理。

应急管理是在第二次世界大战后开始出现的，而频繁发生的危机灾难事故，特别是“9·11事件”将其推向了前所未有的高度。应急管理一出现就因为面向实际问题、热点问题而备受瞩目，几年内，就在理论、方法、技术、应用和实践等多个方面有了较大的进展。根据应急管理实践，如果各类突发事件能够得到有效的处理和控制，其不良影响将会极大地减小；如果得不到恰当的处理和控制，将可能引发非常严重的后果，甚至成为灾害或灾难。面对各种突发事件，国家从健全组织体系、运行机制、保障制度等方面着手，对加强全国应急体系建设和应急管理工作提出了具体要求。应急管理体系建设已从比较被动的事后管理体系发展到整体的生命周期管理体系，从不同领域的具体管理向有组织、有系统的全方位应急管理体系发展。积极开展突发事件的应急管理科学研究，对提高社会各领域的应急管理能力具有重要的促进作用，并有利于解决自然、社会与经济协调发展的难题，也是国家经济和社会科学发展的现实需要。

第一节　突发事件

根据《中华人民共和国突发事件应对法》定义，突发事件是指突然发生，造成或者可能造成重大人员伤亡、重大财产损失、重大生态环境破坏和对全国或者一个地区的经济社会稳定、政治安宁构成重大威胁和损害，有重大社会影响的涉及公共安全的紧急事件。随着人类社会经济和科学技术的不断发展，在人们取得了生产力的极大提高、财富日益增长的同时，来自自然抑或人为的突发灾害事故却向人类的生产、生存和生活提出了严峻的挑战。安全问题引起了社会、政府及企业极大的关注。

一、突发事件的分类

突发事件按照其性质、演变过程和发生机理主要分为四类，见表 9-1。

表 9-1　四类突发事件的特征及事例

事件类型	特征描述	具体事例
自然灾害	自然因素导致的突发事件，主要包括洪涝、气象灾害、地震灾害、地质灾害、海洋灾害、生物灾害、森林火灾等	水旱灾害，台风、冰雹、雪、沙尘暴等气象灾害，火山、地震灾害，山体崩塌、滑坡、泥石流等地质灾害，风暴潮、海啸等海洋灾害，森林草原火灾和生物灾害、昆虫侵袭，等等
事故灾难	人为原因造成的紧急事件，主要包括工矿商贸等企业的各类安全事故、交通运输事故、火灾事故、公共设施和设备事故、核与辐射事故、环境污染和生态破坏事故等	工矿商贸等企业的各类安全事故、交通运输事故、公共设施和设备事故、环境污染和生态破坏事件等
公共卫生事件	病原微生物所致大规模疾病流行事件，主要包括传染病疫情，群体性不明原因疾病，食品、药品安全和职业危害，动物疫情以及其他严重影响公众健康和生命安全的事件	重大传染病疫情、群体性不明原因疾病、重大食物和职业中毒以及其他严重影响公众健康的事件
社会安全事件	人为主观因素产生的、危及社会安全的突发事件，主要包括恐怖袭击事件、民族宗教事件、经济安全事件、涉外事件和群体性事件等	群体性上访事件、暴乱、游行等引起的社会动荡、恐怖活动、战争

二、突发事件的特点

一般而言，突发事件具有以下 7 个基本特点。

(1) 突发性和紧迫性：突发事件往往是平时积累起来的问题、矛盾、冲突因长期不能得到有效解决，当突破一定的临界点时突然迸发。绝大部分的突发事件是在人们缺乏充分准备的情况下发生的，影响人们的正常生活，干扰社会的有序发展。

(2) 不确定性：突发事件始终处于不断变化的过程之中，人们很难根据经验对其发展做出清晰判断。通过科技手段和经验知识能够减少某些自然灾害的部分不确定因素，但依然很难确定是哪些不确定因素造成的结果。

(3) 危害性：突发事件的危害性具有多方面性，如对公众生命构成威胁，对公共财产造成损失，对各种环境产生破坏，对社会秩序造成紊乱，以及对公众心理造成障碍。

(4) 连锁性：连锁性是指因原生突发事件的产生而导致其他类型突发事件的发生。分为两种情况：①衍生突发事件的危害程度和影响范围都低于原生突发事件，社会的主要力量和精力会集中于原生突发事件的处置，应急的主要对象不会发生改变；②衍生突发事件的危害程度和影响范围高于原生突发事件，应急活动的主要对象转移至衍生突发事件。第二种情况只有少数情况是难以避免的，更多的是由处置时对问题考虑不周和控制失误所导致。

(5) 扩散性：随着社会的进步，现代交通和通信技术的发展，地区、地域和全球一体化的进程在不断加快，相互之间的依赖性更为突出，导致突发事件造成的影响不仅仅局限于发生地，还能通过内在联系引发跨地区的扩散和传播，波及其他地域，引起更广泛的影响。

(6) 社会性：突发事件往往会对社会系统的基本价值观和行为准则构架产生影响，其影响涉及的主体是公众。

(7) 周期性：突发事件类型具有多样性，但各类型都具有基本相同的生存过程，需要经历潜伏期、暴发期、影响期和结束期 4 个阶段，即突发事件的生命周期。

三、突发事件的分级

按照性质、严重程度、可控性和影响范围等因素，一般可将突发事件分为 4 级。根据突发事件可能造成的危害程度、紧急程度和发展态势，其预警级别也可分为 4 级，见表 9-2。

预警信息包括突发公共事件的类别、预警级别、起始时间、可能影响的范围、警示事项、应采取的措施、发布机关等。

表 9-2　我国突发事件的等级与预警分级

突发事件等级	预警级别	预警颜色	控制层面
Ⅰ级	特别重大	红	国家级
Ⅱ级	重大	橙	省级
Ⅲ级	较大	黄	市级
Ⅳ级	一般	蓝	县级

第二节　应急管理

应急管理(Emergency Management)是指在应对突发事件时，为降低突发事件的危害，达到优化决策的目的，根据对突发事件的起因、过程和后果进行分析，集中社会各方面的有关资源，对突发事件进行有效预警、控制和处理的过程。应急管理的主要内容是：对突发事件的灾害做出预警；控制事故灾害发生和扩大；展开有效救援，减小损失，迅速组织恢复正常状态。有效的应急管理应做到以下几点：转移或减少风险的来源、范围和影响(事前预警)；提高应急初始管理的地位；改进事故灾难影响的反应管理；完善修复管理，以便能迅速有效地减轻危机或灾难造成的损害。

在应对突发事件时，政府因其责任、地位和能力之所在，必然要发挥主导作用，不仅要组织动员各种力量和资源共同应对危机，而且要统一指挥、协调和处置各项应急事务。因此，不断探讨总结政府应急管理的经验教训，提高政府应对突发事件的能力，已成为现代各国政府和社会普遍关注的问题，其重要性日益凸现。

一、应急管理模式

根据突发事故的周期性特点，事故应急管理应对其潜伏期、暴发期、影响期和结束期 4 个阶段实施全过程综合性管理，形成由预防、准备、响应、恢复 4 个管理工作阶段组成的事故应急管理工作过程，并依据各管理阶段的具体要求，完成与之相适应的管理工作任务。

从空间角度来看，应急管理是由众多的具体工作内容组成的。从时间角度来看，应急管理是由一系列具体的管理活动构成的。在空间和时间两个维度上，众多的具体工作内容和一系列的管理活动形成了应急管理工作过程。因此，应急管理是一个连续的过程，使应急管理工作能够持续、稳定地向前推进，直到实现既定的目标；它应该是一个和谐的过程，使各项应急管理工作相互匹配、协调一致，共同维系事故；同时，它应该是一个应变的过程，在应急管理工作推进过程中，能够不断地进行自我调节，以适应外部环境因素的变化。

二、应急管理体系要素

事故应急活动涉及员工和公众的切身利益，影响到生产和社会活动的各个领域。任何组织和个体既是事故危害的对家，也是应对事故的参与者。要想实现企业、国家利益、公民财产和生命免受事故的威胁，实现和谐安逸的社会氛围，就需要建立以政府(企业)为核心、全社会共同参与的事故应急管理体系(简称应急管理体系)，在政府的领导下，以统一的步调共同开展针对事故的应急活动。

应急管理体系是指在政府(企业)的领导下，以法律、法规、制度、政策为准则全面整合各种资源，制定科学、规范的应急机制，建立以政府为核心、社会共同参与的组织网络，预防、回应、化解和消除各种事故，提升应急能力，保障公共利益以及公民生命、财产安全，保证正常运转和事故的工作系统。

在应急管理中，需要细化各项管理职能的内容，以满足应急管理的要求。管理职能的内容包括应急规划、应急体制、应急法制、应急机制、应急预案体系、应急资源、平台建设 7 个方面的内容。应急预案、应急体制、应急法制、应急机制(“一案三制”)构成了国家应急管理体系的基本管理框架，而应急资源则构成了国家应急管理体系的基本能力框架。

(1) 应急规划：应急规划是应急管理工作的先导，要从整个系统各个环节考虑应急管理问题，用于修正、指导和规范安全生产应急管理工作，避免出现严重的、不可逆转的、不合理的安全问题或隐患，防止事故发生，或在事故发生后能进行有效的处置。应急规划是应急管理战略的一部分，应依据现有事故状况、事故类型、应急资源供给情况，以及自然、地理、经济、人口等因素，制定事故应急规划，构建应急工作的目标、指导思想、工作内容，为开展事故应急活动指明方向，减小未来变化造成的冲击，确保应急资源得到充分合理的利用，保证事故的有效处置。

(2) 应急体制：应急体制包含众多社会组织、部门和个体，不同于一般的组织形式，具有军事化组织的特征，强调统一领导、统一指挥、统一行动的一体化集权领导，分为常态工作机构与非常态工作机构。常态工作机构的结构、人员、工作内容比较稳定，具有一般组织的特点和工作方式；非常态工作机构是预先设立或按照一定原则构造的事故响应组织，其结构是动态的，需要根据特定的事故状况进行组织和调整，除培训演练和应急响应外，平时都处于待命状态。

目前，我国已经建立了以统一领导、综合协调、分类管理、分级负责、属地管理为主的应急管理体制。其响应层级分为 5 层：国务院；省、自治区、直辖市；设区的市、自治州人民政府；县、自治县、不设区的市、市辖区；乡、民族乡、镇。

(3) 应急法制：在法律的高度明确各种组织在应急活动中的职责、权利和义务，规范工作人员在应急活动中的行为，规范行政紧急权力的行使，实现正规化、法制化的应急管理。完备的应急法律法规体系，使法制在紧急状态下得以延续，保证在应对各种事故时有法可依，及时控制事态的发展，恢复正常的生产和生活秩序以及法律秩序，维护社会公共利益和公民合法权益。2007 年 11 月 1 日实行的《中华人民共和国突发事件应对法》是我国应急管理领域综合性最强、最重要的一部法律，标志着我国应急管理纳入法制化轨道。

（4）应急机制：为保证体系高效运转，按照科学的管理方法，在对事故、应急活动和应急管理深入研究的基础上，建立相应的运行机制，形成高效、灵活和有机的组织运转模式。一种科学、有效的运行机制将极大地提高社会整体的应急能力。我国经过几年的建设已初步形成了统一指挥、反应灵敏、功能齐全、协调有力、运转高效的应急机制，建立了应急监测预警机制、信息沟通机制、应急决策和协调机制、分级负责与响应机制、社会动员机制、应急资源配置与征用机制、奖惩机制、社会治安综合治理机制、城乡社区管理机制、政府与公众联动机制、国际协调机制等应急机制。

（5）应急预案体系：应急预案体系是应急管理工作的前提和基础。为能正确应对和处置各行业在作业过程中由于设备故障、操作失误或其他不可抗力因素等可能会引起的各种灾害事故以及其他事故而预先制定的应急行动方案。应急预案是应急响应过程的指导性文件，是有效组织应急救援行动的必要条件。我国突发公共事件应急预案体系由总体应急预案、专项应急预案、部门应急预案、地方应急预案、企事业单位应急预案、重大活动应急预案六大类构成，覆盖自然灾害、事故灾难、公共卫生、社会治安事件。在企业生产中，为有效组织区域范围内的应急救援行动，需建立从区域综合预案到重大危险源的企业现场应急的应急预案体系，并通过定期组织应急演练和采取相应的应急预案绩效评估方法来进行应急预案绩效水平的评估，以指导应急预案的更新。2006 年国务院发布的《国家突发公共事件总体应急预案》标志着我国应急预案框架体系的初步形成。

（6）应急资源：应急资源是安全生产应急管理的最基础性保障。应急资源管理包括人力保障资源、物资保障资源、资金保障资源、技术保障资源、设施保障资源、信息保障资源和特殊保障资源的管理，涉及资源的配置、储备、维护、补充、更新、调用和补偿等内容。应对事故的过程也是社会应急资源重新部署和集中的过程，因此，高效的应急资源管理对应急响应工作极为重要，需要合理配置资源来实现城市资源的最优化利用。如果资源配置不到位，应急活动的实效将受到限制；如果资源配置过剩，不仅会造成社会资源的浪费，影响城市的整体发展，而且还会加大应急管理工作的难度，不利于应急活动的开展。

信息管理应属于资源管理的范畴，但由于信息管理与其他资源管理在管理和使用过程中又不尽相同，因此，单独作为一项管理内容更显其重要性。信息保障资源包括事态信息、资源信息、环境信息和应急知识，需要时时更新以真实反映实际情况。信息本身存在着隐含性和相互之间的关联性，可以通过不同层次的整合分析得到解决问题所需要的支持内容。

目前，我国建成了以公安消防、武警等为骨干的应急队伍，以防汛抗旱、抗震救灾等专业应急队伍为主体的应急队伍。规划建设了中央级救灾物资储备库，同时，各省、自治区、直辖市和大部分市县都建立了应急资源储备库，基本覆盖了全国所有的多灾易灾地区。此外，我国在应急装备的研发能力和应急队伍的装备水平方面在不断提高，而且国家在防汛抗旱、防震抗灾、防风防潮、防沙治沙、生态建设等减灾重点工程设施的建设中加大了投入，已形成了规模化的自然灾害防护工程体系。

(7) 平台建设：应急平台建设是应急管理的一项基础性工作，对于建立和健全统一指挥、功能齐全、反应灵敏、运转高效的应急机制，预防和应对突发事件，减少突发公共事件造成的损失具有重要意义。应急平台也是应急组织开展应急工作的支撑条件，是众多部门共同协作的平台。但应急平台如果缺乏现代化的工作环境，没有先进的技术支撑，在事故应急活动中，就很难实现对事故的快速和准确响应，也无法达到统一指挥、科学决策、协同作战和资源共享的应急管理要求。因此，应急平台也是事故应急管理体系现代化程度的关键技术标志。它是一个庞大的开放系统，融合了多种新时代科学和技术，可以实现技术、信息、资源和管理的整合，主要包括应急指挥中心、无线指挥调度系统、移动应急指挥系统、应急决策支持系统、信息共享交换平台和安全保护体系等。

第三节　宏观视角下的事故与应急

事故事件的分类方式与角度非常多，不同类型的事故事件，其危害情形和后果不同，政府和社会的应对措施也会因此而不同。而国家层面宏观应急往往和国家行政体制相匹配，具体的分类也是国家应急管理体制的基础。“统一领导，综合协调，分类管理，分级负责，以属地管理为主”是中国应对突发事件管理体系，而分类管理也是政府及其各个有关部门履行职责、行使职权的重要依据。

一、突发事件的应急体系

我国的突发事件分为四类(自然灾害、事故灾难、公共卫生事件和社会安全事件)、四级(特别重大、重大、较大和一般)和五层(总体应急预案、专项应急预案、部门应急预案、地方应急预案和企事业单位应急预案)。

在我国，首先，由国务院制定全国性的国家突发事件总体应急预案，并组织制定国家突发事件专项应急预案；其次，国务院有关部门根据各自的职责和国务院相关的总体应急预案，制定国家突发事件部门应急预案，主要是国务院及其有关部门为应对某一类型或某几种类型突发公共事件而制定的应急预案；再次，涉及地方各级人民政府和县级以上地方各级人民政府有关的部门，都要根据有关法律、法规、规章、上级人民政府及其有关部门的应急预案以及本地区的实际情况，制定相应的突发事件应急预案和企事业单位应急预案；最后，企事业单位再根据有关法律法规制定自己的应急预案，从而形成一个完整的应急体系，见图9-1。

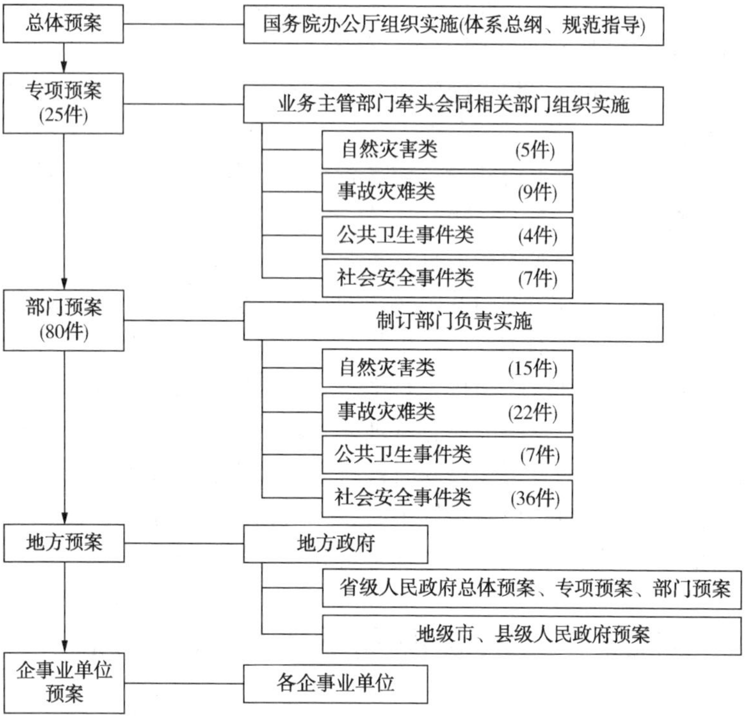

图9-1　国家突发事件应急预案体系

二、事故报告与调查

1. 事故报告

《生产安全事故报告和调查处理条例》对事故报告做出了具体规定，要点如下：

(1)事故报告应当及时、准确、完整，任何单位和个人对事故不得迟报、漏报、谎报或者瞒报。为制止和打击事故瞒报谎报等情形，《中华人民共和国刑法》有针对不报或瞒报安全生产事故的刑事责任。

(2) 事故发生后，事故现场有关人员应立即向本单位负责人报告；单位负责人接到报告后，应当于1h内向事故发生地县级以上人民政府的安全生产监督管理部门和负有安全生产监督管理职责的有关部门报告。在情况紧急下，事故现场有关人员也可以直接向事故发生地县级以上人民政府的安全生产监督管理部门和负有安全生产监督管理职责的有关部门报告。

(3) 安全生产监督管理部门和负有安全生产监督管理职责的有关部门接到事故报告后，应当依照下列规定上报事故情况，并通知公安机关、劳动保障行政部门、工会和人民检察院。

① 特别重大事故、重大事故要逐级上报至国务院安全生产监督管理部门和负有安全生产监督管理职责的有关部门。

② 较大事故逐级上报至省、自治区、直辖市人民政府安全生产监督管理部门和负有安全生产监督管理职责的有关部门。

③ 一般事故上报至设区的市级人民政府安全生产监督管理部门和负有安全生产监督管理职责的有关部门。

④ 安全生产监督管理部门和负有安全生产监督管理职责的有关部门依照规定上报事故情况，应当同时报告本级人民政府。国务院安全生产监督管理部门和负有安全生产监督管理职责的有关部门以及省级人民政府接到发生特别重大事故、重大事故的报告后，应当立即报告国务院。必要时，安全生产监督管理部门和负有安全生产监督管理职责的有关部门可以越级上报事故情况。

(4) 安全生产监督管理部门和负有安全生产监督管理职责的有关部门逐级上报事故情况，每级上报的时间不得超过 2h。

(5) 报告事故时应当包括如下内容：事故发生单位的概况；事故发生的时间、地点以及事故现场情况；事故的简要经过；事故已经造成或者可能造成的伤亡人数(包括下落不明的人数)和初步估计的直接经济损失；已经采取的措施；其他应当报告的情况。

(6) 事故报告后出现新情况时，应当及时补报。自事故发生之日起 30 日内，事故造成的伤亡人数发生变化的，应当及时补报。道路交通事故、火灾事故自发生之日起 7 日内，事故造成的伤亡人数发生变化的，应当及时补报。

2. 事故调查与处理

《生产安全事故报告和调查处理条例》规定，特别重大事故由国务院或者国务院授权有关部门组织事故调查组进行调查。重大事故、较大事故、一般事故分别由事故发生地省级人民政府、设区的市级人民政府、县级人民政府负责调查。省级人民政府、设区的市级人民政府、县级人民政府可以直接组织事故调查组进行调查，也可以授权或者委托有关部门组织事故调查组进行调查。未造成人员伤亡的一般事故，县级人民政府也可以委托事故发生单位组织事故调查组进行调查。

事故调查报告的内容包括：事故发生单位的概况；事故发生经过和事故救援情况；事故造成的人员伤亡和直接经济损失；事故发生的原因和事故性质；事故责任的认定以及对事故责任者的处理建议；事故防范和整改措施。事故调查报告应当附具有关证据材料。

《生产安全事故报告和调查处理条例》规定，对于重大事故、较大事故和一般事故，负责事故调查的人民政府应当自收到事故调查报告之日起 15 日内做出批复；特别重大事故，在 30 日内做出批复；特殊情况下，批复时间可以适当延长，但延长的时间最长不超过 30 日。有关机关应当按照人民政府的批复，依照法律、行政法规规定的权限和程序，对事故发生单位和有关人员进行行政处罚，对负有事故责任的国家工作人员进行处分。事故发生单位应按照事故调查的批复，对本单位负有事故责任的人员进行处罚，对负有事故责任的人员涉嫌犯罪的，应依法追究刑事责任。

《中华人民共和国安全生产法》对发生生产安全事故的处罚做了明确的规定，除了对负有责任的生产经营单位除要求其依法承担相应的赔偿等责任外（触犯刑法的，依法追究刑事责任），由安全生产监督管理部门依照有关规定处以罚款，生产经营单位的主要负责人未履行本法规定的安全生产管理职责而导致生产安全事故的，由安全生产监督管理部门依照有关规定处以上一年年收入 30%~80%的罚款。

第四节　企业安全事故的应急

从人类大规模的生产活动诞生开始，安全生产就一直成为劳动者重要的基本诉求。只有安全生产，才能保证劳动者生命和财产的安全性、完整性，也只有将安全事故的发生率和危害性降到最低，才能保障社会的稳定与和谐发展。因此，对企业安全事故的预防、快速响应和有效处置就具有十分重要的意义。

从风险管理角度来看，工厂内部与工厂外部因所发生的活动种类和场所不同，因而也隐含着不同的风险。工厂内部的风险主要源自生产装置在正常运转过程中可能发生的紧急事件，如管线泄漏、火灾爆炸、高处坠落、受限空间作业等。这些活动因为主要发生在工厂内部，因此所产生的危害往往也被控制在工厂范围内，但并非对周界环境不会产生影响。如 2015 年 8 月 12 日天津瑞海仓库厂区内的爆炸事故，波及几公里范围外的居民区，产生了不可估量的影响。

工厂外部的紧急事件主要是针对运输环节甚至是客户使用端，如负责运输化学品的车辆，因为这些车辆一直处于运动过程中，虽然其所装载的货物量要远远小于工厂内所使用的货物量，但是一旦车上货物发生泄漏或者火灾等事故，极易对周边车辆、人群或公共设施造成伤害，其危害同样是不可忽视的。

一、生产安全事故等级

《生产安全事故报告和调查处理条例》（中华人民共和国国务院令第 493 号）规定，根据生产安全事故（以下简称事故）造成的人员伤亡或者直接经济损失，事故一般分为以下等级。

（1）特别重大事故：指造成 30 人以上死亡，或 100 人以上重伤（包括急性工业中毒，下同），或者 1 亿元以上直接经济损失的事故。

(2) 重大事故：指造成10人以上30人以下死亡，或者50人以上100人以下重伤，或者5000万元以上1亿元以下直接经济损失的事故。

(3) 较大事故：指造成3人以上10人以下死亡，或者10人以上50人以下重伤，或者1000万元以上5000万元以下直接经济损失的事故。

(4) 一般事故：指造成3人以下死亡，或10人以下重伤，或者1000万元以下直接经济损失的事故(上述所称的“以上”包括本数，“以下”不包括本数)。

二、厂内安全事故的评估

如何开展应急管理，如何知道要做哪些情况的应急，如何知道需要具备什么样的应急能力？这就需要提前做事故风险和应急能力评估。对于企业厂区内的事故，可用九步法来评估。

(1) 识别和了解厂内危险物料。列出危险物料以及它们的数量、容器类型、位置；了解这些物料的危害(例如毒性、易燃性)；了解化学品或者物料的物理化学特性；了解这些物料的释放如何被监测到。

(2) 识别厂内主要活动。了解哪些过程容易发生问题，特别是在化学品的生产和储存过程中，是否会有泄漏、释放和火灾的风险；工厂内的工艺设备是否会控制失效；在运输过程中是否会导致车辆事故、拉拽、泄漏、火灾等；建设、维修、行车、移动式设备故障是否会影响工艺。

(3) 了解危险物料在这些场景中的释放情况，例如：是液态还是气态或气液两相，是否带有压力，高度多少，从远处是否容易被监测到，是否带有声响，物料迁移的速度如何，风速和地形如何，可能的流速或数量是多少，根据泄漏量划分等级(轻微、少量、中等、大量、灾难性)。

(4) 了解一旦发生事故后，危害将会通过何种途径传播。

(5) 估计危害能传播多远：是否是在操作单元内(未影响全厂区)，是否在现场围墙以内，是否超出厂界，是否会影响邻近的其他单位。

(6) 识别工厂外潜在受影响的单位。

(7) 识别其他类型事故或可能发生的特殊情况：医疗应急；人员保持在现场的特殊需求；社区的成员中是否包括儿童；区域是否易出现台风、地震、洪水等自然灾害；公共设施是否会遭到破坏。

(8) 了解邻近的应急情况。如有可能，与周边单位交换应急信息；识别出其主要的活动和问题，以及是否会影响到自己；了解哪些化学品会怎样泄漏出来，哪些危害会传播过来，有哪些警报系统可通知到自己。

(9) 了解周边的交通路线。周边会有哪些公共道路、铁路线路、机场航线会受到影响；周边的各类管道会带来哪些危险。

对这些事故风险，企业需要对监测与预警、物料的隔离处置、泄漏物的二次容器，水喷淋、灭火系统、通风系统等消减系统，应急队伍人员能力、装备以及应急物资等进行应急能力进行评估，完善保障措施。

三、厂外安全事故的评估

对厂外安全事故风险进行评估时需要考虑的因素有以下几个：

（1）识别如果在社区和环境中发生潜在事故的影响，了解事故的潜在后果。

（2）评估内、外部响应的能力，包括提供每项安全可用资源。考虑可用资源来设定和更新应急响应的策略。

（3）应急报告系统。

（4）应急支持团队：产品技术专家、设备专家、医疗、应急处置队伍、危机管理的联络。

（5）应急响应设备。

（6）危险货物道路运输环节可能发生哪些事故：危险货物离开厂区最主要的一种形式就是道路运输，道路运输目前在所有运输方式（如空运、内河运输等）方式中占比约80%，是最普遍的一种运输方式，而95%以上的化学品都涉及异地运输。危险货物在运输环节发生事故的原因有很多，如管理不到位、车辆维修不充分、疲劳驾驶、雨雪天气等。目前市场上有很多运输公司存在管理不善的情况，没有完善的安全管理体系，对于事故缺乏最基本的应急能力，一旦事故发生就可能导致很严重的后果。

（7）危险货物包装形式：危险货物的包装有多种形式，比如铁桶、塑料桶、槽罐车、中型散装容器、纸箱等，根据货物的危险性其包装又可以分为3类，分别为Ⅰ类、Ⅱ类和Ⅲ类包装。在装载、运输过程中这些包装可能会出现磨损、腐蚀或碰擦等情况，在长时间的运输后很容易发生泄漏。

四、企业生产安全事故应急预案

在对事故风险和应急能力评估的基础上，企业需要编制应急预案。应急预案的体系由综合应急预案、专项应急预案和现场处置方案组成。

综合应急预案是企业应急预案体系的总纲，需要阐述企业应急工作的原则、应急组织机构与职责、预案体系、事故风险描述、预警与信息报告、应急响应、保障措施、应急预案管理等内容。

专项应急预案是企业应对某一种或几种类型事故，或者针对重要的生产设施、重大危险源、重大活动等内容制定的预案，阐述事故风险、应急指挥机构及其职责、处置程序和措施等内容。

现场处置方案就更加具体，企业针对不同事故类别，具体的场所、装置或设施的应急处置措施。处置方案可参考危险货物运输应急指南等相关资料。

编制好应急预案后，需要对预案进行动态管理。从宣传、培训与教育入手，落实应急响应体制和机制，在应急资源、启动响应等方面确保应急预案的实施。

定期进行演练，用桌面演习、单项演练、综合演练等方式对应急预案进行演练评估。发现不足和条件发生改变了，需要定期对应急预案进行不断地修订完善。

第五节　应急知识与素养

一、学校应急基础

学校是有计划、有组织地进行系统教育活动的组织机构。从内部氛围上讲，学校是一个独立的小社会；从使用性质上讲，学校是一个人群密集的场所；从应急角度来看，学校人口构成中占绝大多数的学生群体，具有年轻化的特点。学校突发事件有时段性、情绪性、脆弱性、连带性、责任限定性的自身突出特点。

从学校自身着手，学校应具备一定的突发事件应对能力，以处理一些突发事件，并做好备灾减灾工作。通过一定的准备将突发事件的影响及损失降到最低，并积极高效地进行灾后的重建工作，争取在最短的时间内恢复学校的正常教学活动及生活。并且学校应把应急知识教育纳入教学内容，对学生进行应急知识教育，培养学生的安全意识和自救与互救能力，推进应急知识进学校、进教材、进课堂，把公共安全教育贯穿于学校教育的各个环节。

1. 预防与应急准备——事前预防

学校应根据所在地区可能发生的突发事件类型，制定有针对性且实用的突发事件应急预案，以保证学生、职工和访客的安全，并通过培训和演练来提高学生和职工对突发事件的报告、应对及疏散能力。

2. 检测与预警——事发应对

所有人员都应熟悉校内的消防设施和消防报警系统，并经常练习其使用方法。建立完善预警信息通报与发布制度，充分利用广播、电视、手机短信息、电话等各种媒体和手段及时发布预警信息。

3. 应急处置与救援——事中处置

一旦发生突发事件，应立即启动应急预案，组成应急指挥小组，内部施行初期的自救与互救，并联系公安、消防、救护车等外部应急救援组织，做好与外界的信息沟通，必要时建立协调中心和接待中心，分别安置受影响的职工和学生，接待家长及关注学校情况的人群。这两个中心地点保持一定的距离，避免互扰。处置过程中，不仅需要保证人员的人身安全，也需记录涉及人员的事件情况，以便及时进行心理干预，将创伤最小化。

4. 事后恢复与重建——善后恢复

实施恢复程序，建立灾后恢复与重建项目，帮助受影响的人员，加速学校日常生活的回归。在此，除了学校建筑设施的重建、人员身体的治疗康复，还包括人员心理创伤的恢复。善后恢复的过程中，应加强与外界及媒体的沟通，学校作为高度关注的对象之一，应注意信息的公开。

二、社区应急基础

社区是指聚居在一定区域范围内的人们所组成的社会共同体，包括一定数量的人口、一定范围的地域、一定规模的设施、一定特征的文化、一定类型的组织。目前，我国社区突发事件应对以政府为主导，虽然有部分的基层社区、非政府组织、企事业单位、国际机构、媒体和公民个人等各种各样的社会力量积极提供帮助，但社区居民目前仍缺乏居安思危意识，社区应急管理文化大面积缺失，将社区防灾减灾思想观念由被动防守向主动作为转变显得尤为重要。

目前，我国正在积极探索建立“政府主导、社会参与、优势互补、协同配合”的公共安全治理体系，不断提升公共安全治理的水平。

1. 预防与应急准备——事前预防

目前，城市基层社区的应急保障物资储备量普遍偏少，一些普通社区基本上没有应急物资，一些示范社区的应急物资储备也不足以应对突发性事件。每年5月12日为全国防灾减灾日，社区可积极开展公共安全知识及应急使用技能培训，普及预防、避险、自救、互救、减灾等应急防护科学知识，增强公民的公共安全意识和社会责任意识，提高应对灾害的综合素质，增强公民的参与性。

2. 检测与预警——事发应对

2015年国家预警信息发布中心正式运行，国家预警信息发布中心建立了国家、省、市、县四级相互衔接、规范统一、多部门接入的综合预警信息发布业务，具备了对自然灾害、事故灾难、公共卫生事件、社会安全事件四大类突发事件预警信息的接收、处理和及时发布能力。确保有关部门和社会公众能够及时获取预警信息，最大限度地保障人民群众生命财产安全。预警解除后，发布预警信息的部门应宣布警报解除，宣布终止预警期，解除已启动的应急预案或应急措施，立即恢复当地正常的生活和生产秩序。

3. 应急处置与救援——事中处置

当突发事件发生后，在政府组织的救援队伍到达前，由于掌握更加准确的救援信息，社区可以进行先期处置，迅速汇集并传递信息，第一时间组织动员本辖区居民进行自救互救、社会疏导，控制事态的发展蔓延，使生命和财产损失减到最小。社区是应急管理的前沿阵地，社区居民可以成为应急管理和救援的第一响应人，成为自救互救的一支辅助军，而不能仅仅作为突发事件的当事人或被救助对象。

4. 事后恢复与重建——善后恢复

毋庸置疑，妥善安置住房、优先恢复基础设施、加快恢复生产是灾后恢复重建的当务之急。我国政府在2008年“汶川地震”之后启动了“对口支援”，为灾后的可持续恢复提供了新的实践模式，极大地加快了基础设施的恢复。但国内专门从事灾难心理学、危机干预的科研工作者较少，专业的实践工作者较少，受过专业训练、能在灾难现场进行专业心理干预的实践者更少。在灾难发生后10天之内心理干预就可被提出、实施，但往往专业队伍、科学研究尚无法跟进解决随之而来的问题，导致心理干预跟不上步伐，这也不得不引发我们对灾后心理干预机制的思考。

三、个人应急知识与素养

个人的应急知识主要指应急意识、基本应急知识技能。应急意识是一种居安思危的忧患意识，必须保持高度警惕性和防范性。基本应急的知识技能是公众抵御灾难的能力，充足的应急知识储备是保证良好的应急心理的基础，而应急处理能力的获得和提高需要适时进行突发事件应对情景训练，是否存储适当的应急物资，是否熟知避难场所，突发事件发生时如何和家人沟通等。

个人应急知识与素养还需要认知自身局限性。95%的危害可以通过视觉或听觉感知到，而不会依赖味觉和触觉来识别危害——这本身就会导致危害。视觉会受到视力和周边环境的限制，如明暗环境的切换、标识符号的大小、照明度、视力等方面的影响。环境噪声会混合在一起，使得听觉难于发觉危害，当注意任何一种声音时，人们会限制其他进入感官的信息。对于嗅觉，大多数人能识别15~32种一般的气味，受过培训的人能识别近60种气味。气味阈值不等同于安全接触限值，而且有很多气体高浓度甚至会麻痹嗅觉神经。在遇到紧急情况时，不能单单依靠自己的感官来判断风险。在有风险的地方如果你听到液体泄漏，如果你看到冷蒸汽，如果你有一般不舒服的症状，如果你的同事无意识地倒下，就需要考虑相关风险，远离危险地带，执行适当程序。而一次无计划性的营救可能是你的最后一次机会。

个人应急素养的养成依赖于公民所接受的法律规范教育，体现为公民的行为准则及法规意识，在发现、获取、利用、评价、加工和传播应急信息过程中，必须遵守一定的道德和法律规范，不得加剧事态恶化、危害社会或侵犯他人合法权益。电视、电台、网络等媒体已成为公众获取信息的主要途径。对信息的处置，我们应该慎重，非官方认证的信息、未经证实的民众的推测，不可盲目转载与传播。

参 考 文 献

[1] 汶川特大地震四川抗震救灾志编纂委员会．汶川特大地震四川抗震救灾志[M]．成都：四川人民出版社，2017.

[2] 庄越，雷培德．安全事故应急管理[M]．北京：中国经济出版社，2009.

[3] 黄典剑，李文庆．现代事故应急管理[M]．北京：冶金工业出版社，2009.

[4] 修光利，李涛．企业环境健康安全风险管理[M]．北京：化学工业出版社，2017.

第十章

危险与可操作性分析

第一节 背景介绍

一、危险与可操作性分析(HAZOP)技术的提出

HAZOP是英国帝国化学工程公司(Imperial Chemical Industries，简写ICI)于20世纪60年代开发。1974年，英国东北部ICI石化部门的Lawley宣布了HAZOP系统。Kletz公布了一份更详细的HAZOP早期原因和研究清单。此后，该方法在ICI和其他公司中得到了广泛应用。

1963年，ICI的有机化学部门设计了从苯异丙基生产苯酚和丙酮的设备。当工程部门打算以最低资本投资(而不是最低生活成本或最大效益)同时设计和排除所有非基本特征时，许多本应在生产部门运营该项目的人认为许多特征已被删除。当时，学习方法，特别是评估和检查，非常流行。评估和检查方法是一种正式的方法，用于审查活动，询问“已完成的”“还可以完成的”“必须完成的”“如何总结”“谁将完成”等。因此，为了找到更好的方式来使用所有可用资金，项目负责人决定将评估和检查方法应用于项目。任命一个由三人组成的团队：两名经验丰富的启动团队成员及一名评估和检查专家。1964年，他们工作了4个月，每周工作3天，以问答的形式审查管道图和苯酚厂平面布置图。他们在运行中遇到了许多潜在危险和许多意想不到的问题。后来，他们改变了这种方法。他们提出了一种我们现在称之为HAZOP的方法。当然，未来的研究会有一些变化。随后，ICI在6个风险调查阶段改进了HAZOP，目前已被所有ICI公司采用，从初始设计阶段延伸到后续机构。自从1973年在美国化学工程学会发表了一篇关于HAZOP的文章之后，HAZOP系统逐渐被化工生产企业和设计单位所接受。英国、加拿大等国甚至通过立法手段迫使其在工程建设项目中推广应用。在中国，国家劳动安全局发布了《2010年化工企业实施过程安全管理的指导意见》(AQ/t3034—2010)和《关于加强化工过程安全管理的指导意见》(安工安全〔2013〕88号)(以下简称《指导意见》)。在此之前，中国石化等大型石化公司也发布了相关的公司规定。近年来，通过国家安全生产监督管理局和化学安全协会的大力推

动，特别是在2013年发布指导意见后，过程安全管理的概念在行业内得到了广泛认可。已经开展了相关培训课程，并且相关书籍已经出版。中国化学品安全协会秘书长路念明提到："过程安全风险控制通过近几年的推广，企业都认识到要通过科学的风险辨识技术来提高对企业内部风险的认识水平。在项目设计阶段，特别是'两重点一重大'项目，企业都能主动地开展HAZOP分析，但在运行阶段，要求化工现役装置每3~5年进行一次HAZOP分析的要求基本没有到位。"此外，整个工厂的HAZOP分析需要一名主导HAZOP本质的领导者来领导团队，"总裁"需要现场的理论知识和经验。目前，此类人才相对匮乏，导致大多数HAZOP分析的质量较低。虽然与过去相比，现在的过程安全培训与管理更加系统、深入，特别是一些中央企业、地方骨干企业做得尤为突出，但还是缺乏对整体的过程安全管理概念的认识。"机械完整性、变更管理、安全信息等要素还少有企业按照《指导意见》来开展，也没有相应的考核办法。"由于每个企业的生产实际各有不同，所以难以制定一个统一的考核办法以对过程安全管理工作开展的程度进行考核。"现在，我国化工企业呈两极分化状态。大企业规模大，有技术、人才优势，但生产危险性也相对较高；小企业技术含量低、工人素质偏低，隐患重重。为此，国家安全监管总局副局长孙华山提出了'分类指导，因企制宜'的指导思想。"路念明表示，"部分中小企业的安全管理基础差，从'出生'就先天不足，要对这部分企业进行严格的设计诊断，如果诊断不通过，必须由正规设计院、中心进行设计加以改造；'两重点一重大'项目原则上要由综合甲级设计院来设计。另外，要对中小企业进行自动化控制改造，必须具备紧急情况下的停车系统。"

二、传统HAZOP分析技术

（一）传统HAZOP方法的说明

危险与可操作性分析（HAZOP）方法源于这样一个基本思路，即由来自不同学科和不同知识来源的人员组成的分析小组比单独工作更具创造性和系统性，能够识别更多的问题。危害分析是一个系统工程，需要来自不同学科的工作人员的共同参与。随着现代科学技术的迅速发展，几乎没有人能够单独解决一个系统或过程中的所有问题。尽管HAZOP分析方法是为新设计或新技术开发的风险分析方法，但它几乎适用于项目开发过程的所有阶段。

HAZOP分析方法的实质是通过一系列会议，对操作过程、图解和生产过程进行系统分析。在此过程中，由专业人员组成的分析团队以特定的方式系统地分析设计过程条件的偏差。ICI关于HAZOP的初始定义是：HAZOP分析是由专业人员组成的分析小组，用于分析工艺的危害和操作问题。这些问题本质上是寻找与工艺设计过程的一系列偏差。因此，尽管一个人可以完成整个过程的HAZOP分析，但该分析不能称为HAZOP分析。HAZOP分析方法明显不同于其他分析方法，因为其他分析方法可以由一个人完成(尽管在大多数情况下最好由分析小组完成)。根据 HAZOP 分析方法的定义，HAZOP 分析应由不同专业组成的分析小组来完成。

这种 HAZOP 分析方法的主要优点是可以促进和发展理念。因此，HAZOP 的成功分析要求所有参与者自由表达各自的观点，不允许成员之间的批评或指责压制这一创造性过程。然而，为了使 HAZOP 分析过程高效、高质量，整个分析过程必须有一个系统的规则，并按照一定的程序执行。

HAZOP 分析特殊过程或操作点，称为“分析节点”、过程单元或操作阶段。HAZOP 分析小组分析每个工艺装置或操作步骤，以识别通过引导词进行的潜在危险偏差。使用引导词的目的是确保对所有工艺参数的偏差进行分析。有时，分析团队可以对每个工艺单元或操作步骤提出许多偏差，并分析其可能的原因和后果。通常，在继续下一次分析之前，必须分析与指出装置或操作阶段的所有偏差。

HAZOP 分析方法适用于新工艺和已投入运行的工艺。对于新工艺，最好在工艺方案基本确定后进行 HAZOP 分析。在一般情况下，此时绘制工艺 PID 图，以便能够回答 HAZOP 分析中的问题，在本阶段更容易修改工艺设计；HAZOP 分析也可在工艺开发阶段进行，这要求分析员了解工艺，但此时 HAZOP 分析不能代替整个工艺的安全检查。虽然已经建立了基本的 HAZOP 分析方法，但公司或机构以不同的方式使用 HAZOP 分析方法。表 10-1 列出了 HAZOP 分析中常见的术语和定义。

表 10-1　HAZOP 分析常见的术语和定义

项目	说　明
工艺单元或分析节点	对于限定界限的设备单元(如两船之间的管道)，分析单元内工艺参数的偏差；PID 图中工艺参数偏差的分析
操作步骤	HAZOP 分析小组分析的不连续清洗工艺动作或操作步骤；它可以是手动、自动或计算机控制的操作，并且在开启过程的每个阶段使用的偏差可能不同于连续过程的偏差
工艺指标	确定设备如何按照无偏差的预期操作(正常工艺操作条件)工作，并使用一系列表格以文字或图形(如工艺说明、流程图、管线图和 ID 图)进行解释
引导词	用于过程指标定性或定量设计的简单词语，用于指导过程危害的识别
工艺参数	与工艺相关的物理或化学特性，包括概念项目(如反应、混合物、浓度、pH 值)和特定项目(如温度、压力、相数和流量)
偏差	分析小组使用的指导词系统分析了每个节点的工艺参数(如流量、压力等)，发现了一系列与工艺指标的偏差(如无流量、高压等)；偏离的方式通常是“偏离引导词”

续表

项目	说　明
原因	改道原因；一旦发现偏差的原因，就意味着找到了处理偏差的方法和手段。这些原因可能是设备故障、人为错误、不可预见的工艺条件(如成分变化)、外部损坏(如断电)等
后果	转移造成的后果(如有毒物质的释放)；分析团队通常假设在发生偏差时现有安全保护系统出现故障，并且不考虑这些与安全相关的轻微后果
安全保护	设计用于避免或减轻改道后果(如警报、中断、操作程序等)的工程系统或监管控制系统
措施或建议	修改设计、操作规程或者进一步进行分析研究(如增加压力报警等)

表 10-2 中的指导词最初由 ICI 在 HAZOP 分析期间提出，使用的工艺参数列于表 10-3 中。根据 ICI 最初的分析方法，每个指导词都与工艺参数相结合，并应用于每个点(分析节点、单元或操作步骤)。表 10-4 说明了指导词和工艺参数组合的偏差。引导词与工艺参数的对应关系见表 10-5。表 10-6 说明了可能导致偏差的几个示例。

表 10-2　HAZOP 分析引导词及其意义

引导词	意　义
NONE(空白)	设计或运行所需的指标和事件根本没有发生；如果没有流量；无催化剂
MORE(增量)	与标准值相比，该值更高；例如温度、压力和流量值过高
LESS(减量)	与标准值相比，该值较小；例如温度、压力和流量值较低
AS WELL AS (伴随)	完成既定功能时，伴随着冗余事件的发生；如果材料的成分和阶段在运输过程中发生变化
PARTOF (部分)	只有部分已建立的功能完成。例如，在没有某些组件的情况下，组件的比例会发生变化
REVERSE (相逆)	有些事情和设计要求完全相反。如果流体以相反的方向流动，加热而不是冷却，则反应会以相反的方向移动
OTHER THAN (异常)	与设计要求不同的事物或事件，如异常事件或状态、启动和关闭、维护和改变操作模式

表 10-3　常用的 HAZOP 分析工艺参数

流量	时间	频率	混合	压力	组成	黏度	添加剂
温度	pH 值	电压	分离	液位	速度	信号	反应

表 10-4　引导词与工艺参数结合构成偏差

引导词	意义	参数	偏差
空白	否定目的	流量	无流动
		液位	无液位
少量	量的减少	流量	低流速
		液位	低液位
		温度	低温度
		压力	低压力
		浓度	低浓度
多量	量的增加	流量	高流速
		液位	高液位
		温度	高温度
		压力	高压力
		浓度	高浓度
相反	逻辑相反	流量	流速相反
		压力	压力相反
一部分	性质的减少	浓度	浓度降低
		压力	压力降低
		液位	液位降低
伴随	性质的增加	浓度，杂质	浓度增加
		温度物质	温度增加
		液位杂质	液位增加
		压力物质	压力增加
		流量杂质	流速增加
不同于	完善、分开	浓度想要的物质	浓度为 0

表 10-5　标准参数一览表

参数	引导词						
	无	较多	较少	像……一样	部分	相反	除此以外
流量	√	√	√	√	√	√	√
压力		√	√				√
温度		√	√				√
组成					√		√
液位	√	√	√				√
相态(气相)	√	√	√				√

表 10-6　各种可能导致偏离的例子

参数与引导词相结合	可能导致偏离的原因
无流量	阀门关闭、流向错误、管道堵塞、法兰错误添加、验证阀错误、过滤器堵塞、管道破裂、热跟踪故障、气锁、管道内物料水冻结、流量转换器/控制阀故障、泵或容器损坏等
较少流量	部分堵塞、换向或阀门故障、泄漏、泵效率损失
较多流量	控制阀开度较大，流量控制器故障，多泵运行，泵输出降低，输入压力升高，其他路径物流流动，换热管断裂
其他流量	压力骤降导致两级流动，过热导致气液混合，换热管破裂导致冷热介质混合，分离罐内分离界面损坏。水和空气入口、水压试验中的残余液体、通过绝缘层的材料等
压力降低	压力控制阀故障，卸压阀在起飞后不后退，泵输出容量大于油箱的通风容量。当水箱排空时，通风阀关闭，冷却水箱将蒸汽冷凝到水箱中，泵管或压缩机的进口阀关闭
压力较高	湍流、排放、高压蒸汽泄漏、阳光照射在排气阀关闭的储罐或管道上、压力控制阀故障和液位控制故障导致高压气体进入。装载时通风阀未打开
温度较低	低温或结霜、压力损失、热量损失、换热管破裂、温度控制器故障、压力释放、夹套冷却
温度较高	温控故障、紫外线辐射、正常升温、冷却管堵塞、冷却水故障、换热管破裂。
液位高	如果无法控制液位，控制阀打开，流向容器的流量大于排放量，排放管道堵塞
液位低	液位控制失败，控制阀无法关闭，排放阀打开
部分组成变化	材料通过绝缘层从热交换管泄漏，进料错误

引导词用于两种类型的工艺参数：其中一个是过程的概念参数，如反应和混合物；另一个是特定于过程的参数，如压力和温度。对于概念过程参数，当它们与引导词组合时，常常出现歧义，如“过量+反应”可能是指反应速度快，或者只生成大量的产物。此外，有些引导词与工艺参数组合后可能无意义或不能称为“偏差”，如“伴随+压力”。

某些关键字需要针对特定于过程的参数进行修改。此外，分析师可能会发现某些偏差的物理意义是不必要的。例如，当考虑“温度”这个工艺参数时，一般只选取“过量”和“减量”这两个引导词，而偏差就变成“过量+温度”或“减量+温度”，显然其物理意义就不确切。因此应扩展引导词的外延和内涵，例如：对“时间”而言，引导词“异常”就是指“快”或“慢”；对“位置”“来源”“目的”而言，引导同“异常”就是指“另一个”；对“液位”“温度”“压力”而言，引导词“过量”就是指“高”和“低”。

当工艺指标包括许多相互关联的工艺参数(如温度、压力、反应速率、成分等)时，最好按顺序使用每个工艺参数的所有关键字，即“{引导词}+工艺参数”方式，而不是每个引导词用于工艺参数组，即“引导词+{工艺参数}”。而且，当将引导词用于对操作规则进行分析时也应按照这种规则，例如，对操作步骤“当压力达到 B 时，操作人员让流量为 A”，按如下方式使用引导词：

流量为 A(空白、过量、减量等)；

当压力达到 B 时(快、慢等)。

基于引导词的 HAZOP 分析方法是最初的 HAZOP 分析方法。

(二) 分析步骤

上述 HAZOP 分析方法可按如下步骤进行：①分析准备；②完成分析；③编制分析结果报告。图 10-1 所示为 HAZOP 分析的整个过程。其中要注意分析步骤可交替进行，如分析组在完成某个分析节点的工作后(不是全部)，可将分析结果提交给总设计人员，让总设计人员着手对原设计思路进行修正。

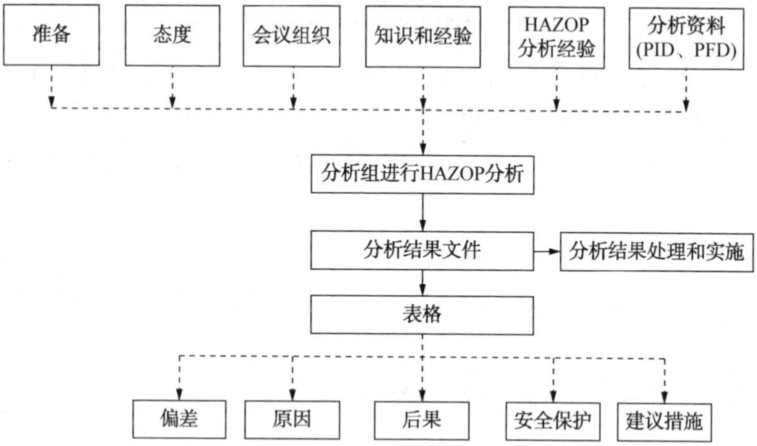

图 10-1　HAZOP 分析步骤

1. 分析的准备

准备工作对于 HAZOP 分析的成功至关重要。准备工作的工作量取决于分析对象的大小和复杂性。

(1) 确定分析的目的、对象和范围。分析的目的、对象和范围应尽可能明确。分析主题通常由装置或项目负责人在 HAZOP 分析小组组织者的帮助下确定。分析必须朝着正确的方向进行，并设定目标。此外，有必要确定应考虑哪些危险的过敏后果。例如，如果有必要进行 HAZOP 分析，以确定工厂的建造是否将对公共安全的影响降至最低，在这种情况下，HAZOP 分析应侧重于工厂界区外偏差后果的影响。

(2)分析组的组成。风险分析小组的组织者应负责组建一个具有适当人数和经验的 HAZOP 分析小组。HAZOP 分析小组应至少由 4 名人员组成，包括组织者、记录员和两名熟悉工艺设计和操作的官员。虽然较小的不在场证明小组对于危险情况较少的简单流程更有效，但5~7人的分析小组是理想的。如果分析小组的规模太小，由于参加人员的知识和经验的限制将可能得不到高精度的分析结论。

(3) 获取必要的信息。最重要的信息是一些图纸，包括PID图、PFD图、布局设计等。此外，还包括操作程序、仪表控制图、逻辑图和软件。有时，必须提供装置手册和设备制造手册。重要图纸和数据应在审查会议之前分发给每位分析师。

(4) 将数据转换成适当的表格，并制定分析顺序。此阶段所需的时间取决于工艺类型。对于连续流程，工作量是最小的。在分析会议之前，应使用更新的设计(如果设计已被修改)确定分析节点，并且每个分析员应在会议上绘制这些图纸。

有时，组织者还可以向会议提出初步偏差清单以供讨论，并为分析记录准备工作表。但是，此初步偏差列表不能用作分析的“单一”内容。HAZOP分析方法的实质是发挥集体智慧。如果初步偏差列表被视为“唯一”分析内容，则分析内容肯定不全面，不符合HAZOP分析的要求。同样，HAZOP分析也是一个学习过程。当然，在分析过程中允许更改。

对于间歇过程，工作量准备非常大，尤其是因为操作过程更为复杂。这些操作程序的分析是间歇过程HAZOP分析的主要内容。在某些情况下(如果两个或两个以上间歇过程同时发生)，应显示过程每个阶段每个储罐的状态。如果流程要求操作员参与(例如容器装料箱而不仅仅是控制储罐条件)，则其活动应反映在流程图中。

为了使分析过程有序，分析小组的组织者通常在分析会议之前制定详细的计划，并应根据具体的分析主题花费一定的时间来确定最佳的分析程序。

(5) 组织会议的次数和时间。收集和整理相关数据和图纸后，组织者开始制定会议计划。首先，有必要确定听证所需的时间。通常，每个分析节点平均需要20~30min。如果一个储罐条件有两个入口、两个出口和一个通风点，大约需要3h；另一种方法是为每个设备分配两个小时。确定所需时间后，组织者可以开始组织会议的次数和时间。每次会议的持续时间不得超过4~6h(最好在上午)。会议时间越长，效率越低，审查会议将持续举行。为了避免在每次分析之前由于时间间隔较长而重复前面讨论的内容，最好将设备划分为几个相对独立的区域。在讨论每个领域后，会议小组应在分析和讨论下一个领域之前做出适当的更改。

对于大型设备或流程，可以考虑同时组成多个分析组，分析组的组织者充当协调员。协调员首先将流程划分为相对独立的部分，然后将它们分配给每个组完成，这样分析时间就不会很长。

2. 完成分析

HAZOP分析需要将过程或操作程序图拆分为分析节点或操作阶段，然后用引导词发现过程的危害。图10-2为HAZOP分析流程图。分析组使用指导词分析每个操作节点或步骤，并得到一系列结果：①偏差的原因、后果、保护装置、建议措施；②需要更多的信息来分析偏差。当发现危险情况时，组织者必须让每位分析师了解问题。HAZOP 分析组织者了解分析会议上提出的问题的解决程度非常重要。为尽量减少未决问题，应在完成对每个偏差和建议措施的分析后，分析以下偏差：在考虑任何提高安全性的措施之前，应分析与相关节点的所有危险。审查期间，HAZOP 组织者应与审查小组成员达成一致意见。也就是说，对于偏差或危险，我们应该主要考虑易于实施的解决方案，而不是花费大量时间“设计解决方案”。在项目分析会议上，分析团队不适合寻找解决方案，即使有可能寻找到，因为过程风险分析的主要目的是发现问题，而不是解决问题。但是，如果解决方案清晰简单，则应将其记录为意见或建议。

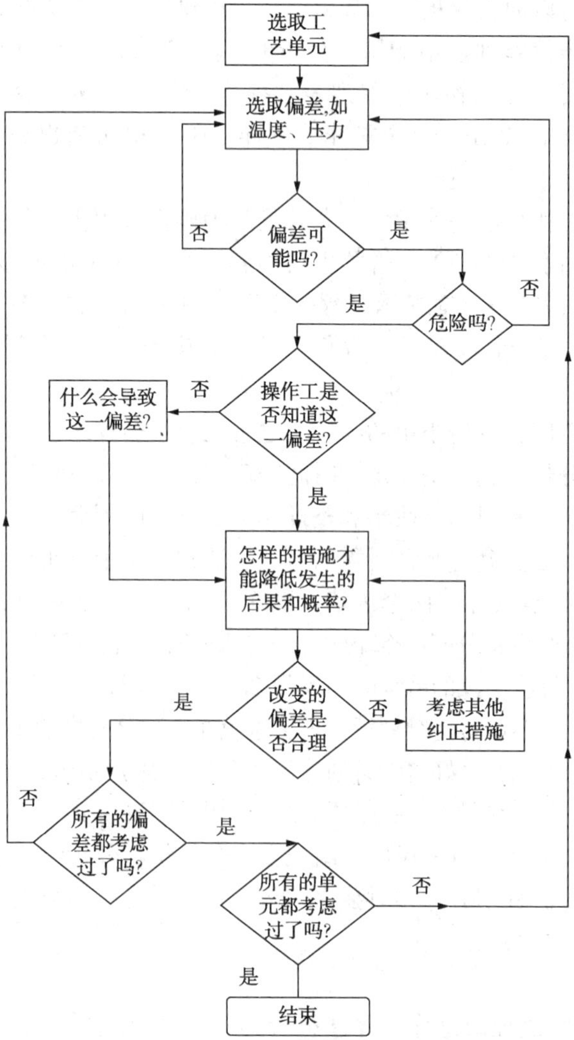

图 10-2　传统 HAZOP 分析流程图

组织者在 HAZOP 分析中负有重要责任。他必须组织收集基本文件和信息，并根据成员的便利决定讨论会议。讨论会必须在一个自由的环境中举行，每个人都必须自由地为研究做出贡献。领导者应注意让每位成员参与讨论，并提出自己的观点和意见。在这次讨论中，领导者还应注意，没有人主导讨论，讨论不应偏离主题。会议上要记住的最重要的一点是，更多的重点放在识别和评估问题(风险)上，而不是解决问题(风险管理)。为了确保会议的高效率，发起方应牢记以下几点：①不与分析小组成员对抗；②尊重所有成员的意见；③会议期间任何人不得有冲突；④保持精力集中。

HAZOP 分析涉及过程的各个方面，包括过程、设备、仪器、控制、环境等。HAZOP 分析员的可用知识和数据总是与 HAZOP 分析方法的要求相去甚远。因此，可以就一些具体问题听取专家意见。如有必要，某些问题的分析可能会延迟，并在获得进一步数据后进行分析。

3. 影响 HAZOP 效率和分析效果的因素

通过对 HAZOP 成功与失败的详细研究，发现 HAZOP 研究中存在十大问题。

1）缺乏经验丰富的团队成员和领导

缺乏经验丰富的团队成员和领导者似乎是 HAZOP 研究的最重要原因。①组长的经验是 HAZOP 分析成功的关键；②理解和避免挫折的能力；③应该开放，接受其他专家的建议和意见。

2）小组选择不适合

第二大问题是该小组的组成不当，这可能导致调查失败。正确选择不同领域的技术人员需要在研究、安全、生产和维护管理中仔细考虑。还应考虑个人行为，HAZOP 分析团队成员的选择应基于技术知识和工作年限。

3）错误的研究范围

如果研究范围未明确界定，则可能不会注意到某些危险，因为它们来自非常仔细界定的范围之外的目标。因此，应在开始之前确定研究的全部范围。应用范围应包括试验设备的工艺装置，应限制主要危险或操作问题的类型，是否考虑详细结果，以及是否应接受风险补偿。

4）重复劳动

在传统的 HAZOP 分析中，当分析不同单元的不同偏差时，往往是原因和结果的重复。因此，多次重复相同的讨论可能会增加额外的工作，并促进团队成员的厌倦，这不利于 HAZOP 分析。这是真正需要优化的主要对象。必须制定一些方法来消除和减少重复工作。

5）信息不足或不正确

HAZOP 调查的有效性直接取决于调查信息的可用性。因此，如果工艺信息不是最新的，HAZOP 分析将证明是不够的。因此，未说明且文件未更新的工艺设备运行条件的任何变化都可能导致错误的项目评估、高估或低估，有时可能导致风险疏忽。

6）管理错误

由于团队成员的其他职责，他们不定期地参加研究会议，从而持续产生结果。不一致的另一个结果是，由于权力(管理层)或会议安排不当，分析会议频繁中断。因此，经理的任务是确保 HAZOP 分析的成员有足够的时间参与研究。此外，在有限的时间内压缩分析组，这是另一个管理问题。管理者应该给研究一段很长的时间，以及一个发明和创造的过程。这样的事情不可能总是在短时间内得到改善。

7）缺乏故障预防措施

没有足够证明文件的设备管道也会导致评估错误。即使是故障预防设备运行的不良性能也无法进行评估，除非证明文件合理有效。

8）缺乏技术数据

缺乏技术数据是许多化工厂普遍存在的问题，也是一个无法解决的问题。技术(工艺)的复杂性和新颖性需要更多的信息和经验，例如不完整的动力学数据、缺乏热稳定性数据和毒性数据等。例如，由于通过热泵能量吸收振动或太阳辐射，热不稳定性可能会爆炸。这一因素(不可用的技术信息)在特殊化学品的一般工业用途中变得越来越重要。解决这一问题的唯一办法是，小组根据过去的经验和实验结果做出假设。

9）不感兴趣

团队成员缺乏兴趣可能导致研究工作的全面失败。同样，研究结果的产生也是基于团队成员的参与。在研究开始时，领导或管理者应引用以往事故和运营问题的数据，说明研究的重要性和必要性。组长有责任在后期保持成员的兴趣和动机。为此，一周内只安排 4~5 次会议，每次会议不得超过 4 小时。同时，要求成员们为下一次研究做准备，并在上次会议上找到悬而未决问题的答案。

10）最终限制(人为错误、错误指示)

最后，HAZOP 团队的成员有限(人员是最容易发生事故的)，即使是最好的团队也可能无法识别一些简单的风险。在审查会议上，应为每位成员提供最佳条件和环境，以选择最佳想法和建议。为了避免身体和心理损害，应将结果计算机化 HAZOP。然而，用专门系统取代整个 HAZOP 团队是没有意义的。在某些情况下，团队成员的增加也是有益的。然而，重要的是，如果问题很大且复杂，团队成员必须保持最佳水平。

三、HAZOP 分析技术的发展

HAZOP 分析技术在人工 HAZOP 分析的基础上，经历了计算机辅助 HAZOP 的逻辑阶段和 HAZOP 的智能计算机辅助阶段。所谓“逻辑化”包括正式辅助

HAZOP 人工分析，如计算机完成描述和文本表 HAZOP 的后处理，并使用“模型”方法辅助人工 HAZOP 等。此类软件可以减少工作量，但不能帮助智能分析工作，也不能从根本上提高 HAZOP 分析的质量。智能 PHA 系统可与 CAD 系统相结合，用于项目的初始阶段。它还能协助生成基于法律法规的分析结果，这些结果还可用于帮助在线操作员识别异常情况和培训新操作员。

（一）SDG 推理方法(符号有向图)

近年来，随着计算机辅助 HAZOP 分析技术的发展，其软件发展迅速。该软件可分为两类：项目管理软件和计算机自动推理软件。其中，SDG 自动推理方法(符号目标图)较为成熟，解决了 HAZOP 人工分析的“时间、工作量和高成本消耗”问题。SDG(Signed Directed Graph)是由点和点之间有方向的线组成的拓扑。符号有向图(SDG)由实际符号图和线段的方向组成。它可以表达系统变量之间复杂的相互作用关系，实际上可以看作是一个定性的系统模型。符号有向图建模过程简单，它只需要获取感兴趣的变量，考虑直接受此节点影响的其他节点，并用箭头将它们连接起来，以表示它们之间的影响关系。在建模过程中，不需要考虑整个系统的状态。所有系统变量添加后，自然形成整个系统模型，小状态的变化将反映远程节点的变化。DG 结节一般有 3 种状态：阳性状态、阴性状态和零状态。还有两种状态表示法，只有正态和负态。一般来说，在 DG SDG 中，往往存在两种类型的影响，即正面影响和负面影响。例如，如果前一个节点的条件为正，且与下一个节点的影响关系为正，则下一个节点的条件为正。

SDG 模型在人工智能领域被称为深度知识模型，因为它表达了变量之间的影响关系，而不是最终的结论。从影响关系中，我们可以推断出许多结论。SDG 图中包含的信息量是巨大的。对于一个有 10 个节点的模型，每个节点都有 3 个状态，因此模型中包含的状态变量总数是 3^{10}，等于 59049，难以包含在专家系统或知识库中。DG SDG 有 3 种推理机制：预期推理、逆向推理和双向推理。对于长期推理，可获得下游节点的状态，并可在 HAZOP 分析中获得不利后果。通过逆向推理得到上游节点的状态，通过 HAZOP 分析得到异常原因。

在 SDG 推理过程中，我们可以看出推理过程与 HAZOP 分析过程相似且可比。DG 正向推理发现后果节点具有不利后果，并反向推理原因节点以获得异常原因，因此它具有 HAZOP 分析的主要组成部分。其次，SDG 推理过程，即兼容路径，与 HAZOP 分析中事故图的概念一致。因此，可以通过计算机推理来获得 HAZOP 事故的部分。这是专家系统方法无法实现的，同时是深层知识模型的优势所在。

SDG-HAZOP 具有高度的完备性，SDG-HAZOP 节点是人工 HAZOP 中关键变量的超级集合。利用计算机的自动推理，所有节点都可以被转移，因此它能够分析进一步的偏差。此外，建模过程实际上是一个熟悉流程和澄清系统变量的过程。在建立模型的过程中，经常会发现手工分析 HAZOP 中容易忽略的关键变量，提高了分析的完整性。由于人类思维的局限性，专家们在分析事故情节时往往陷入经验的陷阱——根据事故经验进行配给将导致忽略许多风险。此外，人脑很难长时间记住事故的情节，只能在离偏离点较远的地方分析事故。SDG 中基于 HAZOP 的分析可通过计算机推理从任何深度节点推导，以确保在更大程度上的分析完整性。此外，SDG-HAZOP 的计算机自动推理速度非常快。然而，SDG-HAZOP 取决于模型的质量，模型的质量将直接影响推理的结果。在实际过程中，经常需要不断地修改模型。此外，SDG-HAZOP 只能获得偏差的异常原因和不良后果，但不能获得危险的安全防护级别、发生的可能性和危险程度。危险品推理只能推断节点的正态(多)或负态(少)，而手工 HAZOP 可以推断所有引导词。

(二) HAZOP 与过程模拟的结合

HAZOP 与过程模拟相结合，是在传统 HAZOP 的基础上建立被分析对象的过程模型，模拟不同程度的偏差对系统的影响，量化 HAZOP 偏差的关键词，定量描述偏差导致事故的后果，从而量化 HAZOP。HAZOP 过程的模拟分析可在保证风险和效益等效的基础上，为工厂安全分析提供更具说服力的安全分析报告。HAZOP 与过程模拟相结合的途径就是通过 P&ID 图。传统 HAZOP 分析是利用引导词找到系统存在的偏差，根据工艺流程 P&ID 图分析偏差产生的原因及可能造成的后果。HAZO-过程模拟则是通过建立系统的过程模型，将工艺过程的静态 P&ID 图转化为动态 P&ID 图，来分析温度、压力、流量等对该工艺流程的影响程度。传统的 HAZOP 分析是在静态的 P&ID 图上进行的，HAZOP-过程模型是在动态的 P&ID 图上进行。通过 HYSYS 化工流程动态模拟软件来实现动态的 PID 与 HAZOP 偏差相互影响的过程模拟。

HAZOP-过程模拟的流程如下：

(1) 确定分析的主题，明确分析的目标、对象和范围，以便按照正确的方向和设定的目标开展分析工作，这一点非常重要。

(2) 获取详细的流程资料，包括工艺流程图(PFD)、管道和仪表图(P&ID)、平面布置图等，此外还包括操作规程、仪表控制图、设备图，有时还需提供装置手册和设备制造手册。

(3) 在正常操作条件下建立工艺系统的工艺模型来检查模型的准确性。确定了系统在正常工况下的状态方程，并通过相应的数学模型建立了系统的过程模型。

(4) 拆分节点并模拟流程。在 HAZOP 分析过程中，根据工艺流程和系统分析要求划分节点。在每个分析节点中，过程模型的运行条件不断变化，以偏离正常运行条件，并模拟系统状态参数的变化。如果偏差可能导致系统的意外后果，则偏差是重大的，必须采取措施加以控制，并且必须记录系统参数的变化。

(5) 结合获得的经验，确定改道的后果。根据专家经验，对模拟数据进行处理，以获得偏差造成事故的可能后果。例如，分析操作压力变化对系统温度、净液位、产品等的影响。

(6) 准备分析报告。解析和总结分析结果，提取适当的结果并记录表格分析。HAZOP 过程的模拟分析过程如图 10-3 所示。

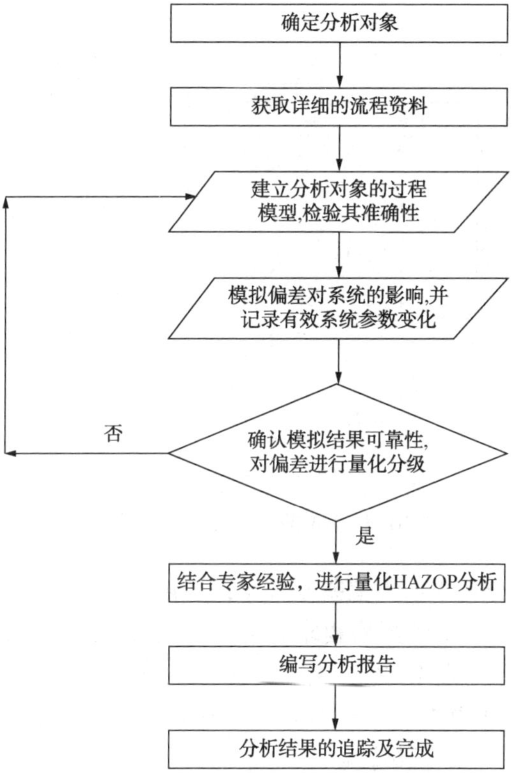

图 10-3　过程模拟分析流程

(三) HAZOP 中引入专家模糊判断及量化分析结果

石油和化工厂的 HAZOP 分析将产生大量偏差，偏差的发生既混乱又随机，使专家难以准确评估偏差的可能性。偏差的概率只能用"小"和"大"等语言来描述，不能直接用作概率值。因此，在专家判断方法中引入扩散评价的思想，用扩散概率表示专家意见，确定偏离的可能性，以达到定量分析 HAZOP 的目的。使用概率量化技术对 HAZOP 分析偏差进行量化的过程如图 10-4 所示。在 HAZOP 分析前，应介绍专家的权重。检查合规性后，介绍每位专家关于偏差可能性的分散语言，并在计算机的帮助下快速完成 HAZOP 量化分析。目前，半定量风险知识矩阵广泛应用于 HAZOP 分析过程。在这种情况下，概率量化所需的额外 HAZOP 分析时间是一种实用的方法。

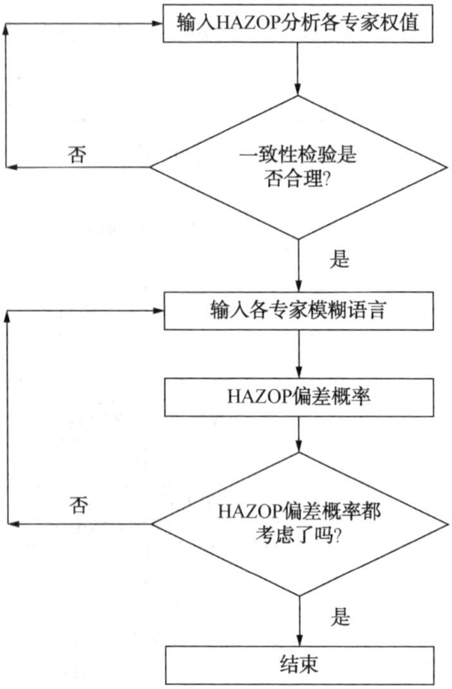

图 10-4　HAZOP 专家模糊评判过程

（四）HAZOP 分析中引入偏差专家库以量化分析结果

对团队成员个人经验的严格要求是阻碍中国 HAZOP 研究发展的主要原因。因此，有必要搜索和开发 HAZOP 偏差专家数据库，该数据库位于 HAZOP 分析 no de（化学生产工艺装置）中。常用化工设备分为几个小单元，结果见表 10-7，这些设备的 HAZOP 分析偏差库见表 10-8。

表 10-7　常用化工设备（部分）

序号	设备名称	序号	设备名称
1	工艺管线	7	换热器
2	过滤器	8	反应器
3	盲板	9	储罐
4	离心泵	10	阀门
5	往复泵	11	安全阀
6	螺杆泵	12	流量计

表 10-8　HAZOP 分析偏差库(部分)

序号	可能偏差	偏差原因	序号	可能偏差	偏差原因
1	流量过大	管线限流孔板磨损或拆除	12	压力过大	喘振问题
2	流量过大	系统跨接	13	压力过大	管线设计压力低
3	流量过小	管线振动	14	压力过小	腐蚀穿孔导致泄漏
4	流量过小	管线焊缝泄漏	15	压力过小	冷凝
5	流量过小	管线腐蚀穿孔导致泄漏	16	温度过高	火灾状态
6	流量过小	管线压差小	17	温度过高	夏季气温高
7	无流量	管线断裂	18	温度过高	内部燃烧
8	无流量	管线堵塞	19	温度过高	压力过高
9	无流量	管线内不正确压差	20	温度过低	冬季气温低
10	逆流量	管线连接错误	21	温度过低	压力过低
11	逆流里	虹吸效应	22	温度过低	吸热效应

第二节　常见节点类型 HAZOP 分析表

常见节点类型的 HAZOP 分析表如表 10-9~表 10-12 所示。

表 10-9　塔类设备的 HAZOP 分析表

偏差	原因	后果	安全措施
塔釜液位高	上游(来液)流速太大 下游(抽出)流速太小 控制阀关闭	如果塔本身设计不能满足高液位要求，将会损坏塔结构 液泛(塔板倾覆) 压力高	高液位报警器 液位指示器
塔釜液位低	控制阀打开 下游(抽出)速度太小 上游(来液)速度太小	蒸汽进入下线设备	液位指示剂 低液位报警器
塔盘液位低	控制阀打开 下游(抽出)速度太小 上游(来液)速度太小	蒸汽进入下线设备	液位指示剂 低液位报警器
温度高	流经再沸器的速度太低 再沸器温度太高 来液温度太高 冷却失效 回流失效	压力高	回流流量检测仪 高温报警 温度指示器

续表

偏差	原因	后果	安全措施
温度低	回流过量 进料轻组分闪蒸 环境温度太低 流经再沸器的速度太慢 再沸器温度太低	水冻结 可能导致低温损害	回流流量检测仪 低温报警 温度指示器
压力高	上游设备突然排气 上游压力高 压力控制阀关闭 蒸汽加热器/再沸器泄漏 塔盘	可能通过泄压阀释放 导致泄漏(如果压力已超过了设备的压力等级)	压力指示器 高压报警仪
压力低	温度低 压力控制阀打开	损坏塔器	低压报警器 压力指示器 真空断路器
污染物浓度高	上游污染物浓度高 操作员失误(阀未对准) 在切换物料时操作员失误 上游操作混乱、错误 原材料错误	—	检查指定的阀已对齐 物料交付步骤 物料在卸货/使用前进行检验
失去密封	侵蚀/腐蚀 外部火灾 外部撞击 积聚液体在低点、死角冻结 垫圈、填料或密封圈失效 不合适的维护 设备或设备衬里失效 材料缺陷 取样点阀泄漏 观察口失效 设备堵塞物热膨胀 真空 排气或排污阀泄漏 高压(如果压力超过了设备的压力等级)	物料泄漏	腐蚀探测器 无损检测 操作、维护以及必须隔离时应按要求进行 泄压阀 远排放能力 防爆板 远距离或工人操作隔离塔的能力

表 10-10 管线的 HAZOP 分析表

偏差	原因	后果	安全措施
流速高	控制阀打开 上游压力太高 下游压力太低	腐蚀 下游液位太高 上游液位太低 可能对管内组件造成损害	流速指示器 高流速报警
流速低或无	阀门关闭 控制阀关闭 下游压力高 上游压力低 滤网堵塞 由于固体物积聚堵塞管道	上游液位高 上游压力高 下游液位低	流速指示器 低流速报警
逆流	下游压力高 上游压力低	上游污染 上游液位高 上游压力高 下游液位低	止逆阀
温度高	环境温度太高 上游温度太高	压力高	高温报警 温度指示器
温度低	环境温度低 上游温度低	水冻结 物料凝固并堵塞，导致低或无物流	低温报警
压力高	物料堵塞 下游压力控制阀关闭 上游压力高 温度高	可能通过泄压阀释放 管线泄漏（如果压力已超过了设备的压力等级）	压力指示器 高压报警仪
压力低	—	—	低压报警器 压力指示器
污染物浓度高	上游污染物浓度高 操作员失误（阀未对齐） 操作者在切换物料时失误 上游操作程序颠倒 原材料错误	—	检查指定的阀是否对齐 确保物料交付步骤正确 卸货或使用前进行检验

续表

偏差	原因	后果	安全措施
密封失效	侵蚀或腐蚀 外部火灾 外部撞击 积聚液体在低点、死角冻结 垫圈、填料或密封圈失效 水力的连续作用 不合适的维护 设备或设备衬里失效 材料缺陷 取样点阀泄漏 设备堵塞物热膨胀 排气或排污阀泄漏 高压(如果压力超过了设备的压力等级)	泄漏	远距离或人工操作隔离管线的能力 止逆阀 腐蚀探测器 无损检测 操作、维护以及必须隔离时应按要求进行 释放阀 防爆膜
密封失效	由不适宜的 NPSH 导致的气穴现象 侵蚀或腐蚀 最大吸入压力加停机压力超出了压缩机罩壳设计压力 外部火灾 外部撞击 积聚液体在低点、死角冻结 垫圈、填料或密封圈失效(由于振动或密封失效) 水力的长期冲击作用 不合适的维护 材料缺陷 滤网堵塞 泵塞热膨胀 排放或排污阀泄漏，外壳泄漏	小泄漏或大泄漏	远距离或人工操作隔离管线的能力 止逆阀 腐蚀探测器 无损检测 操作、维护以及必须隔离时应按要求进行 释放阀 防爆膜 备用泵 泵状态检测器 振动检测器

表 10-11　间歇反应器的 HAZOP 分析表

偏差	原因	后果	安全措施
液位高	控制阀失效 下游流速太低 公用系统的物料泄漏进入反应器 前一次反应遗留物料在反应器内	压力高	高液位报警器 液位指示器

续表

偏差	原因	后果	安全措施
液位低	控制阀失效 上游流速太低 物料泄漏时进入公用系统 在需要加料时操作者未加料	—	液位指示剂 低液位报警器
界面液位高	由上游设备来的物料过量 界面液位控制阀关闭 向下游的流速低	重组分物质过量	界面液位指示器 高界面液位报警器
界面液位低	下游流速太高 界面液位控制阀开启	蒸汽被烃污染 轻组分下溢	界面液位指示器 低界面液位报警器
温度高	催化剂或反应剂过量 环境温度太高 上游温度太高 冷却失效 加热器过热 反应失效 蒸汽控阀开启	反应速度加快 压力高 管泄漏或破裂	温度指示器 高温报警器
温度低	催化剂或反应剂不足 环境温度太低 蒸汽控阀关闭	水冻结 反应速度降低 压力低	温度指示器 低温报警
混合延迟	操作指失误	—	建立混合步骤的文档
混合不足或无	电动机失效 电源失效 搅拌轴失效 搅拌浆片失效	反应速度降低	建立混合步骤的文档 低温报警 PM/混合组分监控器 混合电动机状态指示 温度指示
反应速度高	催化剂过量 过分混合 反应剂过量 温度高 污染物浓度高	—	建立混合步骤的文档 高温报警 物料使用前进行检验 温度指示

续表

偏差	原因	后果	安全措施
反应速度低	催化剂不足 反应剂不足 温度低 混合不够或无混合 污染物浓度高	—	高温报警器 物料使用前进行检验 温度指示 建立混合步骤的文档
压力高	上游设备排气 上游压力高 压力控制阀失效 蒸汽加热器/再沸器泄漏 液位高 温度高	可能通过泄压阀释放导致泄漏(如果压力已超过设备的压力等级)	温度指示器 高压报警器
压力低	失去惰性覆盖层 压力控制阀失效 温度低	损坏反应器	低压报警器 压力指示器 真空断路器
次序颠倒	进料阀一直开启 操作者失误(加料顺序错误)	—	建立混合步骤的文档 PM/进料阀检控器
污染物浓度高	混合器轴密封泄漏 操作员失误(阀未对齐) 操作员在切换物料时失误 上游操作程序颠倒 原材料错误 上游污染物浓度高 从其他系统泄漏进物料	反应速度加快 反应速度降低	检查指定的阀已对齐 物料交付步骤 物料在卸货/使用前进行检验
管泄漏或破裂	侵蚀或腐蚀 不适宜的维护 不适宜停反应器操作(物料闪蒸使水冻结) 材料缺陷 内部混合时产生的机械磨损 热膨胀 管壁被搅拌器刀片撞击 温度高	造成低压区污染	冷凝物系统反析器 冷凝罐排气 传送监控器 腐蚀探测器 在冷却塔安装烃监控器 冷却塔设排烃气孔 操作、维护以及必须隔离时按要求进行 pH 监控器 释放阀 防爆膜

续表

偏差	原因	后果	安全措施
密封失效	侵蚀/腐蚀 外部火灾 外部撞击 积聚液体在低点、死角冻结 垫圈、填料或密封圈失效 不合适的维护 设备或设备衬里失效 材料缺陷 取样点阀泄漏 观察口失效 设备堵塞物热膨胀 真空 排气或排污阀泄漏 高压(如果压力超过了设备的压力等级)	小泄漏或大泄漏	释放阀 防爆板 遥控或手动隔离反应器的能力 止逆阀 腐蚀探测器 无损检测器 操作、维护以及必须隔离时应按要求进行

表 10-12　连续反应器的 HAZOP 分析表

偏差	原因	后果	安全措施
流速高	控制阀打开 上游压力太高 下游压力太低 高压	侵腐 下游液位太高 上游液位太低 可能造成反应器内组件造成损害	流速指示器 高流速报警
流速低或无流速	阀门关闭 控制阀关闭 下游压力高 上游压力低 床层堵塞 温度低	上游液位高 上游压力高 下游液位低	流速指示器 低流速报警
逆流	下游压力高 上游压力低	上游污染 上游液位高 上游压力高 失去反应层完整性 下游液位低	止逆阀

续表

偏差	原因	后果	安全措施
温度高	热交换器淤塞 催化剂反应活性太高 上游温度太高 热交换器内冷却流因故停止 失控反应 蒸汽控制阀开启 乱流	反应速度高 压力高	确保催化剂制备和再生过程正确 温度指示器 高温报警器
温度低	反应管淤塞 反应管内热物流停止 环境温度太低 催化剂活性低 上游温度低 蒸汽流控制阀关闭 乱流	水冻结 物料堆积或淤塞，导致流速低 低反应速度	确保催化剂制备和再生过程正确 温度指示器 低温报警
反应速度高	催化剂过量 反应剂过量 温度高 污染物浓度高	—	温度指示器 物料使用前进行检验 高温报警器
反应速度低	催化剂不足 反应剂不足 温度低 污染物浓度高	—	温度指示器 物料使用前进行检验 低温报警器
压力高	物料堵塞 下游压力控制阀关闭 上游压力高 蒸汽加热器或再沸器泄漏 温度高	可能通过泄压阀释放 流速高 泄漏(如果压力已超过了设备的压力等级)	压力指示器 高压报警器
压力低	过分冷却 压力控制阀失效 抽气时通气孔关闭	损坏反应器	压力指示器 低压报警器 真空断路器
污染物浓度高	上游污染物浓度高 从其他系统泄漏进入 操作员失误(阀未对齐) 操作者在切换物料时失误 上游操作程序颠倒 原材料错误	反应速度高 反应速度低	有指定阀对齐操作的检查表 确保物料交付过程无误 物料在卸货或使用前进行检验

续表

偏差	原因	后果	安全措施
密封失效	侵蚀或腐蚀 外部火灾 外部撞击 积聚液体在低点冻结 垫圈、填料或密封圈失效 水锤效应 不合适的维护 设备或设备衬里损坏 材料缺陷 取样点阀泄漏 设备塞子热膨胀 排放或排污阀泄漏 高压(当压力超过设备的压力等级时)	小泄漏或大泄漏	具备遥控或手动隔离反应器的能力 止逆阀 腐蚀探测器 无损检测 操作、维护以及必须隔离时应按要求进行 释放阀 防爆板
液位高	控制阀失效 上游流速大 下游流速太低 公用系统的物料泄漏进入容器 前一次物料遗留在容器内 操作人员加入物料太多	压力高	高液位报警器 液位指示器
液位低	控制阀失效 下游流速高 上游流速太低 物料泄漏时进入公用系统 在需要加料时操作者未加料	向下游设备的物料可能停止	液位指示剂 低液位报警器
界面液位高	由上游设备界面液位而致 界面液位控制阀关闭 向下游的流速低	重组分物质过量	界面液位指示器 高界面液位报警器
界面液位低	下游流速太高 界面液位控制阀开启	水流被烃类物质污染 轻组分下溢	界面液位指示器 低界面液位报警器
温度高	环境温度太高 上游温度太高 冷却失效 蒸汽流控阀开启 温度控制器	高压	温度指示器 高温报警器

续表

偏差	原因	后果	安全措施
温度低	环境温度太低 蒸汽控制阀关闭	水冻结 压力低	温度指示器 低温报警
压力高	液位高 温度高 由上游设备承接而来 被掺入介质堵塞 上游压力高 压力控制阀失效	可能通过泄压阀释放 导致泄漏(如果压力已超过了设备的压力等级)	温度指示器 高压报警器
压力低	过分冷却 惰性保护失效 压力控制阀失效 泵抽气时通气孔关闭 温度低	容器损坏	低压报警器 压力指示器 真空断路器
污染物浓度高	上游污染物浓度高 由其他系统泄漏而入 操作员失误(阀未对齐) 操作员在切换物料时失误 上游操作程序颠倒 原材料错误	—	有指定阀未对齐的检查 确保物料交付过程无误 物料在卸货/使用前进行检验
内部盘管泄漏或破裂	侵蚀或腐蚀 温度高 不适宜的维护 不适宜停止操作程序(闪蒸物料使水冻结) 材料缺陷 内部混合时的机械磨损 盘管塞子热膨胀	会污染压力低的一侧 低于一侧如果是封闭的将会产生超压现象	有冷凝系统分析器 冷凝罐有排气孔 有传导监控器 腐蚀探测器 冷却塔中有烃类物质监控器 冷却塔中有烃类物质排气孔 操作、维护以及必须隔离时按要求进行 pH 监控器 释放阀 防爆膜

续表

偏差	原因	后果	安全措施
失去密封	设备塞子热膨胀 真空 排放或排污阀泄漏 高压（当压力超过设备的压力等级） 侵蚀/腐蚀 外部火灾 外部撞击 积聚液体在低点冻结 垫圈、填料或密封圈失效 不合适的维护 设备或设备衬里失效 材料缺陷 取样点阀泄漏 观察窗口损坏	小泄漏或大泄漏	具备遥控或手动隔离反应器的能力 止逆阀 腐蚀探测器 无损检测 操作、维护以及必须隔离时应按要求进行 释放阀 防爆膜
停电	电缆或电缆总线故障 雷击 公用电源失效 超过负荷 变压器火灾 涡轮式发电机故障 高压蒸汽系统失效	停设备风 停高压蒸汽 冷冻系统失效 真空系统失效 停惰性气体（氮气、二氧化碳等） HVAC 失效 停冷却水 循环水停 停热水 停夜间照明 停控制系统（DCS、PLC等） 停仪表风	备用电源 断路器和保护设施 应急停车和转化程序 备用发电设备
控制系统故障	计算机故障 控制模块或电路板故障 电源故障（暂时或长时间停电） HVAC 故障	—	备用控制室 备用控制模块 不间断电源供应

续表

偏差	原因	后果	安全措施
停仪表气体	空气压缩机故障 串入其他空气系统 被干燥剂堵塞 冻结 集气管破裂 水积聚 电源故障	停高压蒸汽 传热系统失效（如热油系统） 冷冻系统停止 停惰性气体（氮气、二氧化碳等）	低压报警器 备用氮系统 备用压缩机
停设备气体	空气压缩机故障 串入其他空气系统 被干燥剂堵塞 冻结 集气管破裂 水积聚 电源故障	—	低压报警器 备用压缩机
停高压蒸汽	集气管破裂 锅炉进水系统故障 凝液返回系统故障 锅炉房倾覆 电源故障（暂时或长时间停电） 停仪表风 停燃料气 停天然气	停电（暂时或长时间停电） 停低压蒸汽系统 真空系统失效 冷却水系统失效 循环水系统失效 热水系统失效	低压报警器 多台锅炉
停低压蒸汽	低压蒸汽站失效 集气管破裂 涡轮发电机故障（排气装置故障） 锅炉房倾覆 高压蒸汽系统故障	停纯净气	低压报警器 备用的低压蒸汽站
传热系统（如热油系统）失效	蓄液池液位低 泵故障 仪表风故障 燃料气故障 天然气故障 炉故障 集气管破裂	—	备用传热介质 低压报警器 低温报警器 补充液体 备用泵

续表

偏差	原因	后果	安全措施
冷冻系统失效	冷却器故障 压缩机故障 集气管破裂 蓄液池液位低 停电(暂时或长时间停电) 停仪表风 停冷却水 听循环水	—	高温报警器 低压报警器 添加液体 备用冷冻装置
真空系统失效	真空泵故障 停电(暂时或长时间停电) 高压蒸汽失效	—	高压报警器 备用真空泵
燃料气失效	过分通风或燃烧 集气管破裂 离析器液位高	高压蒸汽失效 传热系统失效	高液位报警器 低压报警器 天然气补加系统
天然气失效	集气管破裂 公用工程故障 天然气中转站故障	纯净气失效 点火、热氧化剂、焚化炉失效 高压蒸汽失效 传热系统失效	备用燃料源 电压报警器
停惰性气体(氮气、二氧化碳等)	冰冻 惰性气体厂故障 惰性气体贮存器液位低 停电(暂时或长时间停电) 仪表气体失效	—	低液位报警器 低压报警器 氧分析仪和报警器
停纯气失效	天然气失效 纯净气工厂故障 低压蒸汽失效	—	备用的纯净气源 低压报警器 氧分析仪和报警器
HVAC 失效	节气阀关闭 输送管火灾 鼓风机故障 开启安全模式 恶劣的环境温度 停电(暂时或长时间停电) 冷却水故障 循环水故障	控制系统失效(DCS、PLC 系统等)	备用的 HVCA 装置

续表

偏差	原因	后果	安全措施
冷却水失效	冷却塔火灾 碎片堵塞水管入口 鼓风机故障 淤塞 集气管破裂 冷却塔结冰 蓄液池液位低 泵故障 停电(暂时或长时间停电) 高压蒸汽故障	冷冻系统失效 HVCA 失效	应急系统与热水系统连锁 流速指示器及低流速报警器 高温报警器 保护管入口 低压报警器 备用的蒸汽驱动泵和发动机驱动泵
循环水失效	碎片堵塞管入口 集气管破裂 蓄液池液位低 停电(暂时或长时间停电) 高压蒸汽故障	冷冻系统失效 HVCA 失效	高温报警器 保护管入口 低压报警器 备用的蒸汽驱动泵和发动机驱动泵
停热水	碎片堵塞水管入口 集气管破裂 柴油机燃料不合格 蓄液池液位低 泵故障 停电(暂时或长时间停电) 高压蒸汽故障	—	应急系统与热水系统连锁 保护管入口 低压报警 备用的蒸汽驱动泵和发动机驱动泵 环状集气管 柴油机驱动热水泵
排污系统故障	位置或倾斜度不合格 管径不合格 沙石或砾石积聚 淤泥积聚	—	定期清理
失去密封	侵蚀/腐蚀 外部火灾 外部撞击 垫圈、填料或密封圈失效 不合适的维护 材料缺陷 交换器封闭时的热膨胀	小泄漏或大泄漏	腐蚀探测器 无损检测 操作、维护以及必须隔离时应按要求进行 释放阀 防爆膜

续表

偏差	原因	后果	安全措施
点火、热氧化剂或焚化炉失效	火炉控制系统故障 喷射器液位高 风速高 无助燃气 无天然气	—	独立的引燃气系统 点火监视器
夜间照明失效	电源故障（暂时或长时间停电）	—	选择部分灯可用电池作为电源 应急照明电路

通过上述对比分析和方法本身的特点，HAZOP 的优势可总结如下：

① 从生产系统中的工艺参数入手，研究系统偏差，用启发性的指导词研究温度、压力和流量等状态参数变化可能导致的各种缺陷的原因、危险和对策，对工艺设计进行全面、系统的分析、研究和评审。

② HAZOP 分析研究的状态参数是由操作员控制的指标。分析研究的重要性毋庸置疑，有利于提高安全运行能力。HAZOP 可以分析和研究生产操作人员的操作失误及其后果，预测人为操作失误造成的严重后果，并提出具体措施，以确保工厂生产的安全。

③ 分析和研究工艺设计中的潜在危险。HAZOP 的风险更不用说隐蔽性，会导致从未发生过的事故隐患。可以有效地发现这种潜在风险，并采取措施消除它。

④ HAZOP 分析结果可用于项目评估和运营评估，它不仅可用于编制和完善安全规程，还可作为安全教育教材。

⑤ 通过 HAZOP 的分析和评审，消除了工艺装置在设计和运行中可能发生的突然停顿、设备损坏、不合格品、爆炸、火灾中毒等恶性事故，以提高生产效率和装置的经济效益。

⑥ HAZOP 分析方法易于掌握。使用引导词进行分析不仅可以拓展思路，还可以避免提出没有方向的问题。

⑦ 通过 HAZOP 的分析和调查，设计人员和操作人员可以对装置的性能有更全面、更深入的了解，不仅可以改进设计，保证装置的安全生产，同时也丰富了生产操作程序，提高了操作人员的培训质量。

第三节　HAZOP 方法在石化装置的应用实例

1. HAZOP 分析目的

(1) 通过组织操作人员进行分析，使操作人员加深对常减压装置的了解，并且在实际操作过程中识别出潜在的危险因素，通过采取必要的安全措施，对降低常减压装置存在的风险、保证常减压装置安全平稳运行具有重要的意义。

（2）通过 HAZOP 分析，提高了各专业人员及操作人员的安全意识并识别出系统存在的设计缺陷、设备故障、作业过程中的人员失误等可能带来的各种后果，为装置隐患整改、技改和操控的提高提供有力的资料支持。

2. HAZOP 分析依据

（1）某石油化工设计院提供的相关图纸设计资料和文件。

（2）《常减压装置操作规程》。

（3）《HAZOP 分析与研究指南》。

（4）HAZOP 分析 CAH 软件。

3. HAZOP 分析关键点

（1）分析时先将工艺系统分解成若干个子系统，即所谓的“节点”，然后参考有意义的引导词，通过偏离识别可能的事故原因，评估各个事故原因当前的风险。若现有的安全措施可以控制存在的风险，设施缺失项则不存在；反之，提出合理的控制措施，设施缺失项和控制措施可以提出多个，参会人员集体讨论后，最终将选择最合理的措施。

（2）如果确定了一个有意义的偏离，则分析偏离发生的原因及后果。分析后果时，应假设任何已有的安全保护措施都失效，所导致的最终不利后果。

（3）分析节点范围由 HAZAOP 分析团队成员讨论确定，划分节点后，可以用不同的颜色在 P&ID 图上加以区别。“设计意图”构成分析的基准，应尽可能准确完整地进行表述。

（4）分析后果时应假设任何已有的安全保护以及相关的管理措施都失效，此时所导致的最终不利后果。

（5）设施缺失是指控制措施不能很好地消除偏离带来的最终后果，只有增加一项或几项安全保护设施，才能起到消除偏离带来的隐患。

4. 常减压装置概况

1）常减压装置组成

本装置主要由电脱盐系统、换热网络系统、常压系统、减压系统、氧化沥青系统、电精制系统等部分组成。原油在本装置内经脱盐脱水、常压蒸馏、减压蒸馏后被分为轻质燃料油、4#轻质燃料油、蜡油 1#、200#道路沥青、AH-70#重交通道路石油沥青。

2）常减压装置工艺原则流程图

常减压装置工艺原则流程图如图 10-5 所示。

5. HAZOP 分析过程

1）常减压装置 HAZOP 分析小组的成立

HAZOP 分析小组详情见表 10-13。

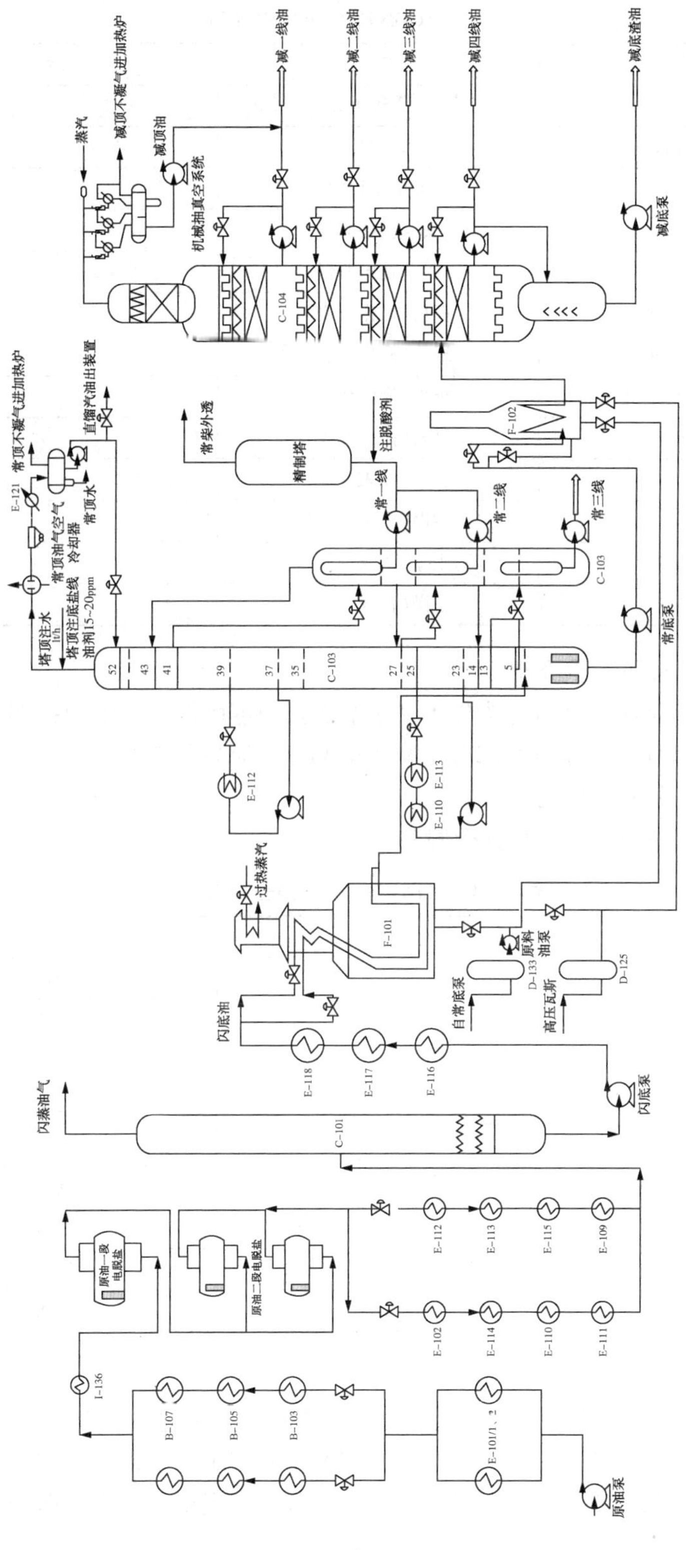

图10-5　常减压装置工艺原则流程图

表 10-13　HAZOP 分析小组详情

部门	专业	姓名
QHSE 部	管理类	
常减压车间	管理类	
QHSE 部	安全工程师	
常减压车间	安全设备监督	
常减压车间	工艺技术监督	
常减压车间	班长(操作代表)	
常减压车间	班长(操作代表)	
常减压车间	班长(操作代表)	
常减压车间	班长(操作代表)	
维修中心	主操(仪表专业)	
维修中心	主操(电工专业)	
维修中心	主操(机泵维修)	
维修中心	主操(仪表专业)	

2）HAZOP 分析节点介绍

此次分析将常减压装置分为以下 7 个节点：闪蒸塔部分、电脱盐部分、常压炉部分、常压塔部分、减压炉部分、减压塔部分、油品外送部分。

3）HAZOP 分析使用的偏差列表

表 10-14 所示为 HAZOP 分析偏差列表。

表 10-14　HAZOP 分析偏差列表

序号	参数	引导词
1	液位	过低/无
		过高
2	流量	过低/无
		过高
3	压力	过高
		过低
4	温度	过高
		过低
5	事件	腐蚀

4）HAZOP 分析成果

HAZOP 分析小组通过对一系列偏差进行分析，系统地对常减压装置重点工艺节点进行审核，分析导致偏差产生的原因和由此产生的后果，并在对现场已采用的安全措施进行识别和判断的基础上，群策群力，提出了控制措施和设施缺失项，通过许多措施的贯彻落实，消除偏离带来的隐患，将会提高常减压装置总体的安全水平。

5）HAZOP 分析时间进度表

HAZOP 分析时间进度表见表 10-15。

表 10-15　HAZOP 分析时间进度表

HAZOP 分析实施进度表									
步骤 1：组建分析团队，明确参与方职责，明确编制目的、要求。									
步骤 2：准备阶段，准备资料(图纸等)，召集分析会前会议，合理安排时间。									
步骤 3：划分节点进行分析，征求相关方意见和建议，定稿形成正式报告，提出设施缺失或控制措施。									
步骤 4：设施缺失和控制措施的跟进与完成，分阶段逐步进行销项，降低生产运行中存在的风险。									
时间									备注
步骤 1									为了确保分析的质量和有效性，成员选择尤为重要，包括 HAZOP 分析主席、工艺工程师、仪表工程师、操作专家、记录员、安全工程师、其他专业人员。需抽出专门时间进行分析，其间为了确保提供的建议措施具有参考性，需参加人员全身心投入，保证时间充足
步骤 2									
步骤 3									
步骤 4									

6）HAZOP 分析成果

HAZOP 分析小组通过对一系列偏差进行分析，系统地对常减压装置重点工艺节点进行审核，分析导致偏差产生的原因和由此产生的后果，并在对现场已采用的安全措施进行识别和判断的基础上，群策群力，提出了控制措施和设施缺失项，通过许多措施的贯彻落实，消除偏离带来的隐患，将会提高常减压装置总体的安全水平。

7）HAZOP 分析表

HAZOP 分析表见表 10-16，风险严重性说明见表 10-17。

表 10-16　HAZOP 分析表

严重性 S	风险评估频率 L				
	1	2	3	4	5
	千年一次	百年一次	十年一次	一年一次	一月一次
1	0	1C	2C	1R	2R
2	1C	2C	1R	2R	3R
3	2C	1R	2R	3R	4R

续表

严重性 S	风险评估频率 L				
	1	2	3	4	5
	千年一次	百年一次	十年一次	一年一次	一月一次
4	1R	2R	3R	4R	1U
5	2R	3R	4R	1U	2U

（1）表中频率以 L 表示，如 L4 代表一年一次；

（2）表中严重性以 S 表示，如 S1 代表后果的严重性是 1 栏里的一条；

（3）事故原因的风险等级数字就是根据频率和严重性在矩阵图里得到一个相应的数字，括号里的数字代表后果的分类(1 表示人员伤害，2 表示设备损坏，3 表示工厂停产，4 表示环境影响，5 表示外界反应)，如频率 L4 和严重性 S1 就会落在表 1R 格内，风险等级为 1R，显示出的剩余风险 2C 为考虑到安全措施后的等级，对原因发生的频率和后果的严重度进行分别消减；2C(1)括号里的数字为 1，表示是人员伤害方面的。

（4）风险矩阵中代码含义：U—不可接受水平的风险，需要考虑重新设计该系统；R—需要考虑减少风险的措施；C—风险水平的减少措施无须花费较多成本，但有可能采用控制和安全规程等措施。

表 10-17　风险矩阵严重性说明

严重性	人员伤害(1)	设备损坏(2)	工厂停产(3)	环境影响(4)	外界反映(5)
A	只需一次性简单处理的轻伤	0~5 万元损失	小于 1h	局限于岗位，可以迅速自然消散	局部流传，一般性诉苦
B	需要时间进行处理的伤害	5.6 万 ~ 56 万元损失	半天	有明显超出岗位的影响，但仍为局部和短期影响	区域性报纸和电视负面消息报道
C	需要住院治疗的伤害	56 万 ~ 560 万元损失	1~5 天	广泛的，但短期对环境有影响	国家电视和媒体负面报道
D	终身致残或一人死亡	560 万~5600 万元损失	数周，对客户产生的影响	长期污染，影响范围大	公众质询和长时间媒体的负面报道
E	多人死亡	5600 万元以上损失	1 年以上企业无法经营	严重的，需要动用国力才能消除环境损害	国际新闻，刑事起诉

6. 闪蒸塔-HAZOP 安全评价分析报告

闪蒸塔-HAZOP 安全评价分析报告见表 10-18，分析位置：常减压装置闪蒸塔部分。

7. 常压炉-HAZOP 安全评价分析报告

常压炉-HAZOP 安全评价分析报告见表 10-19，分析位置：常减压装置。

8. 减压炉-HAZOP 安全评价分析报告

减压炉-HAZOP 安全评价分析报告见表 10-20，公司名称：某石化有限公司。

9. 减压塔-HAZOP 安全评价分析报告

减压塔-HAZOP 安全评价分析报告见表 10-21。分析位置：常减压装置。分析目的：基于风险矩阵的 HAZOP。

表 10-18　闪蒸塔-HAZOP 安全评价分析

序号	参数	引导词	偏离	原因	后果	安全设施	频率	严重性	风险等级	控制措施	传播路径
1.1	闪蒸塔 C-101 液位	过多	闪蒸塔 C-101 液位/过多	上游进料量过大	闪蒸塔 C-101 液位过高，导致油品通过塔顶挥发线进入常压塔中上部，造成常压塔侧线产品不合格	1. 上游管线安装有来料 DCS 流量显示 FT-2101； 2. 上游管线安装有调节阀 FV-2102 和 FV-2103； 3. 闪顶挥发线安装有热偶温度计 TE2104	L1	S3(3)	2C(3)	1. 汇报调度要求原油车间降低原油量； 2. 内操手动调节脱前流量调节阀 FV-2102 和 FV-2103 开度至合适大小； 3. 检查闪底泵 P-102 运转是否正常，出口阀门是否全开	上游进料量过大→闪蒸塔 C-101 液位。过多→闪蒸塔 C-101 液位过高，导致油品通过塔顶挥发线进入常压塔中上部，造成常压塔侧线产品不合格
1.2	闪蒸塔 C-101 液位	过多	闪蒸塔 C-101 液位/过多	闪底泵 P-102 抽空不上量或机泵故障	闪蒸塔 C-101 液位过高，导致油品通过塔顶挥发线进入常压塔中上部，造成常压塔侧线产品不合格	1. 安装有备用泵 P-102/2； 2. 闪底泵 P-102 设有变频调节控制系统； 3. 闪顶挥发线安装有热偶温度计 TE2104	L1	S3(3)	2C(3)	1. 立即启动备用机泵； 2. 通知维修人员现场查看并对故障机泵修理	闪底泵 P-102 抽空不上量或机泵故障→闪蒸塔 C-101 液位。过多→闪蒸塔 C-101 液位过高，导致油品通过塔顶挥发线进入常压塔中上部，造成常压塔侧线产品不合格

续表

序号	参数	引导词	偏离	原因	后果	安全设施	频率	严重性	风险等级	控制措施	传播路径
1.3	闪蒸塔C-101液位	过多	闪蒸塔C-101液位/过多	DCS指示仪表LICA2102失灵	闪蒸塔C-101液位过高，导致油品进入常压塔中上部，造成常压塔侧线产品不合格	1. 设置有双金属法兰液位计和浮球显示液位计； 2. 闪顶挥发线安装有热偶温度计TE2104	L1	S3(3)	2C(3)	1. 立即通知仪表人员对液位计LICA2102校对，正确判断液位； 2. 闪底泵P-102变频改为手动控制	DCS指示仪表LICA2102失灵→闪蒸塔C-101液位。过多→闪蒸塔C-101液位过高，导致油品通过塔顶挥发线进入常压塔中上部，造成常压塔侧线产品不合格
1.4	闪蒸塔C-101液位	过多	闪蒸塔C-101液位/过多	原油性质变化，重组分原料增多	闪蒸塔C-101液位过高，导致油品进入常压塔，造成常压塔侧线产品不合格	闪顶挥发线安装有热偶温度计TE2104	L4	S3(3)	3R(3)	原油换罐时及时取样分析了解原油性质	原油性质变化，重组分原料增多→闪蒸塔C-101液位。过多→闪蒸塔C-101液位过高，导致油品通过塔顶挥发线进入常压塔中上部，造成常压塔侧线产品不合格

续表

序号	参数	引导词	偏离	原因	后果	安全设施	频率	严重性	风险等级	控制措施	传播路径
1.5	闪蒸塔C-101液位	过多	闪蒸塔C-101液位/过多	闪蒸塔C-101后路不畅通	闪蒸塔C-101液位过高，导致油品进入常压塔中上部，造成常压塔侧线产品不合格	1. 后路安装有常压炉进料流量DCS显示仪表FICA2707和FICA2708； 2. 闪顶挥发线安装有热偶温度计TE2104	L1	S3(3)	2C(3)	1. 检查进常压炉F-101两路进料调节阀开度； 2. 观察炉膛内炉管是否结焦； 3. 加强巡检	闪蒸塔C-101后路不畅通→闪蒸塔C-101液位。过多→闪蒸塔C-101液位过高，导致油品通过塔顶挥发线进入常压塔中上部，造成常压塔侧线产品不合格
2.1	闪蒸塔C-101液位	过少	闪蒸塔C-101液位/过少	闪蒸塔C-101双法兰液位计LT-2101失灵	闪底泵P-102抽空，导致机泵震动大，容易造成机封泄漏	1. 后路安装有常压炉进料流量DCS显示仪表FICA2707和FICA2708； 2. 闪顶挥发线安装有热偶温度计TE2104	L3	S2(2)	1R(2)	1. 内操手动调节FV-2102和FV-2103开度至合适大小； 2. 通知调度和原油车间提高原油量	闪蒸塔C-101双法兰液位计LT-2101失灵，导致变频泵P-102长时间高速运转。过多→闪蒸塔C-101液位过少。过少→闪底泵P-102抽空，导致机泵震动大，容易造成机封泄漏

续表

序号	参数	引导词	偏离	原因	后果	安全设施	频率	严重性	风险等级	控制措施	传播路径
2.2	闪蒸塔C-101液位	过少	闪蒸塔C-101液位/过少	原油供油泵跳闸	闪底泵P-102抽空，导致机泵震动大，容易造成机封泄漏	1. 原油进装置安装有流量显示仪表； 2. 脱前管线、脱后管线安装有流量显示仪表	L5	S2(2)	3R(2)	1. 立即联系调度和原油车间供油； 2. 降低闪底泵P-102抽出量，控制好炉出口温度	原油供油泵跳闸→闪蒸塔C-101液位过少。过少→闪底泵P-102抽空，导致机泵震动大，容易造成机封泄漏
2.3	闪蒸塔C-101液位	过少	闪蒸塔C-101液位/过少	原油罐液位过低	闪底泵P-102抽空，导致机泵震动大，易造成机封泄漏	原油罐安装有液位显示仪表	L3	S2(2)	1R(2)	1. 立即联系调度和车间； 2. 减少闪底泵抽出量，控制好炉出口温度、控制常压塔、减压塔、闪蒸塔三塔液面	原油罐液位过低→闪蒸塔C-101液位过少。过少→闪底泵P-102抽空，导致机泵震动大，易造成机封泄漏

表 10-19　常压炉-HAZOP 安全评价分析报告

序号	参数	引导词	偏离	原因	后果	安全措施	频率	严重性	风险等级	控制措施	传播路径
5.1	闪底油进料流量	过多	闪底油进料流量/过多	常压炉进料调节阀 FV2701 和 Fv2702 开度过大	导致两路常压炉 F-101 出口温度 TE2703H 和 TE2704 过低	1. 两路常压炉进料管线安装有 FT2701 和 FT2702; 2. 两路常压炉 F-101 出口处现场安装有 TE2703 和 TE2704 热电偶温度计; 3. 常压炉 F-101 两路出口处安装有现场温度计 TG2701 和 TG2702	L1	S1(4)	0(4)	1. 降低闪底泵 P-102 转速; 2. 降低原油进料量	常压炉进料调节阀 FV2701 和 FV2702 开度过大→闪底油进料流量过多→导致两路常压炉 F-101 出口温度 TE2703H 和 TE2704 过低
5.2	闪底油进料流量	过多	闪底油进料流量/过多	净化风压力低或中断	导致两路常压炉 F-101 出口温度 TE2703H 和 TE2704 过低	1. 仪表盘上设置有显示净化风压力表 PT2901; 2. 两路常压炉 F-101 出口处现场安装有 TE2703 和 TE2704 热电偶温度计; 3. 常压炉 F-101 两路出口处安装有现场温度计 TG2701 和 TG2702	L1	S1(4)	0(4)	通知调度联系空压站提高净化风压力	净化风压力低或中断→净化风压力低或中断，导致两路调节阀 FV2701 和 FV2702 全开→导致闪底油进料流量过多→导致两路常压炉 F-101 出口温度 TE2703H 和 TE2704 过低

续表

序号	参数	引导词	偏离	原因	后果	安全措施	频率	严重性	风险等级	控制措施	传播路径
5.3	闪底油进料流量	过多	闪底油进料流量/过多	原油性质由轻变重	导致两路常压炉 F-101 出口温度 TE2703H 和 TE2704 过低	1. 两路常压炉 F-101 出口处现场安装有 TE2703 和 TE2704 热电偶温度计； 2. 常压炉 F-101 两路出口处安装有现场温度计 TG2701 和 TG2702	L3	S1(4)	2C(4)	油品车间稳定原油性质，原油性质变化时及时给予通知	原油性质由轻变重→原油性质变重，闪蒸塔内油气反常压塔量减少，闪底抽出量增大→导致闪底油进料流量过多→导致两路常压炉 F-101 出口温度 TE2703H 和 TE2704 过低
6.1	闪底油进料流量	过少	闪底油进料流量/过少	常压炉 F-101 两路炉管结焦	导致常压炉 F-101 炉管结焦	1. 通过常压炉 F-101 炉膛看火窗观察； 2. 闪底泵 P-102 安装出口压力表，显示压力过高； 3. 常压炉 F-101 两路进料管线安装有注蒸汽设施	L1	S4(2)	1R(2)	1. 结焦轻微时，适当提高加工量； 2. 严重时停工进行烧焦或更换炉管	常压炉 F-101 两路炉管结焦→闪底油进料流量过少→导致常压炉 F-101 炉管结焦

续表

序号	参数	引导词	偏离	原因	后果	安全措施	频率	严重性	风险等级	控制措施	传播路径
6.2	闪底油进料流量	过少	闪底油进料流量/过少	原油性质变轻	导致常压炉 F-101 炉管结焦	1. 常压炉 F-101 炉出口安装热电偶 TE2703 和 TE2704、TE2705； 2. 常压炉 F-101 两路进料管线安装有注蒸汽设施	L3	S4(2)	3R(2)	1. 原油换罐时及时给予通知； 2. 加强巡检，及时调整操作	原油性质变轻→导致油气经挥发线至常压塔，其他情况不变时闪底油量变少→导致闪底油进料流量过少→导致常压炉 F-101 炉管结焦
6.3	闪底油进料流量	过少	闪底油进料流量/过少	常压炉两路进料调节阀 FV2701 和 FV2702 误操作关闭	导致常压炉 F-101 炉管结焦	1. 常压炉 F-101 两路进料安装有流量显示仪表 FT2701 和 FT2702； 2. 常压炉 F-101 两路进料管线安装有注蒸汽设施	L1	S4(2)	1R(2)	加强内操技能学习，避免人为误操作	常压炉两路进料调节阀 FV2701 和 FV2702 误操作关闭→闪底油进料流量过少→导致常压炉 F-101 炉管结焦

续表

序号	参数	引导词	偏离	原因	后果	安全措施	频率	严重性	风险等级	控制措施	传播路径
6.4	闪底油进料流量	过少	闪底油进料流量/过少	闪底泵P-102机泵故障，跳闸	导致常压炉F-101炉管结焦	1. 闪底泵P-102设置备用泵； 2. 常压炉F-101两路进料管线安装有注蒸汽设施	L2	S4(2)	2R(2)	1. 维修中心定期对在用设备进行维护保养； 2. 加强巡检，及时发现并解决问题	闪底泵P-102机泵故障，跳闸→闪底油进料流量过少→导致常压炉F-101炉管结焦
7.1	常压炉F-101出口温度	过多	常压炉F-101出口温度/过多	常压炉F-101炉膛温度过高	易导致常压炉F-101炉管结焦	1. 常压炉F-101燃料油设置有流量调节阀TV2706； 2. 常压炉F-101进料调节阀处管线安装有注蒸汽设施	L3	S4(2)	3R(2)	1. 及时调节常压炉F-101燃料油调节阀开度至合适大小； 2. 定期对操作人员进行技能培训	常压炉F-101炉膛温度过高→常压炉F-101出口温度过多→易导致常压炉F-101炉管结焦

续表

序号	参数	引导词	偏离	原因	后果	安全措施	频率	严重性	风险等级	控制措施	传播路径
7.2	常压炉 F-101 出口温度	过多	常压炉 F-101 出口温度/过多	常压炉 F-101 出口热电偶 TE2703 和 TE2704 失灵	易导致常压炉 F-101 炉管结焦	常压炉 F-101 进料调节阀处管线安装有注蒸汽设施	L2	S4(2)	2R(2)	1. 立即通知调度联系维修中心查看热电偶; 2. 维修中心定期对在用仪表进行维护保养	常压炉 F-101 出口热电偶 TE2703 和 TE2704 失灵→常压炉 F-101 出口温度过多→易导致常压炉 F-101 炉管结焦
7.3	常压炉 F-101 出口温度	过多	常压炉 F-101 出口温度/过多	常压炉 F-101 进料量显示 FT2701 和 FT2702 流量变小	易导致常压炉 F-101 炉管结焦	1. 安装有流量显示仪表 FT2701 和 FT2702; 2. 常压炉 F-101 进料调节阀处管线安装有注蒸汽设施	L2	S4(2)	2R(2)	1. 立即通知调度联系维修中心查看 T2701 和 FT2702; 2. 维修中心定期对在用仪表保养	常压炉 F-101 进料量显示 FT2701 和 FT2702 流量变小→常压炉 F-101 出口温度过多→易导致常压炉 F-101 炉管结焦

续表

序号	参数	引导词	偏离	原因	后果	安全措施	频率	严重性	风险等级	控制措施	传播路径
7.4	常压炉F-101出口温度	过多	F-101出口温度/过多	原油性质变重	易导致常压炉F-101炉管结焦	常压炉F-101进料调节阀处管线安装有注蒸汽设施	L4	S4(2)	4R(2)	油品车间切换原油罐时及时予以通知	原油性质变重→常压炉F-101出口温度过多→易导致常炉F-101炉管结焦
8.1	常压炉F-101炉管管线腐蚀	导致	常压炉F-101炉管管线腐蚀	原油含硫、含酸过高	常压炉炉管泄漏，引发火灾	在闪蒸塔C-101出口处安装注高温缓蚀剂管线	L4	S4(2)	4R(2)	1. 加强巡检，及时发现和解决问题； 2. 制定检维修计划，定期定点测厚	原油含硫、含酸过高→常压炉F-101炉管管线腐蚀→导致常压炉炉管泄漏，引发火灾
8.2	常压炉F-101炉管管线腐蚀	导致	常压炉F-101炉管管线腐蚀	过剩空气系数过高	常压炉炉管泄漏，引发火灾	常压炉F-101安装有消防蒸汽设施	L4	S4(2)	4R(2)	1. 勤调“三门一板”； 2. 加强巡检，调整操作，及时检查常压炉通风系统	过剩空气系数过高→常压炉F-101炉管管线腐蚀→导致常压炉炉管泄漏，引发火灾

表 10-20　减压炉-HAZOP 安全评价分析报告

序号	参数	引导词	偏离	原因	后果	安全设施	设施缺失	频率	严重性	风险等级	控制措施	传播路径
11.1	减压炉 F-102 压力	过多	减压炉 F-102 压力/过多	炉底 4 个风门全关	造成炉底火嘴熄灭	减压炉 F-102 炉膛内安装有 DCS 压力显示仪表	增加减压炉 F-102 处摄像头，监控常压炉和减压炉炉底火嘴燃烧情况	L2	S2(4)	2C(4)	1. 适当调节 4 个风门开度，调节炉膛压力； 2. 若减压炉 F-102 熄灭，按正常点火嘴程序处理	炉底 4 个风门全关→减压炉 F-102 压力过多→造成炉底火嘴熄灭
11.2	减压炉 F-102 压力	过多	减压炉 F-102 压力/过多	减压炉 F-102 烟道挡板全关	造成炉底火嘴熄灭	1. 减压炉 F-102 烟道挡板上安有方向指示标志； 2. 减压炉 F-102 炉膛内安装有 DCS 压力显示仪表	未安装减压炉烟道挡板 DCS 控制系统	L2	S2(4)	2C(4)	1. 先按照紧急熄炉处理； 2. 打开 F-102 烟道挡板，调节炉膛压力； 3. 减压炉 F-102 按正常点火嘴程序处理	减压炉 F-102 烟道挡板全关→减压炉 F-102 压力过多→造成炉底火嘴熄灭

续表

序号	参数	引导词	偏离	原因	后果	安全设施	设施缺失	频率	严重性	风险等级	控制措施	传播路径
11.3	减压炉F-102压力	过多	减压炉F-102压力/过多	减压炉F-102风机停止	造成炉底火嘴熄灭	减压炉F-102炉膛内安装有DCS压力显示仪表	加热炉F-102处摄像头缺失，不能监控常压炉和减压炉底火嘴燃烧情况	L3	S2(4)	1R(4)	1. 减压炉F-102立即改自然通风； 2. 检查减压炉F-102火嘴燃烧情况； 3. 通知调度联系维修中心查看风机； 4. 减压炉风机投用后改强制通风	减压炉F-102风机停止→减压炉F-102压力过多→造成炉底火嘴熄灭
11.4	减压炉F-102压力	过多	减压炉F-102压力/过多	减压炉F-102电机反方向运转	造成炉底火嘴熄灭	减压炉F-102炉膛内安装有DCS压力显示仪表	减压炉F-102处摄像头缺失，不能监控常压炉和减压炉底火嘴燃烧情况；	L1	S2(4)	1C(4)	1. 检查减压炉F-102火嘴燃烧情况； 2. 减压炉F-102改自然通风； 3. 通知调度联系维修中心查看风机	减压炉F-102电机反方向运转→减压炉F-102压力过多→造成炉底火嘴熄灭

续表

序号	参数	引导词	偏离	原因	后果	安全设施	设施缺失	频率	严重性	风险等级	控制措施	传播路径
11.5	减压炉F-102压力	过多	减压炉F-102压力/过多	外界气候变化(风大)	造成炉底火嘴熄灭	减压炉F-102炉膛内安装有DCS压力显示仪表	减压炉F-102处缺少摄像头，不能监控常压炉和减压炉底火嘴燃烧情况	L1	S2(4)	1C(4)	加强巡检及时调整操作	外界气候变化(风大)→减压炉F-102压力过多→造成炉底火嘴熄灭
11.6	减压炉F-102压力	过多	减压炉F-102压力/过多	减压炉F-102看火窗、防爆门全开	造成炉底火嘴熄灭	减压炉F-102炉膛内安装有DCS压力显示仪表		L1	S2(4)	1C(4)	将减压炉F-102防爆门、看火窗全部关闭	减压炉F-102看火窗、防爆门全开→减压炉F-102压力过多→造成炉底火嘴熄灭

续表

序号	参数	引导词	偏离	原因	后果	安全设施	设施缺失	频率	严重性	风险等级	控制措施	传播路径
12.1	常压炉F-101出口温度	过多	常压炉F-101出口温度/过多	常压炉F-101炉膛温度过高	易导致常压炉F-101炉管结焦	1. 常压炉F-101燃料油设置有流量调节阀TV2706; 2. 常压炉F-101进料调节阀处管线安装有注蒸汽设施		L3	S4(2)	3R(2)	1. 调节常压炉F-101燃料油调节阀至合适大小; 2. 内操加强技能学习，定期进行培训	常压炉F-101炉膛温度过高→常压炉F-101出口温度过多→易导致常压炉F-101炉管结焦
12.2	常压炉F-101出口温度	过多	常压炉F-101出口温度/过多	常压炉F-101出口热电偶TE2703和TE2704失灵	易导致常压炉F-101炉管结焦	常压炉F-101进料调节阀处管线安装有注蒸汽设施		L2	S4(2)	2R(2)	1. 通知调度联系维修中心进行查看; 2. 维修中心定期对在用仪表进行维护保养	常压炉F-101出口热电偶TE2703和TE2704失灵→常压炉F-101出口温度过多→易导致常压炉F-101炉管结焦

续表

序号	参数	引导词	偏离	原因	后果	安全设施	设施缺失	频率	严重性	风险等级	控制措施	传播路径
12.3	常压炉 F-101 出口温度	过多	常压炉 F-101 出口温度/过多	常压炉 F-101 进料量显示 FT2701 和 FT2702 流量变小	易导致常压炉 F-101 炉管结焦	1. 安装有流量显示仪表 FT2701 和 FT2702； 2. 常压炉 F-101 进料调节阀处管线安装有注蒸汽设施		L2	S4(2)	2R(2)	1. 通知调度联系维修中心进行查看； 2. 维修中心定期对在用仪表进行维护保养	常压炉 F-101 进料量显示 FT2701 和 FT2702 流量变小→常压炉 F-101 出口温度过多→易导致常压炉 F-101 炉管结焦
12.4	常压炉 F-101 出口温度	过多	常压炉 F-101 出口温度/过多	原油性质变重	易导致常压炉 F-101 炉管结焦	常压炉 F-101 进料调节阀处管线安装有注蒸汽设施		L4	S4(2)	4R(2)	油品车间切换原油罐时及时予以通知	原油性质变重→常压炉 F-101 出口温度过高→易导致常压炉 F-101 炉管结焦

续表

序号	参数	引导词	偏离	原因	后果	安全设施	设施缺失	频率	严重性	风险等级	控制措施	传播路径
13.1	常压炉F-101炉管管线腐蚀	导致	常压炉F-101炉管管线腐蚀	原油含硫、含酸过高	常压炉炉管泄漏，引发火灾	在闪蒸塔C-101出口处安装注高温缓蚀剂管线		L4	S4(2)	4R(2)	1. 打开常压炉F-101消防蒸汽； 2. 通知调度联系公司消防队； 3. 按紧急停工处理； 4. 更换材质高炉管	原油含硫、含酸过高→常压炉F-101炉管管线腐蚀→导致常压炉炉管泄漏，引发火灾
13.2	常压炉F-101炉管管线腐蚀	导致	常压炉F-101炉管管线腐蚀	过剩空气系数过高	常压炉炉管泄漏，引发火灾		常压炉F-101烟囱处未安装氧化锆分析仪表	L4	S4(2)	4R(2)	1. 适当关小常压炉F-101风门； 2. 定期组织人员对炉管进行测厚	过剩空气系数过高→常压炉F-101炉管管线腐蚀→导致常压炉炉管泄漏，引发火灾

表 10-21　减压塔-HAZOP 安全评价分析报告

序号	参数	引导词	偏离	原因	后果	安全设施	频率	严重性	风险等级	控制措施	传播路径
14.1	减压塔 C-104 液位	过多	减压塔 C-104 液位/过多	减压塔 C-104 进料量增大或进料温度降低	导致减压塔 C-104 侧线出黑油，产品质量不合格	1. 减压炉 F-102 进料管线安装有 DCS 显示流量计 FT2707 和 FT2708； 2. 各侧线集油箱处安装浮球液位计 LT2301、LT2302、LT2303、LT2304	L3	S3(4)	2R(4)	1. 通知调度联系油品车间降低原油加工量； 2. 提高减压炉 F-102 出口温度	减压塔 C-104 进料量增大或进料温度降低→减压塔 C-104 液位过多→导致减压塔 C-104 侧线出黑油，产品质量不合格
14.2	减压塔 C-104 液位	过多	减压塔 C-104 液位/过多	渣油外送后路不畅通	导致减压塔 C-104 侧线出黑油，产品质量不合格	1. 减压塔底外送线安装有流量显示仪表 FT2306； 2. 各侧线集油箱处安装浮球液位计 LT2301、LT2302、LT2303、LT2304	L2	S3(4)	1R(4)	1. 检查 P-114 运转情况； 2. 通知调度联系油品车间检查进罐流程； 3. 适当提高渣油外送温度； 4. 查看渣油流程	渣油外送后路不畅通→减压塔 C-104 液位过多→导致减压塔 C-104 侧线出黑油，产品质量不合格

续表

序号	参数	引导词	偏离	原因	后果	安全设施	频率	严重性	风险等级	控制措施	传播路径
14.3	减压塔C-104液位	过多	减压塔C-104液位/过多	塔底液位浮球LT2305故障失灵	导致减压塔C-104侧线出黑油，产品质量不合格	各侧线集油箱处安装浮球液位计LT2301、LT2302、LT2303、LT2304	L3	S3(4)	2R(4)	1. 通知调度联系维修中心对减压塔底液位浮球LT2305检查； 2. 加强巡检	塔底液位浮球LT2305故障失灵→导致减底泵P-114接收错误信号，抽出量减少。过少→减压塔C-104液位过多→导致减压塔C-104侧线出黑油，产品质量不合格
14.4	减压塔C-104液位	过多	减压塔C-104液位/过多	减底泵P-114机泵故障	导致减压塔C-104侧线出黑油，产品质量不合格	1. 减底泵P-114设有备用泵； 2. 减压塔底部安装有浮球液位计LT2305； 3. 各侧线集油箱处安装浮球液位计LT2301、LT2302、LT2303、LT2304	L2	S3(4)	1R(4)	1. 启动减底泵P-114备用泵； 2. 通知调度联系维修中心对减底泵P-114维修； 3. 加强对机泵巡检； 4. 维修中心定期对机泵进行检查	减底泵P-114机泵故障→减底抽出量减少。过少→减压塔C-104液位过多→导致减压塔C-104侧线出黑油，产品质量不合格

续表

序号	参数	引导词	偏离	原因	后果	安全设施	频率	严重性	风险等级	控制措施	传播路径
14.5	减压塔 C-104 液位	过多	减压塔 C-104 液位/过多	侧线抽出量降低	导致减压塔 C-104 侧线出黑油，产品质量不合格	1. 各侧线集油箱安装有浮球液位计； 2. 各侧线外送管线上安装有 FT2302/FT2303、FT2304 流量计； 3. 各侧线集油箱处安装浮球液位计 LT2301、LT2302、LT2303、LT2304	L2	S3(4)	1R(4)	1. 通知调度联系维修中心查看减压塔顶压力表； 2. 适当提高减压炉 F-102 出口温度； 3. 适当提高侧线抽出温度	侧线抽出量降低→导致减压塔 C-104 拔出率降低，轻组分进入减压塔底。过少→减压塔 C-104 液位过多→导致减压塔 C-104 侧线出黑油，产品质量不合格
14.6	减压塔 C-104 液位	过多	减压塔 C-104 液位/过多	减压塔顶真空度下降	导致减压塔 C-104 侧线出黑油，产品质量不合格	1. 减压塔顶安装有远传真空度表 PT2301 和现场真空度表 PG2301； 2. 各侧线集油箱处安装浮球液位计 LT2301、LT2302、LT2303、LT2304	L3	S3(4)	2R(4)	1. 检查真空泵运转情况；检查真空切液罐； 2. 检查循环水压力、温度； 3. 检查减压塔底液位； 4. 检查减压塔顶温度是否过高	减压塔顶真空度下降→导致减压塔 C-104 拔出率降低，轻组分进入减压塔底。过少→减压塔 C-104 液位过多→导致减压塔 C-104 侧线出黑油，产品质量不合格

续表

序号	参数	引导词	偏离	原因	后果	安全设施	频率	严重性	风险等级	控制措施	传播路径
14.7	减压塔C-104液位	过多	减压塔C-104液位/过多	减底泵P-114机泵故障	导致减压塔C-104侧线出黑油，产品质量不合格	1. 减底泵P-114设有备用泵； 2. 减压塔底部安装有浮球液位计LT2305； 3. 各侧线集油箱处安装浮球液位计LT2301、LT2302、LT2303、LT2304	L2	S3(4)	1R(4)	1. 通知调度联系维修中心对减底泵P-114进行维修； 2. 建议维修中心定期对机泵进行检查	减底泵P-114机泵故障→减底抽出量减少→减压塔C-104液位过多→导致减压塔C-104侧线出黑油，产品质量不合格
14.8	减压塔C-104液位	过多	减压塔C-104液位/过多	减压塔C-104进料量增大或进料温度降低	严重时导致减压塔C-104淹塔	1. 减压炉F-102进料管线安装有DCS显示流量计FT2707和FT2708； 2. 各侧线集油箱处安装浮球液位计LT2301、LT2302、LT2303、LT2304、LT2305； 3. 减压塔底部安装有浮球液位计LT2305	L2	S4(3)	2R(3)	内操及时调整减压塔C-104进料量至合适大小	减压塔C-104进料量增大或进料温度降低→减压塔C-104液位过多→严重时导致减压塔C-104淹塔

续表

序号	参数	引导词	偏离	原因	后果	安全设施		频率	严重性	风险等级	控制措施	传播路径
15.1	减底渣油外送流量	过多	减底渣油外送流量/过多	减压塔C-104塔底液位LT2305显示过高	导致渣油外送温度升高	设置有冷却槽，对减底油降温	渣油入罐前管线缺少温度显示仪表	L2	S1(2)	1C(2)	1. 降低原油进料量，降低常压炉出口温度； 2. 检查减压塔顶真空度是否准确	减压塔C-104塔底液位LT2305显示过高→减底泵P-114设有变频调节，液位升高导致减低泵转速增快过多→减底渣油外送流量过多→导致渣油外送温度升高
15.2	减底渣油外送流量	过多	减底渣油外送流量/过多	仪表浮球LT2305故障指示偏高	导致渣油外送温度升高	1. 对浮球LT2305定期检修校正维护保养； 2. 设置有冷却槽，对减底油降温		L1	S1(2)	0(2)	1. 通知调度联系维修中心查看仪表浮球LT2305； 2. 加强巡检	仪表浮球LT2305故障指示偏高→减底泵P-114设有变频调节，液位升高导致减低泵转速增快过多→减底渣油外送流量过多→导致渣油外送温度升高

续表

序号	参数	引导词	偏离	原因	后果	安全设施		频率	严重性	风险等级	控制措施	传播路径
15.3	减底渣油外送流量	过多	减底渣油外送流量/过多	仪表减底油外送流量计 FT2305 故障	导致渣油外送温度升高	1. 减底油外送流量计 FT2305 设副线阀； 2. 设置有冷却槽，对减底油降温		L1	S1(2)	0(2)	1. 通知调度联系维修中心查看仪表浮球 LT2305； 2. 降低加工量，降低油品温度	仪表减底油外送流量计 FT2305 故障→减底渣油外送流量过多→导致渣油外送温度升高
15.4	减底渣油外送流量	过多	减底渣油外送流量/过多	原油性质变轻导致减底油品流速增快	导致渣油外送温度升高	设置有冷却槽，对减底油降温	渣油入罐前管线上缺少温度显示仪表	L2	S1(2)	1C(2)	1. 原油换罐时及时给予通知； 2. 降低加工量，降低油品温度	原油性质变轻导致减底油品流速增快→减底渣油外送流量过多→导致渣油外送温度升高

续表

序号	参数	引导词	偏离	原因	后果	安全设施	频率	严重性	风险等级	控制措施	传播路径
15.5	减底渣汨外送流量	过多	减底渣油外送流量/过多	减底油温度过高导致减底油流速增快	导致渣油外送温度升高	1. 减底油外送管线安装有外送温度计 TE2320； 2. 减底油外送管线安装有现场温度显示仪表 TG2321； 3. 设置有冷却槽，对减底油降温	L1	S1(2)	0(2)	冷却槽加水阀门开至合适大小降低减底油外送温度	减底油温度过高导致减底油流速增快→减底渣油外送流量过多→导致渣油外送温度升高
15.6	减底渣油外送流量	过多	减底渣油外送流量/过多	渣油后路负荷小流速增快	导致渣油外送温度升高	设置有冷却槽，对减底油降温	L3	S1(2)	2C(2)	降低原油加工量，降低油品温度	渣油后路负荷变小流速增快→减底渣油外送流量过多→导致渣油外送温度升高
15.7	减底渣油外送流量	过多	减底渣油外送流量/过多	减底泵 P-114 电流升高，转速增快	导致渣油外送温度升高	1. 减底泵 P-114 安装电流过载保护； 2. 设置有冷却槽，对减底油降温	L1	S1(2)	0(2)	1. 通知调度联系维修中心对减底泵查看； 2. 降低加工量，降低油品温度	减低泵 P-114 电流升高转速增快→减底渣油外送流量过多→导致渣油外送温度升高

第十一章

环境保护与治理

根据《中华人民共和国环境保护法》，环境是指影响人类生存和发展的各种自然和人为改造的自然因素的总体，包括大气、水、海洋、土地、矿产、森林、草原、野生动物、自然遗迹、文物、自然保护区、风景区、城市和乡村等。环境是人类生存的条件，每个人都有责任保护环境。本章将从液、气、声、固废四个方面分别简要介绍各类环境污染的定义、种类和常见处理处置方式。

第一节　我国主要的环境保护制度

自 1973 年召开第一次全国环境保护会议至今，我国在积极探索环境管理办法中找到了具有中国特色的环境管理八项制度：①环境保护目标责任制制度；②城市环境综合整治与定量考核制度；③污染集中控制制度；④限期治理制度；⑤排污许可证制度；⑥环境影响评价制度；⑦“三同时”制度；⑧排污收费制度。

一、环境保护目标责任制制度

环境保护目标责任制，是通过签订责任书的形式，具体落实地方各级人民政府和有污染的单位对环境质量负责的行政管理制度。这一制度明确了一个区域、一个部门及至一个单位环境保护的主要责任者和责任范围，理顺了各级政府和各个部门在环境保护方面的关系，从而使改善环境质量的任务能够得到层层落实。这是我国环境环保体制的一项重大改革。其中，环境目标是根据环境质量状况及经济技术条件，在经过充分研究的基础上确定的。目标责任制通常是由上一级政府对下一级政府签订环境目标责任书体现的，下一级政府在任期内完成了目标任务，上一级政府给予鼓励，未能完成任务的则给予处罚。

该项制度把责任、权利、义务有机地结合在一起，明确了地方行政首长在改善环境质量上的权力、责任。最重要的是：①该制度明确了保护环境的主要责任者、责任目标和责任范围，解决了“谁对环境质量负责”的这一首要问题。具体来说就是省长对该省的环境质量负责，州长对该州的环境质量负责，市长对该市的环境质量负责，各排污企业的法人要对本企业的排污负责，企业的法人要确保企业污染物达标排放，有总量控制任务的企业还要达到总量控制要求；②责任的各项指标层层分解、落实，各级政府和有关部门都按责任书项目的分工承担了相应的任务，使环境保护由过去环境部门一家抓，逐步发展为各部门各司其职，各负其责，齐抓共管。因此，全面推行环境保护目标责任制，对多层次、全方位推进环境保护工作，有着十分重要的意义。

二、城市环境综合整治与定量考核制度

城市环境综合整治与定量考核是指在开展城市环境质量综合整治实践的基础上，对城市环境综合整治规定出可比的定量指标，定期进行考核评比。考核范围包括大气环境保护、水环境保护、噪声控制、固体废弃物处置和绿化五个方面，共20项指标。考核结果向群众公报，接受群众监督。市长对城市的环境质量负责。该项制度是我国在总结近年来开展城市环境综合整治实践经验的基础上形成的一项重要制度，使城市环境保护工作由定性管理转向定量管理，也使环境保护工作增加了透明度。

三、污染集中控制制度

污染集中控制制度是指在一个特定的范围内，为保护环境所建立的集中治理设施和所采用的管理措施，是强化环境管理的一项重要手段。污染集中控制，应以改善区域环境质量为目的，依据污染防治规划，按照污染物的性质、种类和所处的地理位置，以集中治理为主，用最小的代价取得最佳效果。

为了有效地推行污染集中控制，必须有以下有效措施加以保证：

(1) 实行污染集中控制，必须以规划为先导。污染集中控制与城市密切相关，如完善城市排水管网，建立城市污水处理厂，发展城市煤气化和集中供热，建设城市垃圾处理厂，发展城市绿化等。因此，集中控制必须与城市建设同步规划，同步实施。

(2) 实行污染集中控制，必须突出重点，划定不同的功能区划，分别整治。

(3) 实行污染集中控制，必须与分散控制相结合，构建区域环境污染综合防治体系。

(4) 疏通多种资金渠道是推行污染集中控制的经济保证。要实现集中控制必须落实资金。充分利用环境保护基金贷款、建设项目环境保护资金、银行贷款及地方财政补贴等多种渠道筹措资金。

(5) 实行污染集中控制，地方政府协调是关键。污染集中控制不仅涉及企业，也涉及地方政府各部门，充分依靠地方政府的协调，是污染集中控制制度得以落实的基础。

四、限期治理制度

限期治理制度是指对污染严重的项目、行业和区域，由有关国家机关依法限

定其在一定期限内，完成治理任务、达到治理目标的规定的总称。狭义限期治理包括污染严重的排放源(设施、单位)的限期治理、行业性污染的限期治理和污染严重的某一区域及流域的限期治理；广义的限期治理，还包括由开发活动所造成的环境破坏方面的限期完成更新造林任务、责令期改正等。

该项制度在环境污染防控中具有重要的意义：

(1) 可以推动污染单位积极治理污染。限期治理的对象一般是重点污染源，其所排放的污染物在全国排放总量中占有相当大的比例。如 1988 年的调查资料表明，全国污水排放总量的 70%~80%来自 3000 多家污染大户。把这些污染大户作为重点实行限期治理，就可以有效地控制污染。

(2) 可以推动有关行业治理环境污染、破坏和改善区域环境质量限期治理不仅对重点项目，同时还包括有关行业和特定区域、流域的限期治理，这样就可把行业环境管理和区域环境管理相结合，调动各部门、各行业和各地区的积极性，选择布局不合理，污染和破坏严重、危害大、群众反映强烈的项目，分期分批地进行限期治理。

(3) 可以集中有限的资金解决突出的环境污染问题。由于限期治理项目技术比较成熟，管理抓得紧，建设周期一般也比较短，因而使限期治理取得明显的效益，做到投资少、见效快、效益好。

(4) 有利于改善厂群关系和促进社会的安定团结。限期治理项目，一般是污染危害严重、群众反映强烈的突出的环境问题。解决这些污染问题，可以改善厂群关系和促进社会的安定团结。

五、排污许可制度

凡是对环境有不良影响的各种规划、开发、建设项目、排污设施或经营活动，需要事先提出申请，经主管部门审查批准，颁发许可证后才能从事该项活动，这就是排污许可证制度。

排污许可制是覆盖所有固定污染源的环境管理基础制度，排污许可证是排污单位生产运营期排放行为的唯一行政许可。以下排污单位应当实行排污许可管理：

(1) 排放工业废气或者排放国家依法公布的有毒有害大气污染物的企业事业单位；

(2) 集中供热设施的燃煤热源生产运营单位；

(3) 直接或间接向水体排放工业废水和医疗污水的企业事业单位和其他生产经营者；

(4) 城镇污水集中处理设施的运营单位；

(5) 设有污水排放口的规模化畜禽养殖场；

(6) 依法实行排污许可管理的其他排污单位。

六、环境影响评价制度

环境影响评价制度是指在进行建设活动之前，对建设项目的选址、设计和建成投产使用后可能对周围环境产生的不良影响进行调查、预测和评定，提出防治措施，并按照法定程序进行报批的法律制度。它是实现经济建设、城乡建设和环境建设同步发展的主要法律手段。环境影响评价的内容一般包括：①建设方案的具体内容；②建设地点的环境本底状况；③方案实施后对自然环境(包括自然资源)和社会环境将产生哪些不可避免的影响；④防治环境污染和破坏的措施和经济技术可行性论证意见。依据《环境影响评价法》和《建设项目环境保护管理条例》，根据建设项目对环境的影响程度，国家实施了建设项目环境影响评估的分类管理。施工单位应根据以下规定组织准备环境影响评价文件：

(1) 如果可能产生环境影响，应编制环境影响报告，并对环境影响的环境影响进行综合评价。

(2) 可能产生轻度环境影响的，应当编制环境影响报告表，对产生的环境影响进行分析或者专项评价。

(3) 若对环境影响极小、不需要进行环境影响评价的，应填报环境影响登记表。

环境影响评价的程序一般是：①由开发者首先进行环境调查和综合预测(有的委托专门顾问机构或大学、科研单位进行)，提出环境影响报告书；②公布报告书，广泛听取公众和专家的意见；③根据专家和公众意见，对方案进行必要的修改；④主管当局最后审批。根据最新的环境影响评价法规，环境影响报告表和环境影响报告书，需相应的环保部门审批通过，对于环境影响登记表只需到环保部门备案即可。

七、“三同时”制度

建设项目环境保护“三同时”制度，是指建设项目的环境保护设施必须与主体工程同时设计、同时施工、同时投产，该项制度是我国出台最早的一项环境管理制度，是在我国社会主义制度和建设经验的基础上提出来的，具有中国特色并行之有效的环境管理制度，是我国环保制度中的一项创举。

“三同时”制度适用的主体是所有从事对环境有影响的建设项目的单位，包括从事一切新建、扩建、改建和技术改造项目的主体，同时也包括区域开发建设项目以及中外合资、中外合作、外商独资的引进项目的主体等。凡是在我国领域内的工业、交通、水利、农林、商业、卫生、文教、科研、旅游、市政、机场等从事对环境有影响的建设项目都要实行“三同时”制度。该制度重在预防产生新的环境问题，保护的是整个人类赖以生存的生活环境和生态环境，其预防保护对象包括大气、水、海洋、土地、矿藏、森林、草原、野生生物、自然遗迹、人文遗迹、自然保护区、风景名胜区、城市和乡村等环境要素，凡是可能损害这些环境要素的建设项目都必须实行“三同时”制度。

通过“三同时”制度的实施可有效防止产生新污染，保证环境保护设施与主体工程同时设计和建设，确保生产经营活动与污染治理同步进行，保证治理污染的效果。

八、排污收费制度

排污收费制度是指向环境排放污染物或超过规定的标准排放污染物的排污者，依照国家法律和有关规定按标准交纳费用的制度。征收排污费的目的，是为了促使排污者加强经营管理，节约和综合利用资源，治理污染，改善环境。排污收费制度是“污染者付费”原则的体现，可以使污染防治责任与排污者的经济利益直接挂钩，促进经济效益、社会效益和环境效益的统一。

根据《排污费征收使用管理条例》规定，排污费的征收对象为“直接向环境排放污染物的单位和个体工商户”(简称“排污者”)，包括工业企业、商业机构、服务机构、政府机构、公用事业单位、军队下属的企业事业单位和行政机关等。但征收排污费的对象不包括向环境排污的居民户和家庭。对居民和家庭消费引起污染行为的排污收费，国家将另行制定收费办法。

该制度包含的政策如下：

(1) 实行排污就收费的政策。对废气、废水中的污染物根据相关的法律实行排污就收费，超标就处罚或加倍的政策；对固体废物根据相关的法律实行排污就一次性收费的政策；对噪声根据相关的法律实行超标排放收费的政策。

(2) 排污费的强制征收和限期缴纳政策。排污费是排污者对其污染环境行为的一种经济补偿，是纳税人财政预算的一种专项资金，征收排污费是一种法律规定的政府行为，排污者必须按规定，按时、如数缴纳。如有迟缴、拒缴行为，将会受到相应的行政处罚，环保部门可以向法律部门申请强制执行，对逾期缴费的按规定还要征收滞纳金。

(3) 排污费的征收管理实行程序化。程序化的管理便于全国征收排污费工作的统一、明晰，更有利于排污申报和排污收费数据和资料的信息化管理。

(4) 排污费工作实行政务公开。在排污费确定和排污费减免、缓缴等项工作中实行公示制度，有利于排污收费工作公平、公正的实施。

(5) 排污费减免和缓缴的规定。对排污者遇到不可抗力自然灾害和突发事件或非营利性社会公益事业单位，符合规定的条件，可以申报减免排污费。对遇到不可抗力自然灾害和突发事件申请减免排污费期间或经营困难的排污者，可以按照规定申请缓缴排污费。

(6) 缴纳排污费不免除其他法律责任。根据《排污费征收使用管理条例》第12 条规定排污者缴纳排污费，不免除其防治污染、赔偿污染损害的责任和法律、行政法规规定的其他责任。

排污收费制度在环境保护与治理中占有重要作用：①促进老污染源治理；②有力地控制新污染源；③促使排污单位加强经营管理；④推动了综合利用，提高了资源、能源的利用率；⑤为防治污染提供了大量专项资金；⑥加强了环境保护部门自身建设，促进了环境保护工作。排污收费在环境管理中的地位和作用日益显示出来，随着这项制度的健全和完善，必将发挥其越来越大的作用。

第二节　水污染防治

案例

利用渗坑、不正常运行水污染防治设施等逃避监管的方式排放水污染物案

一、基本案情

2021年4月13日，临沂市生态环境局郯城县分局执法人员在郯城某饲料有限公司进行检查，发现该公司将工业废水外排至苗木地渗坑和喷淋废水暂存池未正常使用的行为涉嫌利用渗坑、不正常运行水污染防治设施等逃避监管的方式排放水污染物。

二、查处情况

临沂市生态环境局郯城县分局执法人员发现在该公司北偏东约2km，紧邻火车道东侧苗木地内存在渗坑，渗坑所在地沟南北走向，长约230m，宽约1m，深约0.7m，地沟北侧偏低，沟内土质疏松，无防渗，沟内北侧有水，水深约0.1m，水呈黄绿色，水面上部沟壁留有0.2m左右湿痕，在沟内北侧形成20m长渗坑。临沂市生态环境局郯城县分局委托山东君成环境检测有限公司对沟内北侧渗坑内水样取样1份送检。采样过程，郯城某饲料有限公司后勤经理诸葛绪民本人在场并全程陪同见证无异议。

三、案件解析

依据《中华人民共和国环境保护法》第六十三条第一款第（三）项及《中华人民共和国水污染防治法》第八十三条第一款第（三）项的规定拟做如下处罚决定：1. 责令立即停止违法行为；2. 罚款人民币陆拾陆万贰仟伍佰元整（￥662500.00）3. 移送公安机关处理。

一、水污染及水污染物

水污染是指污染物进入河流、湖泊、海洋或地下水等水体后，使水体的水质和水体沉积物的物理、化学性质或生物群落组成发生变化，从而降低或丧失了水体的使用价值和使用功能的现象。水污染物则是指直接或者间接向水体排放的能导致水体污染的物质。目前，主要的水污染物有无毒无机物质、有毒无机物质、

无毒有机物质、有毒有机物质、放射性物质、生物污染物质。

1. 无毒无机物质

无毒无机物质主要指排入水体中的酸、碱和部分无机盐类，如碳酸盐、氢化物、硫酸盐，钾、钠、钙、镁、铁等金属盐，这些无机物质往往会造成水体酸化或碱化，改变了水体的 pH 值，增加水的硬度，破坏水体的自然缓冲作用。当水体 pH 值小于 6.5 或大于 8.5 时，将会抑制水体细菌及微生物的生长，妨碍水体自净，并会腐蚀管道、水工建筑物和船舶等。

2. 有毒无机物质

主要指重金属(如汞、铜、铬、镉、铅等)和砷、锶、氟化物等，这类物质有显著的生物毒性，它们排入水体后，常会影响水中生物的正常生长，并且可以被生物体吸收富集，再通过食物链进入人体引起慢性中毒或严重疾病。例如，日本著名的米纳塔疾病是由甲基汞破坏人类神经系统引起的；骨疼痛是镉中毒引起的骨髓钙还原钙的结果。两种疾病最终会导致死亡

3. 无毒有机污染物

无毒有机物质主要指耗氧有机物。人类排放的生活污水和大部分的工业废水中都含有大量无毒有机物质，如碳水化合物、蛋白质、脂肪等，这些物质没有毒性，进入水体后，在微生物的作用下，最终可被分解成简单的无机物质，但在生物氧化分解过程中会消耗水中的溶解氧。因此，这些物质过多地进入水体，会造成水体溶解氧减少甚至耗尽，从而恶化水质，对水生物的生存和繁殖产生影响和危害。耗氧有机物种类繁多，组成复杂，在我国，反映水体有机耗氧污染物污染能力的主要指标为：溶解氧(DO)、化学需氧量(COD)、生物需氧量(BOD)以及总有机碳(TOC)。

4. 有毒有机污染物

有毒有机污染物质的种类很多，且这类物质的污染影响、作用也不同，包括酚类化合物、酯类、有机氯农药、有机磷农药、有机汞农药、聚氯联苯、多环芳烃类等。

5. 放射性物质

放射性污染物(如 238 铀、90 锶、137 艳、60 钴等)通过水体可影响水生物、农作物等，再通过食物链进入人体。放射性污染物放出的 α、β、γ 等射线可损害人体组织，并可蓄积在人体内造成长期危害，促成贫血、白细胞增生、恶性肿瘤等各种放射性病症。

6. 生物污染物质

生物污染物质主要来自生活污水、医院污水和屠宰肉类加工、制革等工业废水。主要由动物和人排泄物中含有的细菌、病毒及寄生虫类等污染水体，传播霍乱、伤寒症、胃、肠炎、痢疾和其他病毒和寄生虫疾病。

随着我国社会经济的不断发展，工业园区已成为我国经济发展中的重要组成

部分，但其对我国流域水生态环境造成的影响不容忽视，解决流域水生态环境污染的根本是工业园区水污染防治问题。工业园区在生产过程中产生的废水称为工业废水，其水量和质量随生产过程而异，它可以根据不同的来源或废水分类。根据废水的来源，可分为工艺废水、成品洗涤水、场地冲洗水和设备冷却水；根据废水中主要污染物的性质，可分为有机废水、无机废水、有机和无机物质的混合废水、重金属废水、放射性废水等；根据废水的工业性质，它可分为造纸废水、印染废水、焦化废水、农药废水、电镀废水等。

二、控制水污染的基本途径

控制水体污染的基本途径有减少污染源排放废水、对工业和生活废水进行处理、加强对水体及污染源的管理。

1. 减少污染源排放废水

(1) 改造生产工艺，尽量不用水或少用水，尽量不用或少用易产生污染的原料、设备及生产工艺。

(2) 重复利用废水，尽量采用重复用水及循环用水系统，使废水排放量减至最少。一水多用，提高水的重复利用率。如工业废水可实行清污分流、一水多用、串级使用、闭路循环、污水回用等措施，以提高水的重复利用率。

(3) 开展污水综合利用，从污水中回收有用产品，是防止废水污染的一项有效措施，尽量使流出的废水中的原料和产品与水分离，就地回收。这样既可减少生产成本，增加经济效益，又可大大降低废水浓度，减轻污水处理负担。

(4) 在城市中建立所谓“中水道”系统，开辟第三水源，对中水经过不同程度的处理。根据水质情况回收用于农业、工业和城市公共用水。

2. 提高城市及工业废水处理率

为确保水体不受污染，必须在废水排入水体前，对其进行妥善处理。工业废水中常含有酸、碱、有毒物质、有害物质、重金属或其他污染物。对不同的工业废水在厂内或车间内进行局部处理，对于与城市污水相近的工业废水一般排入城市下水道与城市污水共同处理。

城市污水虽不含有害物质，但其中所含的悬浮物质会在水体中沉积、腐烂、发臭，影响水体的卫生状况。

3. 加强对水体及其污染源的管理

经常的监测和科学的管理可以使水体污染的防治工作有目标地进行。这方面的工作包括污水源的调查、对工业废水的排放量和废水浓度的监测及管理、对污水处理厂的监测和管理、对水体特征及经济指标的检测和管理。

三、废水处理工艺

污水处理工艺是一种经济、合理、科学、有效的城市生活污水和工业废水处理方法。废水处理广泛应用于建筑、农业、交通、能源、石化、环保、城市园林、医疗、餐饮等领域。城市污水处理工艺应根据处理规模、水质特点、受纳水体的环境功能以及当地的实际情况和要求，经综合技术经济比较后优化确定。常见的废水处理处置装置见图 11-1。

(a)厌氧池　(b)好氧池　(c)为好氧池提供曝气的鼓风机　(d)沉淀池

图 11-1　废水处理常用装置现场图

1. 常规废水处理工艺

常规废水处理工艺如图 11-2 所示。

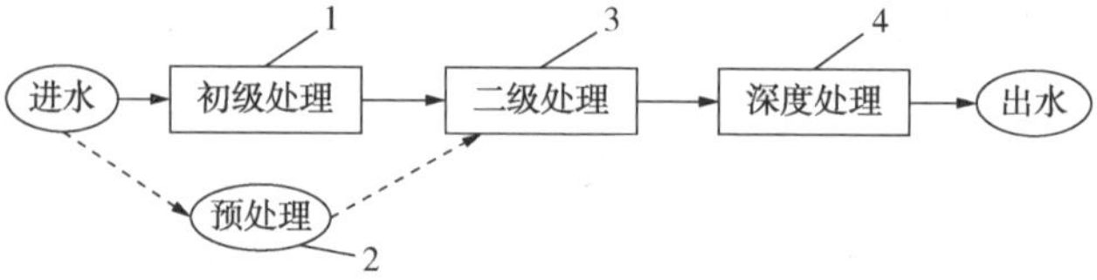

序号	项目	处理方法
1	初级处理	格栅、筛网、沉砂
2	预处理	除油、混凝、沉淀、气浮、氧化、吸附
3	二级处理	生物处理
4	深度处理	没处理、混凝、沉淀、气浮、氧化、吸附

图 11-2　常见废水处理工艺图

废水进入初级处理系统后，悬浮物、胶体、纸张、毛发等漂浮物或通常用格栅或重力沉降的方法在初级处理阶段去除。这个处理一般较为容易，且成本较低。油类等一些轻的组分或较难沉淀的组分，通常采用预处理方法。如除油板、加入混凝剂等方法使其漂浮至水体表面，用刮泥的方法除去或沉降在底部，通过重力沉淀后分离除去。还有些特别的组分，如磷酸盐，可以加入石灰，让其发生化学反应生成难溶物，再经过滤或沉淀的方法除去。

废水经过一级处理或预处理后进入二级处理系统，二级处理系统主要采用生物方法去除废水中的有机物、氮、磷等营养物质。这级处理系统是主要的废水处理方法，可以处理掉大部分的污染物，但一般占地面积较大。

经过初级和二级处理的废水如果仍不能达到排放标准的，还需要深度处理系统进行处理，方法主要包括活性炭吸附和膜处理等。

2. 生化废水处理工艺

生化废水的处理工艺如图 11-3 所示。

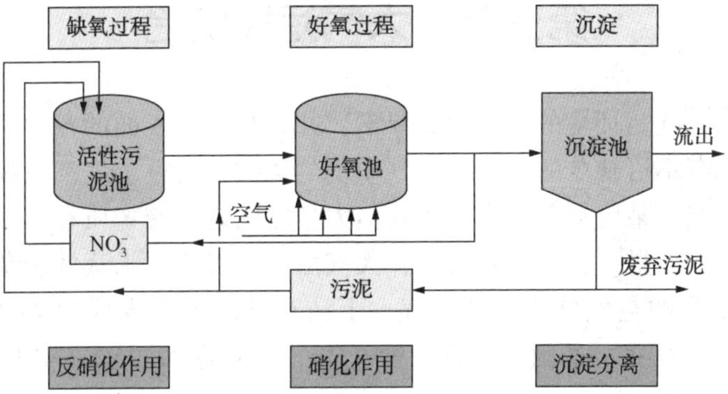

图 11-3　生化废水处理工艺图

生化废水处理系统一般包括三个处理步骤：

① 水首先进入厌氧罐或缺氧罐。水中的氨氮或硝酸盐将在厌氧细菌的脱氮操作下产生无污染的氮，并将其排出到大气中。同时，废水中的小分子有机物质将分解成二氧化碳和少量甲烷，并且大分子复合有机物质可以降至中小分子有机物质或有机酸中，将进入下一级继续处理，而甲烷气可以进一步利用。如废水中的含硫物质可能转换成有毒的硫化氢气体，含硫废水需要考虑硫化氢的处理后，方可排放厌氧池产生的废气。

厌氧或缺氧性降解原理如下：

复杂有机物→有机酸中间产物

含碳有机物→CH_4+CO_2

含氮有机物→$NH_3 \rightarrow N_2$

含硫有机物→$SO_4^{2-} \rightarrow H_2S$

② 经过初级降解的废水再进入有鼓风机一直曝气的好氧池，在附着在活性污泥的好氧菌硝化作用下，水中的有机物进一步分解成二氧化碳，使得水质得到净化。而水中的氮或氧化成硝酸盐，硫化物会氧化成磷酸盐，可以再返回厌氧池进一步降解。

好氧性分解降解原理如下：

含碳有机物→CO_2+H_2O

含氮有机物→NH_3→NO_2^-→NO_3^-

含硫有机物→H_2S→SO_4^{2-}

③ 而经过处理的废水将进入沉淀池进行沉淀分离，上清液可以溢流出来，经检测合格后排放。而附着好氧菌的活性污泥将沉淀下来，部分回到好氧池继续使用，而产生的过多的剩余污泥可以转到浓缩池浓缩后作为固体废弃物进一步处置或利用。

第三节　大气污染防治

地球上的大气是环境的重要组成要素，并参与地球表面的各种过程，是人和一切有机体生存不可缺少的条件。大气质量的优劣，对整个生态系统和人类健康有着直接的影响。某些自然过程不断地与大气之间进行着物质和能量的交换，直接影响着大气的质量。在自然状态下，大气由混合气体、水蒸气和杂质组成，除去水蒸气和杂质的空气称为干洁空气。干洁空气的主要成分为78.09%的氮气、20.94%的氧气、0.93%的氩气，这三种气体占总量的99.96%，其他气体(如氖、氦、氪、氙等)含量小于0.1%，干洁空气的主要成分见表11-1。大气中的可变成分为二氧化碳(CO_2)、水蒸气和臭氧(O_3)，这些气体受地区、季节、环境以及人类的生活和生产活动的影响。

表11-1　干洁空气主要成分表

气体	体积百分比/%	气体	体积百分比/%
氮	78.09	甲烷	$(1.0\sim1.2)\times10^{-4}$
氧	20.95	氪	1.0×10^{-4}
氩	0.93	氢	0.5×10^{-4}
二氧化碳	0.02~0.04	氙	0.08×10^{-4}
氖	18×10^{-4}	二氧化氮	0.02×10^{-4}
氦	5.2×10^{-4}	臭氧	0.01×10^{-4}

一、大气污染及其危害

根据同一标准化组织(ISO)的定义，大气污染通常是指由于人类活动或自然过程，排放到大气中的物质，对人或环境产生不利影响。大气中的污染物可直接通过人体呼吸摄入到体内，因此大气中微小的污染物就能对人的健康发生极大的影响，导致各种疾病的发生，轻则诱发病变，重则夺去人的生命(图 11-4)。所以，大气污染是当前世界最主要的环境问题之一。

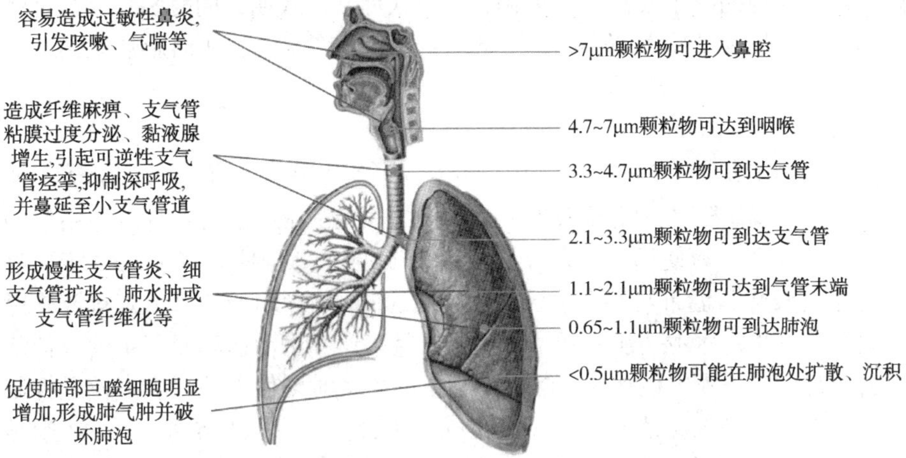

图 11-4 大气中不同粒径的颗粒物对人体的危害

大气中存在的污染物种类繁多，在我国大气环境下，危害最大的是烟尘、硫氧化物、碳氧化物、氮氧化物和碳氢化合物，另外还有光化学烟雾、氟氯烃化合物、有毒重金属、放射性尘埃等。

1. 煤尘与粉尘

煤尘是指伴随燃料和其他物质燃烧所产生的烟尘，其中含有炭黑、飞灰等粒状悬浮物。粉尘是指煤、矿石等固体物料在运输、筛分、碾磨、加料和卸料等机械处理过程中所发生的，或者是由风扬起的灰尘等。另外，城市的建筑工地、北方春季播种也会产生大量扬尘。空气中的煤尘和粉尘易引起尘肺病、引起燃烧和爆炸，并且在矿区，高浓度的粉尘能加速机械磨损，缩短精密仪器的使用寿命、危害生态环境。

2. 硫氧化物

硫氧化物包括二氧化硫(SO_2)、三氧化硫(SO_3)、三氧化二硫(S_2O_3)、一氧化硫(SO)。其中 SO_2 是目前大气污染数量较大、影响范围较广的一种污染物。SO_2 主要来自电力、冶金、建材、化工、炼油等行业中含硫染料的燃烧和含硫矿物的冶炼。可燃性硫在燃烧时，主要生成 SO_2，只有 1%~5%的氧化生成 SO_3。SO_2 是一种无色、具有刺激性气味的不可燃气体，是几乎所有工业企业都可产生的污染物，具有较强的腐蚀性，能损害植物叶片，刺激人的呼吸系统，并有一定的促癌作用。当空气中的 SO_2 浓度大于 0.86mg/m³ 时，就可能对人体造成危害；浓度增加到 17~26mg/m³ 时，大部分人感到刺激伤害眼睛和呼吸器官；吸入高浓度 SO_2，能引起喉水肿和声带痉挛而窒息，并可引发支气管炎、肺炎和肺水肿。经常接触低浓度 SO_2，会使人出现疲倦、乏力、嗅觉障碍、咽喉炎、鼻炎、支气管炎以及尿中硫酸盐和酸性增高等症状。SO_2 与飘尘的混合物进入呼吸道深部后，更能导致支气管哮喘、肺气肿和肺部组织硬化，还会与血液中的维生素 B_1 结合，使人体内的维生素 C 平衡失调，影响人体新陈代谢，同时 SO_2 还能抑制和破坏或激活人体内某些酶的活性，使糖和蛋白质代谢紊乱，从而影响肌体生长和发育。

3. 碳氧化物

碳氧化物主要是 CO 和 CO_2。其中 CO_2 是各类碳氢化合物完全燃烧的主要产物，是主要的温室气体，主要来源于自然排放和人工排放。自然排放是指生物活动、自然循环和人为使用土地改变植被而释放出来。全球热带地区每年释放的 CO_2 约为 1656Mt，温带与寒带地区每年释放的 CO_2 约为 133Mt；人工排放是指使用矿物燃料、生产水泥、矿井瓦斯燃烧等人类生产和生活活动而产生的。低浓度 CO_2 会引起人体呼吸中枢兴奋，呼吸加剧；高浓度时则使人的呼吸中枢呈抑制状态；在高浓度和缺氧的情况下，二氧化碳吸入会使人窒息乃至死亡。CO 则是含碳物质不充分燃烧的产物，其主要来源是汽车尾气。CO 的化学性质较为稳定，在大气中不易与其他物质发生化学反应，可在大气中停留几天时间。它无色、无味、可使人体眩晕、昏迷，甚至可因血液的输氧能力降低而缺氧死亡。高浓度的 CO 能够引起人体生理上和病理上的变化，甚至死亡。一般认为，CO 浓度 100×10^{-6}是一定年龄范围内健康人暴露 8h 的工业安全上限，当 CO 浓度达到 0.01% 时，大多数人感觉眩晕、头痛和倦怠。

4. 氮氧化物

氮氧化物包括一氧化氮（NO）、二氧化氮（NO_2）、三氧化二氮（N_2O_3）、四氧化二氮（N_2O_4）和五氧化二氮（N_2O_5）等，其中污染大气的主要是 NO 和 NO_2。氮氧化物主要来源于煤、石油燃料的燃烧、汽车尾气、肥料使用和工业生产过程等。NO 可侵入呼吸道深部细支气管及肺泡，与肺泡中的水分形成亚硝酸、硝酸，引起肺水肿。亚硝酸盐进入血液，与血红蛋白结合生成高铁血红蛋白，引起组织缺氧。并且，空气中的 NO 也会被缓慢氧化成 NO_2，NO_2 对呼吸器官有刺激性，会导致急性高浓度 NO_2 中毒引起的肺水肿，以及由慢性中毒而引起的慢性支气管炎和肺气肿。另外，NO_2 对心、肝、肾脏的造血系统等有很大的危害。

5. 碳氢化合物

碳氢化合物包括烷烃、烯烃和芳香烃等复杂多样的含碳和氢的化合物。主要来自石油燃料的不充分燃烧、机动车排气和蒸发过程。碳氢化合物可参与大气中的光化学反应，生成危害更大的光化学烟雾，并且大多数的多环芳烃类物质具有致癌作用。

6. 光化学烟雾

光化学烟雾是一种具有刺激性的浅色烟雾，它是空气中的 NO_2 和碳氧化物在紫外线作用下发生一系列光化学反应后产生的复杂化合物。光化学反应烟雾成分复杂，有不正常的气味，一般发生在汽车尾气较多、无风的夏秋季晴天。据报道，在我国兰州的西固石油化工区和上海市区出现过光化学烟雾。

二、废气处理工艺

（1）除尘技术：含尘废气产生于固体物质的粉碎、筛分、输送、爆破等机械过程，或产生于燃烧、高温熔融化学过程。前者为粒度大、化学成分固定的粉尘，后者为粒度小、化学组成变化的烟尘，改进生产工艺和燃烧技术可以减少颗粒物的产生。各类除尘器适用性见表11-2。

表11-2　各类除尘器适用性

除尘器	除尘机理	适用范围	主要类型
机械除尘器	依靠机械力将尘粒从气流中除去	干燥粉尘，粉尘比重和粒径较大	旋风除尘器
静电除尘器	利用静电力实现尘粒与气流分离	烟气量大，可在高温或强腐蚀性气体下操作	板式、管式
过滤除尘器	使含尘气流通过滤料将尘粒分离捕集	一般不适用于温度高的含尘气体（取决于滤料材料）	袋式除尘器
洗涤除尘器	用液体洗涤含尘气体	适用范围广，可去除水溶性大气污染物等	水膜除尘器、文丘里洗涤器

（2）除硫技术：目前世界上减少 SO_2 排放量的主要措施如下：

① 原煤脱硫技术可以去除煤中约40%～60%的无机硫，优先考虑低硫燃料，如低硫煤和低硫天然气。

② 改善煤燃烧技术，减少煤燃烧过程中 SO_2 和氮氧化物的发射。它主要使用石灰石和白云石与 SO_2 反应以产生硫酸钙，通过灰分和渣排出。在煤燃烧后形成的烟气在排放到大气之前脱硫。

③ 目前，石灰法主要用于去除烟气中的85%～90%的 SO_2。虽然脱硫效果很好，但它是昂贵的。例如，在火电厂安装烟道气脱硫装置的成本可以达到电厂总投资的25%，这也是控制酸雨的主要困难之一。

④ 开发新的能源，如太阳能、风能、核能、可燃冰等，但目前的技术不够成熟。如果没有正确使用，可能会导致新的污染和高消耗成本。

（3）脱硝技术：氮氧化物（NO_x）是空气中 N_2 和 O_2 在高温高压下的反应产物，能在紫外线的作用下产生二次污染物——光化学烟雾。

控制氮氧化物的排放主要有两大类：改进燃烧方式，控制燃烧过程中 NO_x 的产生；烟气脱硝。

三、有机废气污染治理技术

由于挥发性有机化合物(VOCs)活性强，在高温强光下极易与氮氧化物发生光化学反应，导致细颗粒污染日益严重，挥发性有机物种类很多，包含的化学品非常广泛，目前国内外并没有统一的定义，普遍根据其挥发性(饱和蒸汽压和沸点)来定义。参考上海市《大气污染综合排放标准》(DB 31/933)的定义，指 20℃下蒸汽压不小于 10Pa 或常压下沸点不高于 260℃的有机化合物，或在特殊条件下具有相应挥发性的有机化合物(甲烷除外)。

VOCs 常见处置技术如下：

(1) 源头控制：尽可能不使用含 VOCs 的原辅材料，并在工业生产过程中鼓励 VOCs 的回收利用，优先鼓励在生产系统内回用。

(2) 过程控制：生产过程密闭作业，投料输送环节密闭，减少管道设备的泄漏。

(3) 末端控制：主要的控制技术包括：采用冷凝固收、吸收回收技术、吸附回收技术进行回收利用；采用热氧化技术、吸附脱附技术等技术净化后达标排放。

此外，严格控制 VOCs 处理过程中产生的二次污染。催化燃烧和热焚烧过程中产生的硫、氮、氯等有机废气，以及吸附、吸收、冷凝、生物处理过程中产生的有机废水和固体废物，均应处理达标排放。对于不能再生的过滤材料、吸附剂、催化剂等净化材料，应按照国家固体废物管理的相关规定进行处理和处置。

四、恶臭污染治理技术

原则上，恶臭污染物治理技术与有机废气治理技术基本上是一致的。但由于恶臭污染物的排放限值较低，在实际工艺选择上也有着自身的特点。各类恶臭治理技术适用性见表 11-3。

表 11-3 各类恶臭治理技术适用性

技术类型	机理	特点	适用范围
活性炭吸附	利用活性炭吸附臭气污染物	结构简单，占地面积小	低浓度的臭气污染物
填料塔技术	利用臭气成分与化学药液的主要成分间发生不可逆的化学反应	工艺简单，技术成熟，占地面积小	浓度高、易反应吸收的臭气，污染物，对于硫化氢，氨等去除效率较高
直接燃烧法	利用焚烧炉或者氧化炉装置，对臭气进行燃烧氧化	投资成本大、操作要求高	适用于高浓度，大流量的有机臭气，但不适用于硫化氢、氨等无机的臭气污染物

续表

技术类型	机理	特点	适用范围
生物处理法	利用水中微生物对废气中的有害物质进行降解或转化为无害或低害类无臭物	投资少效率高、设备简单易、操作维护方便、可避免二次污染	适用于有机的臭气污染物
催化氧化法	利用铂、铑等资金属作为催化剂，将有客气体及异味气体等通过催化反应不可逆地分解为无臭、无害的产物	技术成熟、操作稳定、占地面积较小，处理效率较高	适宜处理含有机的恶臭污染浓度较高的废气

第四节　固体废物污染防治

一、固体废物与危险废物

固体废物是指失去原始利用价值的固体，半固体和气体制品和物质，并放置在生产，生活和其他活动中产生的容器中，以及根据固体废物管理中包含的物品和物质法律和行政法规。特别需要说明的是，对于没有“丧失原有利用价值”的物质，即使具有危害，也不应该视为废物，应该本着“物尽其用”的原则加以利用。

在工业固体废物中，对环境和健康危害最大的是危险废物，也是环保部门日常监管的重点。根据《固体废物污染环境防治法》，危险废物是指列入国家危险废物名录或者根据国家相关规定的危险废物鉴别标准和鉴别方法认定的具有危险特性的固体废物。危险废物（含医疗废物）具有腐蚀性（Corrosivity，C）、毒性（Toxicity，T）、易燃性（Ignitability，I）、反应性（Reactivity，R）和感染性（Infectivity，In）等危险特性，随意倾倒或利用处置不当会严重危害人体健康，甚至对生态环境造成难以恢复的损害。

2016 年 6 月 21 日，由环境保护部联合国家发展和改革委员会、公安部发布了新版《国家危险废物名录》，自 2016 年 8 月 1 日起施行。该名录在实践中经常被用到。

二、危险废物的储存管理

企业需要设置专门的区域储存危险废物，严禁将一般固体废物和危险废物混在一起存放，不同特征的危险废物应分开存放，相互反应的危险废物应该储存在不同的区域。对于有易燃性的废物还要专门有通风设施，以防止发生火灾爆炸事故。

危险化学品储存区域的地坪，需要又有良好的防渗透的保护，将泄漏物收集在防护槽或收集池内，避免外流造成土壤或地下水的污水。此外，储存区域还需要设置存放有吸附能力的应急桶，如果发生泄漏的时候，及时用吸附材料来清理和收集，以防止污染物的进一步的放大。

三、危险废物的经营与处置

根据《固体废物污染环境防治法》的规定，从事收集、贮存、处置危险废物经营活动的单位，必须向县级以上人民政府环境保护行政主管部门申请领取危险废物经营许可证；从事利用危险废物经营活动的单位，必须向国务院环境保护行政主管部门或者省、自治区、直辖市人民政府环境保护行政主管部门申请领取经营许可证；禁止无经营许可证或者不按照经营许可证规定从事危险废物收集、贮存、利用、处置的经营活动；禁止将危险废物提供或者委托给无经营许可证的单位从事收集、贮存、利用、处置的经营活动。

所有废物从产生到最后无害化处置都要有相关的记录与保存。这里面包括废物的种类、数量，入库和出库的日期，处置单位的名称，处置合同，以及转移联单等。图 11-5 为根据危险废物的特性，要求设置的危险废物的标识，必须在存储区域和运输过程中在醒目位置张贴。

危险废物	
主要成分:镍、铜、铬 化学名称:表面处理污泥	危险类别 
危险情况 吞食后会中毒 与酸接触 会放出毒气 ……	
安全措施 存放在阴凉通风处 穿戴适当的防护服和手套 ……	
废物产生单位: XXXXXXX 地址: 电话: 联系人: 批次: 数量: 出厂日期:	

图 11-5　危险废物贮存标识

危险废物需要保存的文件及记录：废物种类及数量、危险废物转移单，应保存五年、转移备案表、产生记录、入库和出库的日期(废物出入的记录)、处置单位资质处置合同等。

第五节　噪声污染防治

噪声污染不同于水体、大气和固体废弃物污染，它的本质是一种机械波，不具有物质的累计性，噪声源停止运行，污染则立即消失，没有残余污染物。但是，由于声源和暴露人群的广泛存在，以及工业、交通运输业和城市建设的快速发展，噪声已成为国内外影响最大的公害之一。

一、噪声及其标准

广义上讲，凡是妨碍人们工作、学习，影响人们生活，干扰人们听觉的声音都属于噪声。根据《噪声污染防治法》，环境噪声是指在工业生产、建筑施工、交通运输和社会生活中所产生的干扰周围生活环境的声音。而该法所称环境噪声污染，是指所产生的环境噪声超过国家规定的环境噪声排放标准，并干扰他人正常生活、工作和学习的现象。

根据国家标准《声环境质量标准》(GB 3096—2008)，按其使用工程特点和环境质量要求，声环境功能区分为以下五种类型：

① 0 类声环境功能区：指康复疗养区等特别需要安静的区域。

② 1 类声环境功能区：指以居民住宅、医疗卫生、文化体育、科研设计、行政办公为主要功能，需要保持安静的区域。

③ 2 类声环境功能区：指以商业金融、集市贸易为主要功能，或者居住、商业、工业混杂，需要维护住宅安静的区域。

④ 3 类声环境功能区：指以工业生产、仓储物流为主要功能，需要防止工业噪声对周围环境产生严重影响的区域。

⑤ 4 类声环境功能区：指交通干线两侧一定区域之内，需要防止交通噪声对周围环境产生严重影响的区域，包括 4a 类和 4b 类两种类型。4a 类为高速公路、一级公路、二级公路、城市快速路、城市主干、城市次干路、城市轨道交通(地面段)、内河航道两侧区域；4b 类为铁路干线两侧区域。

不同声环境功能区的环境噪声排放标准见表 11-4。

表 11-4　环境噪声限值单位　　dB(A)

声环境功能区类别		时段	
		昼间	夜间
0 类		50	40
1 类		55	45
2 类		60	50
3 类		65	55
4 类	4a 类	70	55
	4b 类	70	60

二、噪声的控制

噪声的控制主要包括以下 4 个方面。

（1）源头控制：最好的方法是在工艺设计阶段，应通过集中管理或者优化设备选型等措施，减少噪声源的数量，应优先选择低噪声的设备。

（2）运行管理：经验表明，许多噪声源都是由于安装不规范、运行不当或者维护不到位造成的振动引起的。因此，对于动设备，如泵、鼓风机等，应严格按照安装规范进行安装调试，加强运行管理，并制定实施严格的维护计划，确保设备良好运行。

（3）污染控制：按照噪声污染控制技术，选择经济有效的技术手段，对于噪声源和噪声污染进行控制。

（4）个体防护：通过佩戴个体防护用品，比如耳塞或者是耳罩，被动保护人体。

常用噪声控制措施如图 11-6 所示。

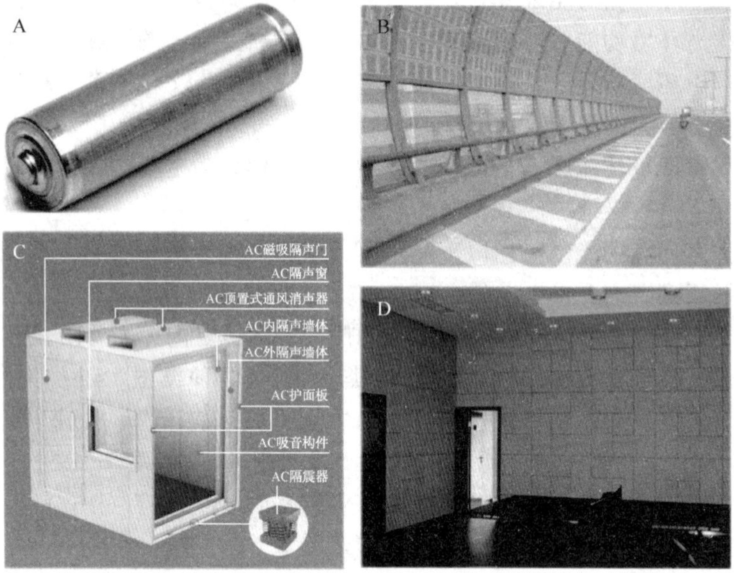

图 11-6　常用噪声控制措施

A—装在设备末端的消声器；B—道路上的隔音屏；

C—高噪声设备的隔声罩；D—装在活动室墙壁上的吸声材料

第六节　土 壤 污 染

土壤是自然环境要素的重要组成之一，但是土壤环境一旦遭受污染便难于治理，其危害是深远的。

一、土壤污染物质的种类

土壤污染是指进入土壤的污染物超过土壤的自净能力，而且对土壤、植物和动物造成损害时的状况。我国的土壤污染物质有很多种，主要包括以下几种。

(1) 化学污染物：包括无机污染物和有机污染物。前者包括重金属，如汞、镉、铅和砷，过量的氮、磷、植物营养素、氧化物和硫化物；后者包括各种化学农药、石油及其热解产物，以及其他有机合成产物。

(2) 物理污染物：指来自工厂、矿山的固体废弃物如尾矿、废石、粉煤灰和工业垃圾等。

(3) 生物污染物：指带有各种病菌的城市垃圾和由卫生设施(包括医院)排出的废水、废物以及厩肥等。

(4) 放射性污染物：主要存在于核原料开采和大气层核爆炸地区，以锶和铯等在土壤中生存期长的放射性元素为主。

土壤对污染物有富集作用。多数无机污染物，特别是金属和微量元素，都能与土壤有机质或矿质相结合，长久地保存在土壤中，并且不会离开土壤，成为一种最顽固的环境污染问题。而有机污染物在土壤中，则可通过微生物的分解而逐渐失去毒性，其中有些成分还可能成为微生物的营养来源。但药物类的成分也会毒害有益的微生物，成为破坏土壤生态系统的祸源。

二、土壤污染的危害

1. 土壤污染导致严重的直接经济损失

据统计，全国受污染的耕地 1000 万公顷，有机污染物污染农田 3600 万公顷，主要农产品的农药残留超标率高达 16%~20%；污水灌溉污染耕地 216.7 万公顷，固体废弃物堆存占地和毁田 13.3 万公顷。每年因土壤污染减产粮食超过 1000 万吨，造成各种经济损失约 200 亿元。

2. 土壤污染导致生物产品品质不断下降

由于农田施用化肥，大多数城市郊区的土壤都收到不同程度的污染。许多地方的谷粒、蔬菜和水果等食物中的砷、铬和铅等重金属含量超标或接近临界值，每年转化成为污染物而进入环境的氮素达 10Mt，农产品中的硝酸盐和亚硝酸盐污染严重。农膜污染土壤面积超过 780 万公顷，残存的农膜对土壤毛细管水起阻流作用，恶化土壤物理性状，影响土壤通气透水，影响农作物产量和农产品品质。

3. 土壤污染危害人体健康

土壤污染会使污染物在植物体内积累，并通过食物链，危及人体健康，引起癌症和其他疾病。放射性物质可以通过多种途径进入人体，其射线会破坏机体中的大分子结构，甚至直接破坏细胞和组织结构，给人体造成损害。高强度射线会灼伤皮肤，导致白血病和各种癌症，破坏人的生殖功能，严重的甚至会致死。土壤生物污染在土壤、植物、动物以及人体之间构成一条链，主要通过食物链进行物质和能量传递，其危害不容忽视。土壤健康、植物健康、动物健康和人体健康由食物链紧密联系在一起。

4. 土壤污染导致其他环境问题

土壤受到污染后，含重金属浓度较高的污染土容易在风力和水力作用下分别进入到大气和水体中，导致大气污染、地表水污染、地下水污染和生态系统退化等其他次生生态环境问题。污染的土壤在渗透和降雨的作用下，有害物质会渗入地下水会引起地下水污染。

三、土壤污染修复技术

1. 土壤污染处理技术

土壤污染的处理的成本非常高，且很难修复到恢复土壤污染前状态。土壤修复的技术主要包括以下方法：

(1) 物理化学方法：加热和电化学方法主要用于治疗。主要方法包括加热方法、稳定的固化方法、浸出、提取和电动方法。

(2) 生物修复的方法：主要利用生物本身的通气降解作用来修复土壤中的有机物，主要方法有微生物修复、生物通气、泥浆反应器、预制床等；植物修复；湿地修复；菌根修复等；植物——微生物联合修复；菌根菌剂联合修复等。

(3) 物理化学——生物联合的方法：主要通过淋洗反应器联合修复的方法，包括热处理方法，它主要通过加热焚烧的方法来去除土壤中的污染物(图 11-7)；生物原位修复方法，它主要是利用生物体的生物降解的方法来处理土壤中的污染物，包括直接提取污染物的方法，这个也比较容易使用在污染的水体里面。

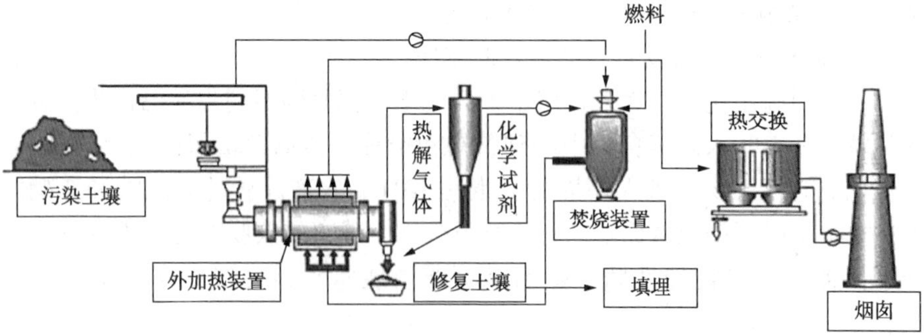

图 11-7　直接加热焚烧处置土壤污染物示意图

第七节　其他环境污染

除了介绍的企业中产生和排放的废水、废气、废渣、噪声和土壤污染以外，还存在一些环境污染问题。

一、酸雨

酸雨的概念及危害等见表 11-5。

表 11-5　酸雨的概念及危害表

概念		人们一般把 pH 值小于 5.6 的降水称为酸雨
形成		形成酸雨的大气污染物主要有硫氧化物和氮氧化物等
危害	水生生态	使河湖水酸化，影响鱼类生长繁殖，乃至大量死亡
	土壤生态	使土壤酸化，造成养分淋失，影响微生物的活性，使土壤肥力降低，导致农作物减产
	植物生长	腐蚀树叶，使光合作用受阻，影响森林生长，林木成片死亡
	建筑物	腐蚀石材、钢材，造成建筑物、铁轨、桥梁和文物古迹的损坏
我国酸雨	类型	以煤炭为主要能源，故以硫酸型酸雨为主
	分布	分布范围不断扩大。20 世纪 80 年代多在西南地区；90 年代扩大到长江以南、青藏高原以东，目前扩展到华北和东北地区

二、光化学烟雾

汽车、工厂等污染源排入大气的碳氢化合物和氮氧化物等一次污染物，在紫外线的作用下发生化学反应，生成臭氧、醛、酮、酸、过氧乙酰硝酸酯(PAN)等二次污染物，参与光化学反应过程的一次污染物和二次污染物的混合物所形成的烟雾污染现象叫作光化学烟雾。

研究表明，在北纬 60°和南纬 60°之间的一些大城市，在夏季和秋季节日中可能会出现光化学烟雾，在强烈的阳光下，光化学烟雾可随空气飘移数百公里。20 世纪 40 年代以后，光化学烟雾污染已经在世界各地出现，如洛杉矶、东京、大阪，英国、澳大利亚、德国和中国南宁、兰州等。

三、臭氧层破坏

1985 年，英国科学家观测到南极上空的臭氧层空洞，并证实它与氟利昂(CFCs)分解产生的氯原子直接相关。这个消息震惊了世界。到 1994 年，南极上空臭氧层破坏面积已达 2400 万平方公里，北半球臭氧层比以往任何时候都薄，欧洲和北美上空臭氧层平均减少10%~15%，西伯利亚上空甚至减少35%。科学家警告说，地球上臭氧层的破坏比普通人想象的要严重得多，臭氧层的破坏将导致更多的紫外线到达地面，危害人类健康，破坏生态环境，国际组织《关于消耗臭氧层物质的蒙特利尔议定书》及其《议定书修正》规定了15种氯氟烷烃（CFCs）、3种哈龙、40种含氢氯氟烷烃（HCFCs）、34种含氢溴氟烷烃（HBFCs）、四氯化碳（CCl_4）、甲基氯仿（CH_3CCl_3）和甲基溴（CH_3Br）为控制使用的消耗臭氧层物质，也称受控物质。中国也是议定书的缔约国，也出台了国家计划来逐步减少并最终完全停止臭氧破坏物质的生产及使用。

四、温室效应和全球变暖

经过研究，人们认为在有可能引起气候变化的各种大气污染物质中，CO_2 具有重大的作用。大约50%的大量 CO_2 从无数烟囱和地球上的其他废气管道排放到大气中仍然存在于大气中。CO_2 可以吸收从地面的长波辐射，并增加地面附近的空气温度，引起温室效应。

联合国政府间气候变化专业委员会（IPCC）的第四次评估报告指出，气候变暖的客观事实并不含糊，在过去的几百年里，我国的气候正在经历一场以变暖为主要特征的重大变化，1981年至1990年的统计数据显示，世界平均气温比100年前高0.48℃。在每个世纪的工业发展中，人类在大量矿物燃料中造成了全球变暖。

参 考 文 献

[1] 中华人民共和国环境保护法.
[2] 张艳梅. 污水治理与环境保护. 云南：云南科学技术出版社，2018.
[3] 茹至刚. 环境保护与治理. 北京：冶金工业出版社，1988.
[4] 张锦瑞，郭春丽. 环境保护与治理. 北京：中国环境科学出版社，2002.
[5] 谢红梅. 环境污染与控制对策. 成都：电子科技大学出版社. 2016.
[6] 中华人民共和国水污染防治法.
[7] John C. Crittenden. 水处理原理与设计：水处理技术. 3版. 刘百仓编译. 上海：华东理工大学出版社，2016.
[8] 中华人民共和国大气污染防治法.
[9] 刘清，招国栋，赵由才. 大气污染防治. 北京：冶金工业出版社，2012.
[10] 郝言明，马广大，王书肖. 大气污染控制工程. 3版. 北京：高等教育出版社，2010.
[11] 中华人民共和国固体废物污染防治法.
[12] 环境保护部等. 国家危险废物名录. 部令第39号. 2016.
[13] 环境保护部. 挥发性有机物（VOCs）污染防治技术政策. 公告2013年第31号. 2013年5月24日实施.
[14] D. A. 比斯等著. 工程噪声控制·理论和实践. 4版. 邱小军等译. 北京：科学出版社，2017.

[15] 张弛．噪声污染控制技术．北京：中国环境科学出版社，2002.
[16] 夏立江，王宏康．土壤污染及其防治．上海：华东理工大学出版社，2001.
[17] 庄伟强等．固体废物处理与处置．3 版．北京．化学工业出版社，2009.
[18] Jeff Kuo 著．土壤及地下水修复工程设计．2 版．北京建工环境修复股份有限公司翻译组译．北京：电子工业出版社，2016.
[19] 吴荣良，万美，杜梦．企业环境法律风险管理实务．上海：上海交通大学出版社，2016.
[20] 修光利，李涛．企业环境健康安全风险管理．北京：化学工业出版社，2017.

第十二章

国内外知名化工企业安全管理的主要理念和做法

每个人都生活在一个充满风险的世界里。一家著名的企业在它的黄金法中提出建议："我们被风险包围着。"清醒的管理者意识到，由于风险的存在，企业组织的首要考虑不应该是发展，而应该是生存。生意的最大原则不是赚钱，而是不赔钱。

安全管理就是冒险。安全管理的目标是风险，而不是事故。没有发生事故的公司可能不是安全的公司，因为可能存在重大的潜在安全风险。只有当组织准确地认识到这些风险，并有效控制这些风险，才能说它是一家真正安全的公司。

安全管理以风险为核心，不是完全消除风险，而是将风险水平降至零。我们应该注意到，消除风险需要成本。我们需要遵守"安全第一"，兼顾安全与效益的平衡，在遵守法律法规、政府监管和社会认可(ALARP)的前提下实现安全风险"尽可能低"。风险降低应平衡 3 个内容，即时间、成本和采用风险降低或消除方法的难度。由于"安全"很容易被误解为没有任何风险的安全，许多 500 强公司已经开始用"降低风险"取代"安全"。世界上最大的 500 家公司的安全管理资源可分为 3 类。

(1) 安全管理体系，其代表：英荷壳牌 HSE 管理体系、GE HSE 管理模式、埃克森美孚 OMS 完整性运营体系、埃克森美孚和陶氏 SQAS 安全评估体系。

(2) 基于行为安全的管理活动，包括：杜邦安全预防和观察计划、住友公司 KYT 伤害预测和预警活动、Bayer 行为观察活动、DOXX BBP 绩效活动、丰田无意识方法和六零事故程序、巴斯夫 AHA 审计协助活动等。

(3) 政府或非政府组织应确定一些跨国公司采用的安全战略，包括：13 个标准组织，例如日本劳动安全协会 5S 运动，英国、澳大利亚、新西兰和挪威开发了 OHSAs 18001，国际工作组织 OSH-MS 系统和南非五星安全评估系统。各公司的安全管理办法不得包含商业秘密。它们有法律责任和实际需要让其员工、承包商和访客知道。到目前为止，人们对世界 500 强中最大公司的安全策略知之甚少，因为许多公司没有主动与业界分享。我们希望所有风险组织都能学习世界

500强安全管理的精髓，在“可接受风险”标准下寻求利益最大化，并通过有效的管理工具将风险降至最低。

第一节 中国石油 HSE 管理理念

一、中国石油 HSE 管理理念综述

（1）中国石油 HSE 相关管理理念。

《中国石油天然气集团公司反违章禁令》(以下简称《禁令》)及有关条文解释，为进一步规范员工安全行为，防止和杜绝“三违”现象，保障员工生命安全和企业生产经营的顺利进行，特制定本禁令。

① 严禁特种作业无有效操作证人员上岗操作；

② 严禁违反操作规程操作；

③ 严禁无票证从事危险作业；

④ 严禁脱岗、睡岗和酒后上岗；

⑤ 严禁违反规定运输易爆物品、放射源和危险化学品；

⑥ 严禁违章指挥、强令他人违章作业。

员工违反上述《禁令》，给予行政处分；造成事故的，解除劳动合同。

（2）六大禁令(操作层)。

① 本《禁令》第一条：当无有效特种作业操作证的人员上岗作业时，处理的责任主体是岗位员工。安排无有效特种作业操作证人员上岗作业的责任人的处理按第六条执行。

特种作业范围，按照国家有关规定包括电工作业、金属焊接切割作业、锅炉作业、压力容器作业、压力管道作业、电梯作业、起重机械作业、场(厂)内机动车辆作业、制冷作业、爆破作业及井控作业、海上作业、放射性作业、危险化学品作业等。

② 本《禁令》中的行政处分是指根据情节轻重，对违反《禁令》的责任人给予警告、记过、记大过、降级、撤职等处分。

③ 本《禁令》中的危险作业是指高处作业、用火作业、动土作业、临时用电作业、进入有限空间作业等。

④ 本《禁令》中的事故是指一般生产安全事故 A 级及以上。

⑤ 本《禁令》是针对严重违章的处罚，凡不在本禁令规定范围内的违章行为的处罚，仍按原规定执行。

⑥ 国家法律法规有新的规定时，按照国家法律法规执行。

（3）有感领导、直线责任、属地管理。

① 有感领导、直线责任、属地管理。

有感领导的定义：企业各级领导通过以身作则的良好个人安全行为，使员工真正感知到安全生产的重要性，感受到领导做好安全的示范性，感悟到自身做好安全的必要性。

“有感领导”是对领导带头的进一步诠释，是对各级领导(尤其是主要领导)综合素质的要求，是责任心、责任感、工作作风、工作态度和工作执行力的综合体现。

HSE体系建设是一项复杂的系统管理工程，需要多个部门的参与和重要保障，只有领导才能整合调动资源保证安全生产。落实“有感领导”载体的“八个亲自”：

① 亲自制定个人安全行动计划；

② 亲自主持召开HSE工作会议；

③ 亲自组织开展HSE审核；

④ 亲自组织开展HSE危害辨识、风险评价与控制工作；

⑤ 亲自宣贯HSE理念；

⑥ 亲自深入基层进行调查研究；

⑦ 亲自进行安全经验分享活动；

⑧ 亲自检查考核副职履职情况。

有感领导的作用极为重要

直线责任的定义：各级主要负责人要对安全环保管理全面负责，做到一级对一级，层层抓落实；每名员工都要对所承担的工作(任务、活动)的安全环保负责，做到“谁组织谁负责、谁管理谁负责、谁执行谁负责”。

“直线责任”是对落实安全环保责任，“谁主管、谁负责”的进一步诠释。

“直线责任”：系统管理、纵向到底、责任归位，业务管理者就是安全管理者，管业务必须管安全环保。落实“直线责任”要消除“安全工作仅仅由安全部门来管理”的思想误区；“明确并落实全员HSE职责”是做好HSE管理工作的前提。责任归位、各负其责就是落实直线管理责任，具体表现为：

① 每个员工都对自己从事工作的安全环保负责；

② 每个领导都对自己分管工作的安全环保负责；

③ 每个部门都对自己管理业务的安全环保负责；

④ 每个单位都对自己所辖范围内的安全环保负责。

属地管理的定义：要求企业每个领导对分管领域、分管业务、分管系统的安全环保管理工作负责；每个员工对自己岗位涉及的生产作业区域的安全环保负责，包括对区域内设备设施、工作人员和施工作业活动的安全环保负责，做到“谁的领域谁负责、谁的区域谁负责、谁的属地谁负责”。

“属地管理”：横向到边，重点放在基层单位。树立员工主动负责安全管理的意识和理念，落实“属地管理”要消除“属地管理就是承包商管理”的思想误区。

要明确属地管理区域：以生产岗位为基点，以生产现场和施工现场为单元，明确管理和生产岗位属地管理区域，区域划分尽量避免交叉、空位。

要明确属地责任：属地负责人对区域内的设备设施、工作人员、承包商和施工作业活动的安全环保负责，组织对进入属地的相关方进行必要的 HSE 培训和交底。

要建立属地管理示范点：分系统制定属地管理模板，实施目视化管理，统一属地管理标识。建立属地管理示范点，以点带面，全面推广。

(4) 中国石油 HSE 管理原则(管理层)。

① 任何决策必须优先考虑健康安全环境；

② 安全是聘用的必要条件；

③ 企业必须对员工进行健康安全环境培训；

④ 各级管理者对业务范围内的健康安全环境工作负责；

⑤ 各级管理者必须亲自参加健康安全环境审核；

⑥ 员工必须参与岗位危害识别及风险控制；

⑦ 事故隐患必须及时整改；

⑧ 所有事故事件必须及时报告、分析和处理；

⑨ 承包商管理执行统一的健康安全环境标准。

二、HSE 管理原则综述

1. 编制目的

(1) 进一步统一对 HSE 方针等理念的思想认识；

(2) 进一步规范领导干部、管理人员科学决策和严格管理的 HSE 行为；

(3) 进一步推动形成“谁主管、谁负责”和全员积极参与的 HSE 文化氛围。

2. 编制的依据

(1) 依据集团公司 HSE 方针和战略目标；

(2) 借鉴杜邦、壳牌等国际大公司通行做法；

(3) 充分结合中国石油 HSE 管理实际情况；

(4) 杜邦的安全原则；

(5) 所有的伤害都是可以预防的；

(6) 管理者负责管理安全，并对安全结果负责；

(7) 所有危害因素都可以控制；

(8) 安全工作是雇佣的必要条件；

(9) 员工必须接受安全培训；

(10) 管理层必须进行安全审核；

(11) 所有的不良因素必须马上纠正；

（12）推广员工下班后的安全；

（13）良好的安全创造良好的绩效；

（14）员工是安全工作的关键。

3. 编制原则

保证集团公司 HSE 理念的统一；保证与国际石油公司 HSE 先进理念一致；体现从被动管理转变为主动预防的思想。

企业核心经营管理理念：诚信、创新、业绩、和谐、安全。

HSE 方针：以人为本、预防为主、全员参与、持续改进。

HSE 战略目标：追求零伤害、零污染、零事故，在健康、安全与环境管理方面达到国际同行业先进水平。

HSE 管理原则是对集团公司 HSE 方针和战略目标的进一步阐述和说明，HSE 管理原则与 HSE 方针、战略目标共同构成了 HSE 管理的基本指导思想；HSE 方针—HSE 战略目标—HSE 管理原则—HSE 管理基本指导思想。

HSE 管理原则的重要意义：精神理念层面—推进—实践落实层面、战略概念阶段—提升—实践操作阶段、方针和原则要求—细化—管理者行为准则。

（1）任何决策必须优先考虑健康安全环境。

任何决策：是指施工作业、战略规划、项目投资、方案设计、生产组织、教育培训等相关的决策。任何决策还包括：事关企业长期发展等重大问题的高层战略决策；制定经营目标、重要管理措施等中层战术决策；日常生产经营活动管理措施实施办法等基层业务决策。

任何决策都优先考虑 HSE，任何决策都符合 HSE 规定，任何决策都有满足 HSE 要求的具体措施，任何决策都必须遵循“环保优先、安全第一”的理念、“以人为本”的原则。

安全：尊重和保证员工的安全；企业对员工的最大承诺；“以人为本”理念的重要表现；对员工利益的最大维护。

条件：要求员工不断增强安全意识；接受集团公司安全管理理念；承诺遵守集团公司规章制度；工作中理解并正确执行操作规程。

内涵及意义：企业要把好“入口关”，建立岗位任职资格标准；制定安全聘用管理实施细则；对应聘方进行安全聘用评估和符合检验；持续对员工进行培训，确保满足上岗要求；宣贯集团公司 HSE 理念；员工接受并理解集团公司 HSE 理念；员工都必须坚持安全规范，遵守安全制度，否则将受到严厉的处罚，甚至解雇；不能容忍任何偏离安全制度和规范的行为；贯彻落实反违章禁令的具体体现；展示和改进个人安全表现；良好的安全表现是企业聘用、员工上岗、承包商入围的必要条件；全员理解安全的工作是最经济的工作方式；各级管理人员和操作人员都应强化安全意识，提高自身安全素质，认真履行岗位安全职责，不断改进个人安全表现。

（2）企业必须对员工进行健康安全环境培训。

企业：企业是对员工进行培训的主体，承担员工培训的责任和义务；企业应持续对员工进行 HSE 培训和再培训，确保员工掌握相关 HSE 知识和技能，培养员工良好的 HSE 意识和行为；企业负责进行培训组织、计划、实施、评估。

培训：接受岗位 HSE 培训是员工的基本权利；培训是提高员工综合素质的基本途径；培训合格是员工上岗作业的基本条件；培训是员工职业生涯的一个持续过程。

内涵及意义：

① 企业“以人为本”管理理念的具体体现。

尊重人：尊重员工的 HSE 权益和主体地位，把员工的生命安全放在第一位。

依靠人：以员工为企业发展的基础和基石。

提高人：对员工进行 HSE 培训教育，提高防范风险意识和能力，全面提升综合素质。

② 各级管理者代表企业履行培训主体责任：各级管理层对其下属的岗位胜任能力负责；培训其直接下属是各级管理者的岗位职责。

③ 培训的根本作用是帮助员工掌握岗位工作技能：企业应改进 HSE 培训理念和方式：一切培训活动以满足岗位需求为核心要求；培训工作应针对岗位需求有计划、有目的地进行；企业应积极主动采取针对性、个性化的培训方式；企业应开展培训需求分析，培养专兼职 HSE 培训师。

（3）各级管理者对业务范围内的健康安全环境工作负责。

管理者：领导层对组织负全责，主要职责是创造良好工作环境和负责组织的重大决策；机关部门承上启下，主要职责是结合本部门工作实际，有效指挥基层管理者开展工作；基层管理者主要职责是直接指挥和监督现场作业人员，完成上级下达的各项计划和工作。

业务范围：企业发展、生产经营活动的各个环节；各部门及单位的主管业务、各级管理者的主管工作；各级管理者都应参与 HSE 管理，紧密结合岗位职责，针对日常管理工作的关键环节，推动 HSE 责任落实。

内涵及意义：

① 主管工作必须负责相关的 HSE 管理：“谁主管、谁负责”原则的具体体现；落实“任何决策优先考虑 HSE”的载体；履行直线责任，推进属地管理的基本要求；安全管理本质内涵是管理者管理安全。

② 有感领导是管理者落实 HSE 责任的有效形式：率先垂范，制定并落实个人安全行动计划、带头遵守 HSE 制度标准，强调 HSE 工作，亲自参与 HSE 风险识别和控制措施制定，亲自参加 HSE 审核、HSE 培训等 HSE 活动，让员工感知到、感受到、感悟到。

（4）各级管理者必须亲自参加 HSE 审核。

审核：包括体系内审、管理评审、专项审核等；审核活动应采取平等交流与沟通的方法；审核工作应依据相关准则，确定审核内容和目的，规范开展。

内涵及意义：

① 履行管理者职责的具体体现：国家安全生产法、HSE 体系标准要求管理者参加现场 HSE 审核，了解 HSE 管理现状，制定整改控制措施，推动体系持续改进。

② 践行有感领导的基本方式：管理者亲自参与 HSE 审核，体现领导力；以实际行动落实 HSE 责任，不仅停留在讲话和文件中；发现问题并及时改进，推进 HSE 管理体系规范运行；带动和引导全体员工积极参与到各项 HSE 工作中。

③ 有利于管理者的正确决策：通过体系内审、管理评审、专项审核来直观了解并深入掌握管理现状、潜在风险、薄弱环节、改进机会、资源需求，做出 HSE 正确决策。

(5) 员工必须参与岗位危害识别及风险控制。

员工：广义上是指企业雇用的全体人员；主要是指基层技术人员和岗位操作人员。

参与：基层员工应是 HSE 风险管理的主体；基层员工也是 HSE 管理的最直接受益者。

内涵及意义：

① HSE 管理体系的核心是风险管理：HSE 体系管理是一种科学的管理方法；HSE 体系管理重点是解决 HSE 风险问题；岗位危害识别是风险管理的最基础工作。

② HSE 风险管理应全员参与：基层技术人员和操作人员都应参与风险管理；应针对危害因素识别、风险评价、风险控制、监测、应急等风险管理环节进行动态管理。

③ 全员应掌握合理的风险管理工具：全员应理解、运用合理的风险管理工具，如作业许可、工作前安全分析等方法；岗位员工使用的危害辨识方法和风险管理工具应科学、有效、简洁、可推广。

(6) 事故隐患必须及时整改。

隐患：人的不安全行为、物的不安全状态、环境和管理缺陷导致事故隐患，造成事故发生。

及时整改：应对事故隐患进行超前诊断或辨识；采取针对性的措施予以整改或消减；所有的整改或消减措施必须及时、有效，并进行跟踪、验证，确保达到预期效果。

内涵及意义：

① 建立隐患排查治理的长效机制：建立重大危险源的动态监控机制；建立超前诊断或辨识的事故隐患排查机制；建立及时整改或消除的事故隐患治理

机制。

② 提高了企业系统安全的可靠性：提高工艺设备设施、作业场所的安全状态；增强综合素质和能力，改进员工的行为表现；确保企业整体系统的一致性和可靠性。

（7）所有事故事件必须及时报告、分析和处理。

① 事故事件：造成死亡、疾病、伤害、污染、损坏等结果的意外情况（事故）；尚未造成伤害、损坏等结果的微小事件、未遂事件。

② 报告、分析和处理。

报告：所有事故事件必须及时报告。

分析：所有事故事件必须调查分析，查找发生原因。

处理：所有事故事件必须有处理结果，所有事故事件都应及时进行总结和共享。

内涵及意义：

① 事故事件是改进完善 HSE 工作的宝贵资源：大庆石油会战——安全生产岗位责任制；重大事故事件——规范化的 HSE 管理体系。

② 从重视重大事故向未遂事件和微小事件转变。

③ 集团公司事故管理理念的重大突破：从单纯的事故责任处理转化为处理与分析并重；鼓励全体员工和基层单位及时报告事故事件，主动挖掘事故事件资源；及时进行事故事件资源的共享，避免事故事件重复发生。

（8）承包商管理执行统一的 HSE 标准。

承包商：广义上是指为业主提供各种服务的组织，包括评价、监理、设计、供应商等单位；狭义上是指在甲方作业场所内进行作业的承包商及分包商等乙方组织。

统一标准：企业应将承包商 HSE 管理纳入内部 HSE 管理体系，实行统一管理；承包商事故应纳入企业的事故统计系统中；承包商的 HSE 管理必须满足甲方单位的运行要求，严格执行企业有关制度，在制度执行、员工培训、个人防护装备配备等方面与企业一致。

内涵及意义：

① “以人为本”管理理念的具体体现：把承包商当作自己的队伍，把承包商员工当作自己的员工；一视同仁、统一标准、统一要求；严格管理、严格要求、严格考核。

② 改进对建设项目的管理方式：加强项目管理，利益共享、风险共担；由结果性管理向过程性管理和绩效管理转变；建设单位（总包商）应严把队伍资质关、HSE 业绩关、人员素质关、监督监理和现场管理关。

③ 企业履行“社会责任”的有效载体：宣传 HSE 先进管理理念、方法；提高承包商自身 HSE 管理水平；促进企业安全、和谐、可持续发展。

三、正确树立重要的几个方面的观念

9个观念：生活观、工作观、生命观、健康观、学习观、成才观、创新观、集体观、心理观。

观念的问题比任何方面的问题都重要，它是一种方向、一种指导。人的思想问题不解决，解决其他问题都是没用的。观念决定思路，观念创造效益，观念创造奇迹。人与人之间最大的差别是观念的差别，是思维能力的差别，即“观念决定命运”。“播下一种观念收获一种行为，播下一种行为收获一种习惯，播下一种习惯收获一种性格，播下一种性格收获一种命运。”

人生其实可归结为两件事：做人和做事。但无论做人还是做事，都必须处理好知识、实践和思维的关系。在这三者中，知识是基础，实践是根本，思维是关键，三者交融，方能成功、成才。培根说：“知识就是力量”。岳麓书院有四句话：“博于问学，明于睿思，笃于务实，志于成人。”《论语》云：“学而不思则罔，思而不学则殆。”实践证明：要想取得创造性的成果，必须把逻辑思维和形象思维有机结合起来。逻辑思维保证思维内容的一致性，形象思维则使思维具有原创性，二者相互补充，充分合作，不可分割。（摘自杨叔子《学成于思行成于思》）

（一）树立正确的生活观、工作观

正确的生活观包括以下几个方面：

（1）树立现代的、与时俱进的人生观、事业观、家庭观、幸福观。

（2）生活幸福标准：总结为“1234”，即一个中心、两个基本点、具有三心、实现四大追求。“1”：以家庭幸福总量最大化为中心。“2”：实现事业成功与家庭幸福的协调发展。“3”：每个人都应具有“三心”：工作上要有进取心，做到尽职尽责、尽心尽力、永不懈怠、永不知足、永不服输、永不言败；生活上要有平常心，要简单简朴、知足常乐；立足社会要有感恩心，感谢父母的生育养育之恩，感谢组织的培养之恩，感谢同事、朋友、同学等的帮助支持之恩。“4”：追求平安、健康、幸福、快乐。健康是一个人追求的底线，平安是一个家庭追求的底线，幸福是最大的追求，快乐是最高的追求。

（3）只有事业的成功不能称为人生的成功，只有事业成功与家庭幸福才是成功的人生。

（4）多与思想积极的人和家庭交朋友，少与思想消极的人和家庭交朋友。

正确的工作观包括以下几个方面：

要树立踏踏实实做好每一项细节工作的“平凡工作理念”。每一件简单的事情日复一日地把它做好就是不简单，每一件平凡的工作日复一日地把它做精就是不平凡。这是海尔集团总经理说过的一句话。

（1）人生成功与否，关键在于方向加细节，方向加细节决定成败。事业成败在于有明确的方向并做好每一个重点工作的细节。

（2）1%的失误会造成100%失败。在学校考试讲步骤，错一步扣一分，100-1=99(分)。在工作岗位上，疏忽一个细节、算错一个数据，就可能导致一次重大损失，100-1=0(分)。

（3）细节是事业心、责任感、敬业精神的具体体现，人与人之间最大的差别是思维力的差别，人与人之间最小的差别是细节上的差别，这就是人生的0.1理论。每件事，多想一点，主动一点，认真一点。(1.1)4=1.46；每件事差一点。(0.9)4=0.66。

（4）细节决定成败。每件事总比别人做得好一点这就是竞争力，不用比天下所有的人做得好，而只要比你身边的人做得好就足够了。

（二）树立正确的生命观、健康观

（1）核心理念：每个员工最高的、最根本的利益是生命。

（2）三大基本理念：①每个员工最高的、最根本的利益是生命；②1%的疏忽可能造成100%的悲剧；③所有的事故都是可以防止和避免的。

（3）生命观、健康观。

牢固树立生命第一、健康至上、关爱生命、关注健康的生命观、健康观。

生命具有绝对的一次性和宝贵性。一个人失去了生命，就失去了一切。我们必须尊重生命、珍爱生命。

一个员工的伤残就是一个家庭的悲剧，一个员工的死亡就是一个家庭的解体。一个国家缺了谁都行，一个家庭缺了谁都不行。

在安全管理上有两个著名的理论：一是“海恩法则”，另外一个是“墨菲定律”。

“海恩法则”是德国飞机涡轮机的发明者帕布斯·海恩提出在航空界一个关于飞行安全的法则。“海恩法则”指出：每一起严重事故的背后，必然有29起轻微事故和300起未遂先兆和1000起事故隐患。法则强调两点：一是事故的发生是量的积累的结果；二是再好的技术、再完美的规章在实际操作层面，也无法取代人自身的素质和责任心。这也就是我们知道的“多漏洞叠加理论”。我们各种检查的目的在于发现事故隐患和苗头，持续不断地整改和完善是为了消除隐患及苗头。只有从源头遏制住了，事故才不能够发生。

如果某件坏事可能会发生，它就会发生，这就是“墨菲定律”。在安全管理上的诠释是：“如果可能出错就一定会出错，只要发生事故的可能性存在，不管这种可能性多么小，它总会发生。”墨菲定律给我们的启示是，不能忽视概率小的危险，正所谓“千里之堤，毁于蚁穴”，麻痹大意必然会痛恨终生。正所谓不以恶小而为之，不以善小而不为，行为决定了结果。

（三）树立正确的学习观

知识决定人生，勤奋改变命运，智慧获得财富，学习创造未来。我们现在的生活和状态是三年前就决定的，而三年后你的生活又是由今天决定的。所以，要想以后生活得好一些，现在就必须投入。

(1) 树立终身学习的观念。人的一生用来学习的时间越来越长，有效工作的时间越来越短。

(2) 学习知识的目的在于变成能力，变成能力的目的在于对家庭对社会有所贡献。如果变不成能力，变不成贡献，知识是没有用的。

(3) 学习强势知识，弱化弱势知识，舍弃垃圾知识。要改变学习方法，坚持思考、讨论、交流的方法，在强调学习、学习再学习的同时，强调思考、思考再思考。

(4) 一个家庭，每年挤出1%的收入来买书。十年读书，刮目相看。

(5) 有人需要补短板，更多的人应该把长板加长。千招会不如一招绝。

(6) 学习的目的是提高每名员工的竞争能力。

(四) 树立正确的成才观

(1) 树立人人都可以成才的观念。我们每个人都有巨大潜能，人的智能不止一种，而至少有七种，人人都有自己的劣势智能，又都有自己的优势智能。也就是说，人人既是庸才，又都是天才。

(2) 评价人才的标准已经由学历文凭本位变为能力本位。必须把知识转化成能力，变成对社会的贡献、对家庭的贡献。变不成对社会、对家庭的贡献，知识是没有用的。

(3) 任何人贡献给社会的都是他的专长。与其花许多时间和精力去挖掘许多口“浅”井，不如花同样的时间和精力去挖一口“深”井。

(4) 树立尊重知识、尊重智慧、尊重人才的观念和氛围。

(5) 一个人要成才、要成功，必须解决两个问题：方向加细节。战略选择解决方向，细节决定成败，两个轮子缺一不可。

(6) 成功的实质不是战胜别人，而是战胜自己。你不可能也不应该去阻止别人的前进，你唯一能够做的就是提高自己。

(7) 一个成功的人必须具有进取心、求知欲、责任感。

(8) 人生有两大幸事：做自己喜欢的工作，与自己喜欢的人一起工作。

(9) 欢迎不同意见甚至反对意见。“谁对三峡贡献最大——反对建三峡的人”。只有被反复否定而否定不了的才是真理，只有吸取不同意见才能不断完善。一个人的进步也是如此，反对你的人，可能正是使你的人生和工作少走弯路，甚至使你快速成长的人。

(五) 树立正确的创新观

企业应坚持所有领域都存在创新和解决一个问题采用多种创新手段的思路。

(1) 创新是一门通过学习人人都能掌握的科学。

(2) 创新不仅需要新思维、新观念，更需要胆识和勇气，有时不是我们不会想，而是不敢想，不是我们不会做，而是不敢做。

(3) 鼓励创新，不管是新技术、老技术，有效益就是好技术，不管是“洋办法”“土办法”，解决问题就是好办法。

(4) 坚持把创新延伸到勘探、生产、经营、科技、安全等各个领域，尤其是过去很少研究、不常涉及的领域，效果会更好更大。

(5) 解决一个问题要采取思维创新、制度创新、管理创新、科技创新等多种创新手段。实现思维、制度、管理和科技创新的有机结合。

(六) 树立正确的集体观

现在团结方面有一句流行的话：互相补台都有舞台，互相捧台好戏连台，互相拆台都要垮台。希望大家能够树立一种强烈的集体意识、团队意识。我们上班是为了好好地在一起工作，一起去完成一个共同的目标，而不是在找事、整事。蒙牛集团办公楼的墙上有一句话“看谁都不顺眼的人是自己素质太差”。有一句话非常好：分享能够使事物升值，沟通能够产生生产力。现在有一种共通的说法：“小成功靠个人，大成功靠团队。”“团结出凝聚力、生产力，出大干部。”

(七) 树立正确的心理观

为身心减压，过健康人生。

压力本身并不可怕，过分专注于压力，在压力面前乱了方寸才是最可怕的。基本核心是：“一个中心、两个基本点、三大作风、八项注意”。

“一个中心”是以健康为中心；健康是1，健康失去了，那就什么也没有了。

两个基本点：糊涂一点；潇洒一点。

三大作风：助人为乐；知足常乐；自得其乐。

八项注意：四大基石；四个最好。

四大基石：合理膳食、适量运动、戒烟限酒、心理平衡。

四个最好：最好的医生是自己、最好的药物是时间、最好的心情是宁静、最好的运动是步行。

第二节　中海油安全管理体系方法及技术

一、安全管理体系方法

中海油是一个高风险、高投入的石油能源生产企业，它是在水深几十米、几百米的大海中，在不足半个足球场的钢铁小岛上，将深埋海底几千米的石油、天然气勘探开采出来的能源生产企业。在保证不发生跑、冒、滴、漏等险情，保证不污染海洋环境的同时，每天与带压的、甚至是高压的、易燃易爆的石油、天然气打交道，其危险性是可想而知的，其危险程度和所承担的风险是巨大的，因此，对安全的要求是第一位的，非常严格的。

(一) 安全管理办法

中海油在完善和优化各项规章制度、推广先进的安全技术和安全管理体系的同时，使每一个成员在正确的安全心态支配下，在本质安全化的“机—物—环”系统中，注重安全生产、关心安全生产，自觉地维护企业的安全形象，自觉规范自己的安全行为，用安全生产的理念和行动保证原油产量的稳定增长，使安全管理理念为企业的经济效益作贡献。

（1）“以人为本”的绿色能源安全生产。作为海洋石油能源勘探开发的生产企业，如何塑造自己的企业形象和企业精神，是现阶段中海油人必须面对的问题。做“以人为本”的绿色能源安全生产企业，既是由中海油的企业特征决定的，也是中海油持续向前发展的必然趋势。在大海多变的环境中，从事寂寞和艰辛的劳动，稳定的情绪和高度的责任心是安全生产的保证。中海油一直把“关心员工，保护员工的身心健康与安全”以及“以人为本”作为中海油长期不变的立企宗旨。

中海油的生产必须是绿色的生产，安全生产必须是百分之百的，不但不能污染海洋环境，还应为清洁海洋环境作出贡献。为达到这些目的，必将牺牲许多既得利益，这既是时代和社会赋予的使命，也是中海油必须利用现有的科学文化技术去努力实现的目标，更是中海油向广大股民和社会公众所作的最好的安全承诺。所以，建立“绿色的、环保的海洋石油能源安全生产企业”是奋斗的目标。

中海油树立“以人为本的绿色能源生产企业”的良好社会形象的总体规划：在内部通过宣传、教育，通过自上而下的宣贯活动，通过在日常生产经营活动中不断贯彻执行这一宗旨，并运用现代科学技术和管理手段确保“以人为本的绿色能源生产企业”名符其实；在外部通过宣传和举办各种活动，向社会展示企业，使社会了解中海油，使“以人为本的绿色能源安全生产企业”的形象深入人心。

（2）坚持不懈地大力推广“本质安全化”建设。事故的主要原因是人的不安全行为和物的不安全状态。“人的本质安全化”和“物的本质安全化”是预防事故的最有效的手段。提高全员的安全意识和责任心，使全员养成“我要安全”的良好习惯，杜绝违章违纪行为，发现隐患及时整改，真正做到防患于未然，达到人的本质安全化，是追求事故为零、保障人民生命财产的必由之路。因此，企业在进行安全文明生产的同时，必须不断地对员工进行安全知识的宣传和教育，提高他们的安全科技文化水平和安全意识。

在中海石油企业的钻井、生产平台上，各类仪器、仪表和报警系统既是员工视觉等感觉器官的延伸，也是必不可少的监视耳目。所以，确保仪器、设备、流程的可靠性，确保它们的本质安全化，是提高事故预防能力、保证安全生产的根本出路。学习核能工业在从核电厂选址、设计制造到调试运行、维护和人员培训等各种相关生产活动中都始终贯穿安全思想的先进经验，利用现有的经济实力和技术手段，从设计、建造时就严把质量关、安全关，使设备和流程从本质上实现安全，不达标决不投产，通过不断地宣贯和培训，在员工中牢固树立“将事故隐患从根源消除”的“本质安全化”思想。

（3）完善用人机制，健全安全管理体系。对生产人员进行系统的、全面的、有针对性的安全技能培训，使其掌握应知应会知识，达到岗位要求，中海油通过以下原则来规范员工的安全生产行为：

① 先保证基层一线的技术力量，只有生产一线平安，机关人员才能坐稳；

② 注意后备人员的安全素质培养，宁缺毋滥，不赶鸭子上架；

③ 先制定安全培训计划、要求和目标，编制培训教材，通过师带徒，传、帮、带和自学等培训方法，使培训人员尽快掌握应知应会的专业知识，并待实习期满达标后方可竞争上岗；

④ 营造开放、宽松、自由、鼓励创造力、尊重人才的良好环境，完善用人机制，激励员工好学上进；

⑤ 注意岗位知识的积累，通过在岗培训，巩固和提高应知应会知识。既要为企业摸索出一条创造和培养人才的新路子；又要为留住人才创造条件，使企业在稳定中持续向前发展。

(4) 完善法规制度，营造和谐的安全生产环境。以现在推行的 HSE 管理体系为龙头，执行各项法律、法规，建立、健全安全生产责任制，依法实施奖惩，激励员工规范自律行为。持续改进 HSE 管理体系，完善各项安全标准，让管理体系和技术标准指导企业的日常安全管理工作。教育员工不存侥幸和麻痹心理，牢记“平时多流一滴汗，难时少流一滴血”的警言，不断提高安全生产技能和自我保护意识，依法保障自己的行为安全，不断营造和谐的安全生产环境和安全文化氛围。

(二) 安全管理技术

中海油安全技术措施(见图 12-1)主要包括：

(1) 借助行业经验、现场检测数据、充足的评估技术和先进的安全理念，为石化企业提供风险诊断、分析和评估，帮助企业规避风险，提高安全性。它有利用评估内部系统安全性的方法，可以为安全的本质提供可靠的保证。

经过严格的评估和评价体系，安全生产的可信性可以大大提高。该方法值得各公司借鉴和学习。并且，有效地将这一方法付诸实践，并将安全理念落实到所有人的心中，从而使我们一直倡导的安全文化建设不会只是一场空洞的对话。

(2) 任何决定必须科学可行，因此必须建立一支全面的技术支持力量。软硬件建设具有不可替代的作用，必须大力推进。然而，两者都有优点和缺点。如果能共同发挥优势互补，共同为安全技术建设服务，将对我们的内在安全大有裨益。以下是中海油软件和硬件安装概述。

由于其自身的特性和开发过程中的局限性，安全性仍然面临许多挑战，主要体现在：

(1) 现代安全科学在中国的快速发展时期不到 20 年。在大多数人看来，各种经济活动中的安全问题只是管理和技术上存在的问题。

(2) 由于安全本身的属性，如偶然性、隐蔽性、模糊性、交集性、多因素性、

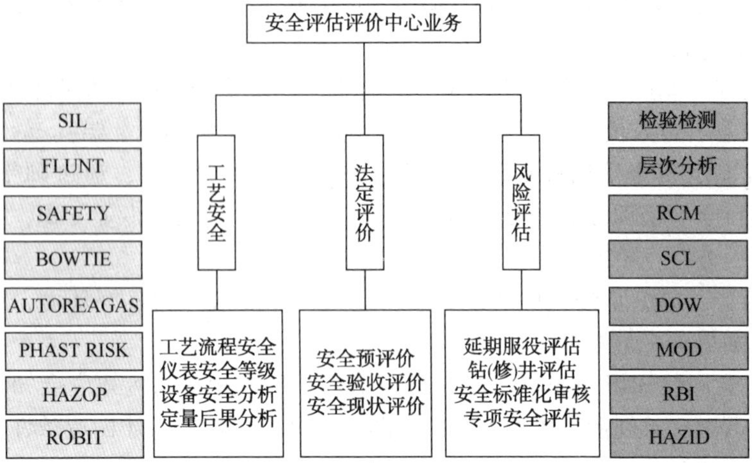

图 12-1　中海油安全评估措施

软效益等，许多人对安全科学的作用认识不足，对安全科学的作用产生怀疑。

(3) 目前，中国的物质财富并不十分丰富，人口众多。人们的自我保护意识和安全意识不会很高。在许多人看来，许多安全问题和预防的意义仍然是不必要的。

(4) 安全管理科学在许多方面被认为是一门“软”科学。事故的不可知论在许多人的思想中仍然根深蒂固，安全工作的经济效益无法真正体现出来。因此，安全技术人员的地位和作用不能提升到适当的高度。许多单位将老弱病残人员安排在安保岗位，许多公司的安保部门仍然是最薄弱的部门。

(5) 目前，安全科学与工程领域的成果是“软”的、少“硬”的、多定性的、少定量的；许多“难”的成果是与装备结合起来的，人们自然把它们看作是装备制造的成果；虽然人们口头上认为安全第一、预防第一，但他们仍然对预防的可能性没有信心，他们仍然有在安全投资中进行白色投资的想法，并继续对事故产生重大影响。

(6) 目前，我国的安全法律、法规和监管体系还不完善，安全监管法律、法规和制度的应用还存在很大的困难和差距。

(7) 目前，国家、社会和个人安全投入的资金相对较少。

二、岗位及其职责

由于中海油岗位类别过多，在此介绍部分重要的设施设备、安全监督与管理岗位及其职责。

(一) 设施设备管理岗位职责

1. 设施部经理岗职责

(1) 负责设备设施部的全面工作；

(2) 负责组织完成公司设备设施的管理目标；

(3) 组织编制设备设施的长远规划和设备设施购置/新建、更新改造、大修年度计划；

(4) 负责公司设备、设施运行费用的控制；

(5) 负责本部门的团队建设，协调本部门各岗位间的工作；

(6) 负责公司设备修理和设施基建，修缮分包商的资格评审和认证；

(7) 负责领导交办的临时工作。

2. 设备管理主管岗职责

(1) 负责对大型设备购置、更新改造、大修项目的技术调研论证及其技术管理；

(2) 组织实施公司年度设备的购置、更新改造和大修计划；

(3) 审查各项设备管理制度，编制设备考核条例；

(4) 定期对特种设备的技术状况进行鉴定；

(5) 定期或不定期组织对本公司设备设施的日常管理、使用、维护保养情况，进行监督、检查、考核，完善 ERP 体系；

(6) 负责本公司固定资产设备的分配与调拨；

(7) 负责公司报废设备的技术鉴定；

(8) 组织推广新产品、新材料、新方法、新技术的应用以及国产化工作；

(9) 负责设备事故的调查分析，及时反馈 QHSE 部；

(10) 完成上级领导交办的其他工作。

3. 设施管理主管岗职责

(1) 负责贯彻执行国家、总公司和海工公司有关设施管理的方针、政策、法规，制定本公司设施管理制度；

(2) 负责批准基建、建安、设施修缮项目和重大设施项目的许可。

(3) 负责对新建或改造设施进行监督、试验、验收；

(4) 负责基建项目预算审核和费用控制；

(5) 负责审定设施巡回检查制度；

(6) 定期或不定期组织对本公司设施的使用、维护保养情况进行监督、检查、考核；

(7) 负责报废设施的鉴定；

(8) 完成领导临时交办的各项任务。

4. 设施管理 A 岗职责

(1) 负责公司大中型设施的兴建、扩建和改造的技术论证；

(2) 负责公司设施管理制度的建立和完善，并监督实施；

(3) 负责编制各项设施外修预算；

(4) 负责指导各专业做好设施兴建、修缮改造的安全监督工作；

(5) 负责各项设施投标招标的技术工作;
(6) 对本公司设施的使用、维护保养情况进行监督、检查、考核;
(7) 负责设施运行费用的控制;
(8) 完成领导交给的其他有关任务。

5. 设施管理B岗职责

(1) 负责公司生活、办公设施的修缮改造管理工作;
(2) 负责审定设施巡回检查制度;
(3) 负责编制公司风、水、电、气的管理细则;
(4) 负责公司风、水、电、气设施的管理并组织设施的月度检查工作;
(5) 负责公司生产辅助设施的建账和使用监督;
(6) 负责公司设施维修费用的月度统计并上报;
(7) 完成领导交给的其他有关任务。

(二) 建造部机械动力专业高级监督岗位职责

1. 高级监督职责

(1) 负责场地所有设备、设施的安装配合、维修和保养,保证设备设施的正常运转,负责所有场地配套设施的日常维护工作,为现场施工提供动能支持,全面负责机械动力专业的日常管理工作,完成公司下达的各项生产任务;

(2) 负责对生产过程中的健康、安全、环境进行风险预测、评价、分析工作,采取事前控制,消除风险,预防事故发生;

(3) 负责协调本专业材料、设备到货计划,安排并保证现场物料、设备满足施工使用;

(4) 负责制定本专业提高生产能力的措施和规划,包括技术革新、工艺改进等,提高生产效率;

(5) 负责本专业设备设施的维护、保养、使用及管理,确保设备正常运行和完好率,达到设备管理的规范要求;

(6) 负责加强设备配件及工机具的管理,精确核算各项成本,为公司正常生产作业提供设备支持;

(7) 负责本专业设备大、中修计划编制、费用预算、申报及实施工作;

(8) 加大激励机制的宣传和教育,增强员工的危机意识和竞争意识,逐步实行优胜劣汰、末位淘汰制;

(9) 负责本专业节能减排工作;

(10) 负责落实本专业班组建设及培训计划的实施,提高队伍综合素质;

(11) 完成领导安排的其他工作。

2. 场地动力监督岗职责

(1) 负责场地气站、机具、空压站和锅炉房班组的班组建设、生产、安全、人员培养、考勤、文明施工,并对上述工作负全面责任;

(2) 负责组织设备的日常运行管理、检修，保证设备的完好；

(3) 负责对班组所有人员进行劳动纪律教育，遵守国家法律法规和公司劳动纪律；

(4) 贯彻执行公司安全方针、安全规章制度，检查班组的安全隐患，安全事故的及时上报，并对班组安全事故负主要责任；

(5) 参加公司组织的各种培训，制定班组培训计划，保证人员都持证上岗；

(6) 负责班组现场管理，使班组所在区域及设备保持整洁；

(7) 负责监督班组人员对所负责管辖设备的日常维护保养、巡检、检查记录的填写等工作，负责设备事故的及时上报；

(8) 落实成本管理，严格执行工具、备件领用制度，台账准确齐全；

(9) 制定和完善班组规章制度、操作规程，并保存完好；

(10) 制定节能减排的季度、年度计划，完成公司节能指标；

(11) 负责班组人员的服务意识培养，提高人员的服务质量；

(12) 组织班组精神文明建设，组织召开民主管理会、政治学习会，并做好记录；

(13) 完成领导安排的其他工作。

3. 场地机械监督岗职责

(1) 负责场地桥吊、吊机和叉托车班组的班组建设、生产、安全、人员培养、考勤、文明施工，并对上述工作负全面责任；

(2) 负责组织班组吊机的日常运行管理，合理安排定人定机，保证设备的正常运转和完好；

(3) 负责对班组所有人员进行劳动纪律教育，遵守国家法律法规和公司劳动纪律；

(4) 贯彻执行公司安全方针、安全规章制度，检查班组的安全隐患、安全事故的及时上报工作，并对班组安全事故负主要责任；

(5) 参加公司组织的各种培训，制定班组培训计划，保证人员都持证上岗；

(6) 负责班组现场管理，使班组所在区域及设备保持整洁；

(7) 负责监督班组人员对所负责管辖设备的日常维护保养、巡检、检查记录的填写等工作，负责设备事故的及时上报；

(8) 落实成本管理，严格执行工具、备件领用制度，部件国产化替代，台账准确齐全；

(9) 制定和完善班组规章制度、操作规程，并保存完好；

(10) 制定节能减排的季度、年度计划，完成公司节能指标；

(11) 负责班组人员的服务意识培养，提高人员的服务质量；

(12) 组织班组精神文明建设，组织召开民主管理会、政治学习会，并做好记录；

（13）完成领导安排的其他工作。

4. 场地电力监督岗职责

（1）全面负责总降压站和各分变电所班组建设、生产、安全、人员培养、考勤、文明施工，并对上述工作负全面责任；

（2）负责组织设备的日常运行管理、电气检修，合理安排人员 24 小时值班，保证设备的完好；

（3）负责对班组所有人员进行劳动纪律教育，遵守国家法律法规和公司劳动纪律；

（4）贯彻执行公司安全方针、安全规章制度，检查班组的安全隐患，负责安全事故的及时上报；

（5）负责班组现场管理，使班组所在区域及设备保持整洁；

（6）负责监督班组人员对所负责管辖设备的日常维护保养、巡检、检查记录的填写等工作，负责设备事故的及时上报；

（7）落实成本管理，严格执行维修工具、备件领用制度，部件国产化替代，台账准确齐全；

（8）制定和完善班组规章制度、操作规程，并保存完好；

（9）制定节能减排的季度、年度计划，完成公司节能指标；

（10）负责班组人员的服务意识培养，提高人员的服务质量；

（11）组织班组精神文明建设，组织召开民主管理会、政治学习会并做好记录；

（12）完成领导安排的其他工作。

5. 场地维修监督岗职责

（1）负责管辖维修电工、钳工班组的班组建设、生产、安全、人员培养、考勤、文明施工，并对上述工作负全面责任；

（2）负责组织场地所有机械设备的电气维修，保证设备的完好；

（3）负责对班组所有人员进行劳动纪律教育，遵守国家法律法规和公司劳动纪律；

（4）负责控制班组人员维修质量，维修合格率达到公司要求；

（5）贯彻执行公司安全方针、安全规章制度，检查班组的安全隐患、安全事故的及时上报，并对班组安全事故负主要责任；

（6）参加公司组织的各种培训，制定班组培训计划，保证人员都持证上岗；

（7）负责班组维修现场管理，使现场保持整洁；

（8）负责监督班组人员对所负责管辖设备的日常维护保养、巡检、检查记录的填写等工作，负责设备事故的及时上报；

（9）落实成本管理，严格执行维修工具、备件领用制度，部件国产化替代，台账准确齐全；

（10）制定和完善班组规章制度，操作规程，并保存完好；
（11）制定节能减排的季度、年度计划，完成公司节能指标；
（12）负责班组人员的服务意识培养，提高人员的服务质量；
（13）组织班组精神文明建设，组织召开民主管理会、政治学习会并做好记录；
（14）完成领导安排的其他工作。

6. 综合技术管理监督岗职责

（1）全面负责机械动力专业综合技术室的管理工作，包括人员分工、培养、考勤、生产、安全、文明服务意识等；
（2）负责制定、修订和完善本专业各监督的岗位职责及所有班组的安全、生产规章制度；
（3）负责所有机械设备技术资料的保管、借阅，设备运转记录修理单等资料的存档保管；
（4）负责组织人员对场地设备设施进行例行和不定期监督检查，将检查结果向高监汇报，记录存档，并督促落实整改；
（5）负责监督各班组的安全、生产工作，班组的季度和年度考核打分、汇总；
（6）贯彻执行公司安全方针、安全规章制度，对综合室人员进行安全教育和安全考核；
（7）参加公司组织的各种培训，制定综合室人员培训计划；
（8）落实成本管理，对电气、机械技术管理人员的采办料单等进行审核确认；
（9）制作本专业管辖范围内所有设备设施的台账，及时更新，随查随有；
（10）制定综合室节能减排的计划，完成公司节能指标；
（11）负责全室人员的服务意识培养，提高人员的服务质量；
（12）组织全室精神文明建设，组织召开民主管理会、政治学习会，并做好记录；
（13）完成领导安排的其他工作。

7. 工机具/计量管理主管岗职责

（1）对建造部经理负责，主要负责建造部工机具与计量器具管理、节能减排管理、工程/消耗材料管理、设备配件的申购及费用控制等工作；
（2）负责建造部在册机具的管理与调配，建立工机具、计量器具台账；
（3）负责建造部在册计量器具的购置、审核、送取检、报废等；
（4）负责建造部所有消耗材料的统筹管理、购置、跟踪等；
（5）负责建造部所有器具申领、计量检定、消耗材料、设备配件等所有开支费用的成本控制、跟踪；

（6）负责组织建造部装备室定期自检工作；

（7）负责编制工机具、计量器具的相关管理规定，并跟踪考核，贯彻实施；

（8）负责建造部的节能降耗管理工作。

8. 计量管理岗职责

（1）对计量设备和计量器具的管理，建立统一的台账；

（2）每月底核对计量器具的数量和受检情况；

（3）严格要求各部门按周检通知单及时送取检并做好检定登记；

（4）定期场地抽检，对器具的使用情况进行监控；

（5）对于检定证书及时进行整理、归档工作。

9. 工机具管理岗职责

（1）根据场地实际需求开展工机具的购置工作；

（2）定期对场地工机具进行检查工作；

（3）对于提出报修机具进行协调维修工作，后期跟踪；

（4）对于维修后不能再次重复使用的工机具已无使用价值鉴定后予以报废。

10. 消耗材料与设备配件管理岗职责

（1）各专业根据各自生产需求进行消耗材料及设备配件的提报申请、技术评标、验收、领取、再发放记录；

（2）各专业需建立本专业材料库存及出入库记录、监督和检查；

（3）建造部材料管理人员负责料单的审核及保存、技术评标、价格开标、到货跟踪。

11. 场地管理室主管岗职责

（1）负责公司场地文明施工的管理工作，向建造部经理负责；

（2）负责贯彻执行党和国家有关环境保护、综合治理的方针政策，为安全生产目标的实现提供保障；

（3）负责建立健全公司场地管理规定、场地文明施工等相关制度并组织实施；

（4）负责制定公司场地管理人员各岗位工作职责；

（5）负责对公司生产系统各专业文明施工管理监督、检查和考核工作；

（6）负责公司厂容厂貌和场地文明施工的年度总结工作；

（7）负责生产系统车辆调度、生产加班统计等生活办公、生产辅助协调工作。

三、职业病防范

由于国家监管机制不成熟、工作中的健康监督不足，许多公司在职业安全和健康管理方面存在许多差距。在当今社会，随着寿命的延长和慢性病的增多，人们越来越意识到维护健康和预防疾病的重要性。为了确保人人享有健康，当务之急不是改善主要为不健康人群服务的昂贵的诊断和治疗系统，而是建立一个能够同时为健康和不健康人群服务的健康管理系统。

(一) 公司状况

中海油捍卫“以人为本、关爱员工”的企业文化，认为员工是公司最重要的财产。只有身心健康的员工才能有高效率和高质量的工作绩效。因此，中国海洋石油总公司非常关注员工的健康，并采取各种措施创造和谐健康的工作环境。

为了准确了解员工的健康状况，特别是海上人员的健康状况，避免在作业场所突发致命疾病，公司推动建立员工电子档案，动态监测员工的健康状况。通过中海油健康管理体系适应员工的个性化健康管理体系，员工和公司可以全面掌握详细的个人健康状况，有更多的知识和自我健康管理方案，切实实现预防和减少职业伤害的目标。

(二) 职业危害因素分析

石油和天然气中的有毒物质(甲烷、总非甲烷碳氢化合物、苯、甲苯、二甲苯和硫化氢)：石油和天然气的勘探及处理是一个连续的过程，在此过程中，油气始终通过并停留在生产管道和各种油气处理设备中。如果生产过程中管道、装置或阀门出现泄漏、排放等现象，或工人打开维护和取样装置时，有害物质逸出；此外，上述有毒物质存在于平台上其他辅助生产系统的生产废水处理系统、开(闭)排系统和燃气系统中。化学品中的有毒物质：为了防止管道在冬季结冰，防止升级或提高回收率，平台需要向天然气管道(装置)内注入化学品，其中主要的职业危险因素为甲醇、异丙醇和醋酸、氮氧化物、一氧化碳等有毒物质。注意：平台上的一些机械设备，如压缩机、泵和发电机，在运行过程中会产生噪声。高温：平台上的多台加热设备和发电机在运行过程中会产生高温；此外，工人在炎热季节露天工作也可能暴露在高温下。微波辐射：平台人员之间的互动主要依靠对讲机(motogp328/338，频率 403~470MHz)，长时间使用对讲机会受到微波辐射的影响。电场工频：变压器室、配电室置于平台上，变配电设备能产生电场工频。

(三) 危险因素防护设施(措施)

化学品：生产装置是封闭、气态和自动的，这减少了操作员接触有毒化学品的机会；设计设备露天放置，海风较大，导致泄漏的化学毒物扩散稀释，防止有毒物质积聚；所有设备、管道和阀门均提供密封材料，所有侧面段均提供密封，以减少化学毒物的泄漏；应在工艺装置区域和可能发生泄漏的其他地方安装燃气探测器，并将信号传输至专用燃气监测面板；操作人员配备防毒面具，可在取样和加药期间使用；应急发电机房、应急配电室、潜油电泵控制室、配电室、中控室、实验室等房间均设置轴流风机。为了保护工人免受有毒物质的伤害，并满足国家卫生标准的要求，有必要采取保护措施。

物理因素：生活区墙面放置吸声材料，门窗采用隔声门窗，降低噪声强度；空气压缩机、应急发电机等主要噪声产生设备应采取相应的消声措施。为工人提供必要的个人防护设备，如耳塞等。有保温措施的发热设备和管道；工艺设备应露天布置，充分利用自然通风冷却；建筑和控制室远离热源布置，并配备空调系统。需要采取措施保护项目的物理因素，保护工人免受物理因素影响，并符合国家卫生标准的要求。

（四）健康管理系统概述及效果

中海油健康管理体系是专门为中海油员工开发的服务体系。它使用多个集团公司员工的基本信息数据库直接连接到健康管理系统，以避免烦琐和不准确的手动输入，从而影响数据的准确性和完整性。

中海油健康管理体系由以下部分组成：信息收集、体检、健康评估、健康报告和健康指导。根据公司特点，根据不同需要设计体检项目，重点是公司为确保生产而进行的强制性体检，如健康证体检、职业病体检等，以及高血压、高脂血症、高血糖、心电图异常这 4 项现代人非常关注、发病率高的检查结果公司将严格审查所有参与者的体检结果，并向每位员工提供个性化的生活和健康指导。

使用独特的个人标记记录每个人的体检，分析和统计这些体检结果，为职业病诊断提供基础数据，并记录治疗过程，使得职业病患者的诊断结果和各个过程满足各种信息和分析统计的需要。同时，考虑到未来的发展需求，Oracle 数据库用于与系统数据交互，自动获取必要的数据，共享资源，充分满足使用需求。

该系统除了为个人用户提供在线咨询外，还为中海油各单位管理人员提供各单位员工管理信息，以及引导用户查询单位职工各种疾病统计情况和公司强制体检的具体情况(健康证体检、职业病体检)。在该系统中，业务管理部门汇总公司员工状况，进行参考咨询，并以图形形式生成结果，反馈给公司管理人员。

中海油健康管理体系建立后，不仅节约了大量人力物力，提高了领导管理效率，而且为职业病防治和区域医疗提供了详细的基础数据。

通过以下 4 个步骤，健康管理体系帮助员工解决现有的健康风险因素，将被动健康维护转变为主动健康管理，将公司和员工的健康发展提升到一个新的水平。

（1）通过调查健康状况和体检，收集健康信息，找出威胁健康的因素。

（2）健康状况由医学专家进行评估，并对健康风险因素进行科学分析和预测。

（3）通过量化管理，控制和干预危及生活及工作健康的行为。

（4）健康干预治疗效果的动态监测和定期评估。

通过健康管理体系对公司员工的健康管理进行三级预防：

一级预防：通过健康教育和健康促进，改善工人的健康状况，降低疾病发生率。

二级预防：早发现，早治疗，早诊断，规范管理和治疗。

三级预防：避免多种并发症。

该系统紧密结合公司实际情况，具有良好的应用价值，针对性和可行性强，特别适合基层单位专业健康管理的需要。履行的职能包括管理权限和用户权限的划分、各单位员工健康状况的汇总、各单位员工体检中各种异常情况的汇总、对海上一线员工的健康状况进行分析和统计分析，并对员工进行各类健康科学教育，为员工提供切实可行的健康指导和建议。

通过系统、专业的分析，了解公司员工的基本健康数据，为公司提供更详细的医疗保险方案，体现企业人性化管理，提高员工对公司的归属感和工作积极性，降低医疗费用。其他影响包括：

(1) 劳动效率高：通过健康管理体系的实施，提高了员工的身体素质，减轻了员工劳动压力，员工劳动能量更加充沛，生产效率显著提高。

(2) 人力资源流失低：通过实施该制度，减少了职工疾病特别是严重疾病的发生率，减少了因病而对工作进度的影响。此外，由于详细的体检记录，提高了医疗的速度和效率，减少了医疗花费的时间，解决员工看病难的问题。另外，通过咨询和医疗指导，员工可以避免盲目和不必要的医疗或健康消费。该系统提供的医疗咨询服务使员工能够享受个性化的专业指导。因此，可以消除官员的健康状况，减少中央工作人员不必要的损失。

(3) 根据员工体检结果，合理配置工种，预防和减少隐匿性疾病造成的人身伤害事故。

(4) 通过健康管理体系，落实公司对员工的关怀，对员工起到一定的激励作用。

(5) 通过预测和评估健康状况，公司可以对医疗保健支出进行系统和全面的分析，并大大减少公司的医疗保健支出。

健康管理的目标是防患于未然。它不仅是一种理念，也是一种方法，更是一套完善细致的服务体系。其目标是让员工享受健康，恢复健康，促进健康，节省资金和费用，并有效降低医疗费用。

健康管理是一项长期的工作，关系到公司未来的经济和社会效益。它也是面向公司的人员的具体结合，允许公司领导层针对常见的健康危害和高风险制定相应的对策，加强预防教育和定期监测。

四、工伤保险制度

确保遭受职业事故或疾病的工人获得医疗和经济补偿，促进工伤预防和职业康复，并将工伤风险分散给雇主。随着我国经济和社会的发展，法规的适用出现了一些新情况、新问题。《工伤保险条例》自 2004 年 1 月 1 日起生效。自实施以来，它在及时治疗和赔偿受伤工人、保护受伤工人的合法权益以及向雇主传播工伤风险方面发挥了重要作用。有关内容如下：

保险制度是指在职工发生生产经营事故或者特定情况下，为职工提供医疗、康复服务，保障职工及其家属生命安全的社会保障制度。

企业和工人工伤保险制度的职能如下：

(1) 工伤保险作为社会保险制度的一部分，通过立法实施。这不仅是国家对工人的社会责任，也是工人必须享有的基本权利。工伤保险的实施是人类文明和社会发展的标志。

(2) 工伤保险用于保障受伤工人的医疗和基本生活。伤残抚恤金和遗属抚恤金在一定程度上缓解了工人和家庭成员的担忧。工伤保险反映了国家和社会对工人的尊重，有助于提高工人的工作积极性

(3) 建立工伤保险有利于促进安全生产和社会生产力的保护与发展。工伤保险与改善工作条件、预防疾病和伤害、安全教育、医疗康复和生产单位的社会服务密切相关。这对于提高公司和工人的安全生产、预防或减少工伤和职业病、保护工人的健康非常重要。

(4) 工伤保险保障工伤职工的合法权益，有利于妥善处理事故，恢复生产，维护正常的生产生活秩序，维护社会稳定。

作为工伤事故中的关键环节，工伤赔偿必须充分解决相关人员的责任问题。其次，工伤保险制度的建立为这一事件提供了强有力的解决方案。工伤保险制度是世界上发展最完善、立法最普遍的一项社会保障制度。工伤保险制度遵循的一般原则如下：

(1) 赔偿责任原则(也被称为有罪不罚原则)。它有两层含义：第一，如果工伤责任主要是雇主或第三方或其本人，则受害方必须获得一定的经济补偿；第二，雇主对赔偿没有直接责任，工伤事故的社会保险机构统一组织工伤赔偿，一般不需要采取法律程序和司法裁决。这样做，我们不仅可以确保工伤得到及时和公平的处理，而且可以简化法律程序，提高效率。它免除了雇主对工业损害的赔偿，并帮助他们专注于企业。根据这一原则，工伤保险的设立基本上消除了雇主责任制度的弊端。

(2) 风险分担和互助原则是社会保险制度的基本原则。第一，通过法律来征收保险费，确立工伤保险福利，以及通过互助参与的风险。第二，在治疗分配方面，国家指示社会保险机构重新分配支出。该基金的分配和使用包括员工、地区和行业之间的调整，它可以更有效地解决社会问题。

(3) 个人不缴费原则：工伤保险由单位缴纳，职工不缴费。由于工伤是在劳动过程中造成的，劳动力是重要的生产要素，劳动者为单位创造财富付出了代价，因此，用人单位承担全部保险费是完全必要和合理的，还要花钱修理和添置设备。这在世界上达成了共识。

(4) 区分与工作有关的工伤和与工作无关的工伤的原则。工伤保险的福利具

有补偿性质。保险福利得到补贴，治疗水平低于工伤福利，享受条件受到年龄和个人缴费年限的限制。因此，区分工伤与非工伤是建立工伤保险的出发点和前提。

(5) 工资损失的原则：职业伤害、对成员或机构的伤害，甚至生命损失，不能作为财产进行交换或补偿。工业损害赔偿主要是对工资损失的适当赔偿。这是从劳动生产和再生产的角度来看的。工伤保险的待遇与受伤者以前的收入保持适当的比例关系。临时丧失工作能力津贴通常不支付工资的100%。永久丧失工作能力的待遇和待决死亡抚恤金的待遇也转换为几年的工资，补偿有一定的限制。这也反映了雇主和工人分担风险的原则，因为在一般情况下，雇员对事故也负有一定的责任。

(6) 补偿与预防和康复相结合的原则是工伤社会保险计划与雇主负责工伤保险的方式之间的根本区别之一。工伤保险的主要直接任务是对工业损害进行赔偿，但这不是其唯一任务。社会保险的根本任务是保障工人的生命，保护他们的健康，促进社会稳定和生产力的发展。从这一关键任务出发，工伤保险必须与事故预防、医疗康复和专业康复相结合。加强安全生产，减少事故发生，发生事故及时抢救和处理，采取有效措施恢复职工健康，帮助职工重返工作岗位，这比工业损害赔偿更积极、更全面，更符合社会利益和劳动者的根本利益。工伤补偿、事故预防和职业康复的有机结合是国家实施工伤保险制度的重要组成部分。

鼓励工人积极参加工伤保险。职业意外保险基金由雇主根据职业伤害保险基金的利益支付的职业伤害保险费和依法纳入职业伤害保险基金的其他基金组成。工伤保险费费率按照统一费率支付、收支平衡的原则确定。国家根据不同行业的工伤风险程度，确定不同行业的不同费率，并根据工伤保险费的使用情况和工伤发生率，确定每个行业的费率等级。行业差别税率和行业内税率的高低，由国务院社会保障行政部门制定，报国务院批准后公布实施。根据工伤保险费的使用和工伤发生率，区域机构通过应用其行业的相应费率来确定单位支付费率。

“虽然中国海洋石油总公司在保险业的投资符合长期战略要求，但这并不是中国海洋石油总公司的实力所在，甚至可以说是一个完全未知的行业。如果它真的采取合资模式和合作，它必须与中国海洋石油总公司找到一个可靠的、得到广泛认可的合作伙伴。”中国石油高管在接受记者采访时表示。事实证明，只有勤劳的劳动者才能发展壮大，才能在市场竞争的激流中继续立于不败之地。如果工人有义务全心全意为公司服务，他们的权利和合法利益必须得到保护。保障职工合法权益的前提是，按时足额缴纳职工工伤保险费。工伤保险不得使残疾职工家庭富裕，但它可以为受伤工人的未来生活提供坚实的保障，也是残疾工人恢复新生的希望。由于工伤保险得到了政府财政资源的大力支持，它是残疾人的守护神。因此，无论从企业自身的长远利益还是劳动者的切身利益出发，企业都必须按时为员工缴纳工伤保险费，这是企业的责任和义务，也是构建和谐社会的最佳见证。

五、事故案例及分析

事故分析：中海油 SZ36-1J 平台井架工受伤事故。

中海油田服务股份有限公司(“中海油服”，“China Oilfield Services Limited”或“COSL”)，是中国最大的海洋石油服务综合供应商，隶属于中国海洋石油总公司。该服务涉及海洋石油和天然气勘探、开发和生产的所有阶段。该业务分为四大类：地球物理起重服务、钻井服务、油田技术服务和船舶服务。

(一) 事故简介

J8 修井时，胶囊射孔工具安装在射孔底板后，应在零位防喷器与旋转防喷器之间安装变压法兰，变压法兰安装高度为地面以上 2.3m。由于空间有限，人员无法分开，通过拧紧减速法兰并拧断螺钉，人员只能留在甲板上。在拧紧变压器法兰的过程中，副钻张某挥动锤子，锤键的尾绳用螺栓固定在尾部，闫某从锤键中拉出尾绳。伤者为综合派遣员工，工作年限 5 年，本岗工作年限 2 年，各类证书齐全有效。

(二) 现场采取的措施

(1) 对受伤人员进行医疗，稳定现场工作人员的情绪；(2) 立即阻止正在进行的作业，通知作业主管并向平台总监报告相关情况；(3) 联系船舶将伤员送至 sz36-1a 平台，平台医生对伤口进行消毒缝合，留医务室观察；(4) 现场作业主管、平台负责人、作业组长组织全体人员召开安全会议，注重安全防护意识，严格执行“四不伤害”，严格执行“五个想法，五个都不行”并严格按照子公司天津 HSE 的相关操作程序进行操作，要求现场人员加强沟通与配合；(5)联系运输部门，尽快将受伤人员和护理人员送回地面进行新的检查，对现场使用的工具和设备进行全面的安全检查；(6)对所有操作人员进行进站、升站等基本技能培训，提高其安全意识。

(三) 责任划分

司钻吴某在作业过程中未对班组进行到位管理，对作业关键点的隐患不了解，不具备识别隐患的能力。他未能确定可能的飞行方向以及在受到撞击后释放锤子钥匙造成的损坏，因此他对事故负有主要责任。副司钻张某在作业过程中没有发现隐患。面对高高的锤键，他开始锤击而不采取措施封锁车站；由于未判断锤键被撞击分离后可能飞出的方向和损坏，因此锤键在被铜锤撞击后飞出，导致对事故负有主要责任的井架工人闫某嘴唇受损。作业过程中，作业队队长杨某未能及时回忆和纠正现场安全措施的落实情况、工具的错误使用情况和作业人员的个人位置，并对现场监督不力负责。井架工人闫某也对牵引绳拉绳过程中的隐患缺乏认识。在操作过程中，他不认为尾绳牵引的方向与锤键不平行。当打开的锤子钥匙被锤入外壁时，很容易掉落并飞出，从而造成人身伤害。闫某对事故负有次要责任。

（四）事故分析

1. 原因分析

直接原因：(1)不正确的位置或工作位置。井架工闫某尾部拉绳位置不正确，方向与大锤锤击方向一致。如果锤子钥匙掉落或锤头飞出，拉动尾绳的人员可能会受伤。(2)工具使用不当。使用锤键时，由于高度高、尾绳牵引方向与锤键不平行，受到外力打击时容易坠落。(3)缺乏安全隐患意识。当副司钻使用锤子钥匙时，由于高度太高，他开始锤击，但没有采取措施堵住油站；锤键被击倒后可能飞出的方向以及造成的损坏尚未判断。受伤的闫某没有想到尾绳牵引的方向与锤键不平行，被外力锤击时容易摔倒。(4)设备有缺陷。变压器侧面主体与螺栓孔之间的距离非常近。由于变压器法兰管壁与螺钉之间的间隙较小，现场不能使用梅花锤键。(5)工具故障。开口螺丝刀在使用过程中有弹性变形，易于拧下螺栓。

系统原因：(1) 思维粗心，对安全隐患认识不足，对基本安全行为认识不足。未在操作前完成锤子钥匙退出风险的分析和识别。(2)决策不当、缺乏判断力，无法识别可能的职业危害。

2. 建议和措施

(1) 组织全体员工了解事故，重点关注事故原因和未来消除类似事故的预防措施；学习记录已发送给项目组，作为1月和2月出海前安全会议的必要培训项目。(2)各现场小组开展了“以锤击螺丝刀为主的手动工具安全使用”专题讨论活动，讨论活动记录已发回项目组。(3)从现场停车卡效果入手，加强员工培训，发现“人的不安全行为”，做好平台停车卡三级关闭工作。地点关闭：发现时立即停止/纠正当地员工。团队关闭：团队负责人使用班前和班后会议在团队中宣布/讨论。(4)完善JSA《拆BOP组、装采油树作业风险分析单JSA-70》《拆采油树、装BOP组作业风险分析单JSA-71》，并通知各队进行培训。(5)开展站位隐患排查和站位培训：本着发现隐患立即整改原则，项目组要求现场各作业队伍立即开展在各项作业中的站位排查。

排查方法：

(1) 组长组织倒班人员对作业中的各作业环节进行分解(如管子破碎、螺杆破碎、坡道前作业、钻台、途中甲板站、试压、搬运、提升、冬季行走等)。

(2) 对于每次呼叫中涉及车站的步骤，组长应组织团队工作人员讨论和演示非标准车站和标准车站(车站培训)；组长向班组说明标准站产生的原因和非标准站的危险性；教员必须对全队进行换站培训(向两个队讲解另一队站的活动)，并做好培训记录。

(3) 现场作业培训结束后，所有工人必须将车站培训内容应用到实际工作中，并按照三级关闭原则进行应用。

(4) 对于现场作业过程中存在的不安全行为，现场的组长、指导员必须意识到危险，立即制止。

（5）培训基本技能，加强工人的标准化运作。

（6）对手动工具隐患进行排查解决：项目组通知所有海上作业平台对现场使用的手动工具进行自检，及时更换存在安全隐患的手动工具。强调现场使用手动工具的以下要点：

① 高空作业时，应手动系好尾绳；

② 不得启动所有手动工具；

③ 管钳、铜锤、锯拱等手动工具的握手位置标准化；

④ 撬棍、螺丝刀等手动工具的动力转向安全；

⑤ 多人协同作业时，注意站位，禁止交叉作业；

⑥ 使用手动工具（如油桶吊帽）时，应特别注意头部防护装置；

⑦ 在井口使用手动工具时，应保护井口，防止物体坠落。

（五）结语

世界上许多知名公司都根据自身行业特点建立了安全管理体系，进行安全管理和运营。杜邦是最成熟的公司之一，其安全管理分为两个方面：风险控制（流程风险）和文化建设（行为安全）。只有将安全管理体系与公司综合管理体系相结合，通过安全管理水平的提高来促进公司综合管理水平的提高，才能实现设备可靠性、产品质量、运行效率、行业声誉、员工忠诚度等。

第三节　杜邦公司的安全理念和安全管理

一、安全管理简介

杜邦是法国人。1802 年，他从法国移民到美国，成立了杜邦公司并开始生产黑火药。从 1802 年到 1880 年，黑火药一直是其主要产品。

1902 年，杜邦公司建立了世界上第一个科学实验室。这个科学实验室的研究成果为杜邦公司在第二个一百年的发展奠定了基础。经过科学家们的努力和 35 年的研究，尼龙被发明了。这是世界上第一种人造纤维。它已在世界上广泛使用，并衍生出数百种产品。该实验室后来发明了聚四氟乙烯（Teflon），其柔软性、高耐化学性和耐热性在工农业中得到了充分的应用。1952 年，杜邦公司发明了莱卡，一种弹性纤维。这些都是杜邦公司从 1902 年到现在对人类的贡献，也是杜邦公司第二个 100 年的发展平台。

1999 年，杜邦公司宣布进行产业转型，并决定收购尼龙和许多纤维制造业，以进入农业和科技领域。该公司的指导思想是，考虑到石油产品在第二个 100 年中被用作原材料，需要考虑世界石油能否支持杜邦公司未来 200 年的生存和发展。

目前，杜邦公司在中国没有3个代表处、27家独资企业和合资企业，员工4000人，投资100亿元。杜邦公司的产品是多样化的，没有一个超过20%。该战略考虑主要包括减缓行业周期性发展对公司的影响，使公司持续发展。杜邦公司在过去200年的发展，分为3个阶段：第一阶段是以火药为主的阶段，第二阶段是以化学原料为主的阶段，第三阶段是向生物化学和知识密集的方向发展。

二、杜邦安全文化的发展

1802年杜邦公司成立时，主要从事黑火药的生产。黑火药是一个高风险行业。当时，许多事故发生在早期。这些事故导致许多人死亡，甚至有几名杜邦公司的亲属。最大的事故发生在1818年，当时杜邦公司只有100多名员工，40多名员工在事故中伤亡。该公司即将面临破产，无法生产。

然而，杜邦公司的爆炸技术当时处于世界领先地位。当时，美国需要大量炸药来开发西部。因此，政府给了它一笔贷款，并要求它继续经营。但杜邦公司自己意识到，如果不注意安全，它将不可能存在。在这种情况下，杜邦公司做出了3项决定：如果获得美国政府的贷款支持，第一项决定是建立一个安全管理责任制度，而不是安全责任制度；第二项决定是建立一个社会保障基金体系，让员工和公司参与建立养老基金，以便在发生事故时拥有经济储备。第三项决定是了解员工的关心。

三、杜邦安全管理十大基本理论

在200多年的发展中，杜邦公司形成了十个基本理念：

一是，可以避免所有安全事故。自上而下，采取一切可能的步骤来预防和控制事故。

二是，各级管理层对自身安全负有直接责任。因为安全包括公司的每一层、每一个角落和每一位员工。只有公司高级管理层负责其管辖范围内的安全，下属负责其管辖范围内的安全，车间主任负责车间的安全，生产队队长负责其管辖范围内的安全，而班长负责员工的安全。涉及的每一级都要对每个角落的安全负责，这样公司的安全才能真正做到对他人负责。无论安全部门多么强大，人员都是有限的，不可能深入每个角落、每个地方进行24小时监视。因此，安全必须是各级管理层的首要责任，安全部门需要提供强有力的技术支持。

三是，安全生产隐患得到控制。在安全生产过程中，必须对所有隐患进行规划、投资、管理和控制。

四是，安全是员工的条件。员工与杜邦公司签订的合同中明确规定，如果员工违反安全操作程序，可随时解雇员工。每个员工都意识到公司在工作的第一天就增加了安全性。在法律上，他们可以被解雇，只要他们违反了公司安全程序，该程序结合了安全和人事管理。

五是，工人必须接受严格的安全培训。为了让员工安全工作，需要进行严格的安全培训。公司必须尽力对所有行动进行安全培训。安全部门有义务与生产部门合作，并了解该部门需要进行哪些安全培训。

六是，各级监察人员应当进行安全检查。检查的目的是数据收集、了解信息、发现问题和解决问题。如果员工的不安全行为不是关键性的，首先考虑好的方面，然后通过对话来了解员工为什么这样做，以及领导有什么责任。通过这种方式，拉近管理层和员工之间的距离，鼓励员工通过各种方式向高级管理层反映他们的安全理念。

七是，如果发现任何安全隐患，应及时纠正。在安全检查中会发现许多隐患。要分析隐患产生的原因，可以当场解决，需要各级管理者解决，需要投资解决。重要的是对遇到的隐患进行分类，了解本部门的主要隐患，解决需要多长时间，不解决会造成多大的风险，需要立即解决什么，需要投入哪些资金。

八是，工作处的安全和工作安全同样重要。

九是，安全就是良好的业务，这是一个战略构想。如果安全投资被视为与业务发展投资同等重要，那么它就不是一种成本，而是一家公司。加强安全是帮助企业发展，拥有良好的环境和条件，实现企业发展目标。否则，公司将一直处于高风险中运营。

十是，员工的直接参与至关重要。没有员工的参与，安全就是乌托邦，因为安全是每个员工的事。没有每位员工的参与，公司的安全就无法实现。

四、杜邦公司核心价值

一是善待员工，这是从事故中总结出来的；二是要求官员尊重职业道德；三是以安全和环境为根本价值观。如果将环境和安全分开，则形成 4 种核心价值。这就是为什么杜邦可以存活 200 年。杜邦公司认为，核心价值观保证了公司的发展，使杜邦公司成为世界上最重要的 300 家公司之一。杜邦公司是世界上强大的工业公司之一，它将安全作为指导公司成功的基本价值观之一。

第四节　埃克森美孚石油公司的安全理念和安全管理

一、埃克森美孚石油公司简介

埃克森美孚是 1999 年 12 月世界两大石油巨头埃克森和美孚合并后成立的世界上最大的石油公司。埃克森美孚通过其附属公司在全球约 200 个国家或地区开展业务，拥有 86000 名员工，其中包括约 14000 名工程技术人才和科学家，是世界上最大的非政府石油和天然气生产商，也是世界上最大的非政府天然气供应商。它也是世界上最大的炼油厂之一，分布在25个国家的45家炼油厂，日产量为640万桶，在全球拥有37000多个加油站和100万个工业和批发客户，每年在150多个国家销售约28Mt石化产品。公司连续85年以上获得3A级信用评级。它是世界上少数几个保持这一纪录的公司之一。公司涉及石油勘探、采矿、炼油、化工和能源，业务范围覆盖全球近200个国家或地区。

二、埃克森美孚的安全文化

（1）在埃克森美孚，安全不仅仅是一个焦点，也是一个价值观，它是企业文化的核心。为了在安全和健康方面保持领先，必须注重卓越的运营。

（2）公司非常关注公司的运营和产品如何影响公司的员工、承包商、同行和客户。公司的经营活动涉及许多风险，通过适当的管理措施可以大大降低甚至消除这些风险。

（3）公司的宗旨是“无人受伤”。通过全体员工的积极参与，公司预防了各类意外伤害和职业病。公司正在尽最大努力确保没有人受伤。

（4）成功的安全管理是所有人的共同参与，从总裁到工人，他们持续关注系统中危险的识别和风险的降低。

（5）生产和利润从来没有比安全更重要。如果没有有效的管理，公司就无法在安全、健康和环境方面取得成功。

（6）在埃克森美孚，安全、健康和环境战略的实施是生产线管理层的责任。公司希望与承包商建立相互协调的管理体系。为了实施这一战略，必须在整个组织内持续实施。

三、生产一体化管理体系

埃克森美孚公司制定了一项健康和安全政策，具有高标准的运营承诺。为了帮助实现这一承诺，公司制定了一套综合生产管理系统（OIMS），生产整合包括埃克森美孚商业运营的各个方面。安全、健康和环境是其中的一部分。综合生产系统特别注重设计，在整个施工和运营过程中，它提供了涉及安全、健康和环境要求的强有力的管理框架。为了实现“无人受伤”的目标，公司于2005年启动了一个名为“影响”的新报告系统，该系统在分析事故经验的基础上，扩大了收集和分析安全、健康和环境事故信息的能力。埃克森美孚已在全球多个地点进行综合生产、改进和应用管理。埃克森美孚在安全、健康和环境方面取得了显著成就，公司的标准化管理尤其是标准化安全管理尤为出色。

1. 生产一体化管理体系的产生

15年前，埃克森美孚最初提出了一个综合生产管理系统。瓦尔迪兹漏油事件发生后，埃克森美孚对安全、健康和环境事故进行了彻底的分析。公司高级管理层决定采用新的“集成生产管理系统”，以促进集成生产。

2. 生产一体化管理体系的核心

该系统的核心是识别与管理相关的危害和风险。管理层负责确保综合管理体系的适用性，并协调管理体系的范围、优先领域和运作以及与商业运作相关的风险。该体系为生产、运输提供了一定的规则和框架，该体系包括 11 个要素：领导和责任承诺、风险评估和管理、设备设计和施工、信息和文件、人力资源和培训、运营和维护、变更管理、第三方服务、事故研究和分析、社区意识和应急准备、审查和改进生产整合。这些问题涉及从新项目开始到持续运营期间涉及的安全、健康和环境管理问题。

3. 持续改进生产管理集成系统

按照综合生产管理体系制定的标准，对各作业单元的安全、防护、健康和环境进行检查，通过内部评估体系每年进行一次评估，并将检查结果报告管理部门，培训改进建议后应用，每 3 年恢复一次评估活动。这项活动由来自不同单位的工人组成的小组进行，评估活动持续数周。该系统在 15 年前已经改进，目前仍在改进和修订，以使其更加实用和有效。

4. 综合生产管理系统的有效性

埃克森美孚已将设备泄漏减少了 1/2 以上。此外，该系统显著提高了员工的安全系数。工厂工人的安全系数比实施综合管理体系前高出 10 倍以上。埃克森美孚的事故率逐年下降，生产更加稳定，投资回报率也远高于同行业平均水平。因为通过实施综合管理体系，他们的工作程序描述得更清楚，风险也更容易识别。

四、健康、安全和绩效目标

埃克森美孚的总体健康和安全目标是零损失和零疾病。埃克森美孚凭借其卓越的标准、优质的产品和良好的服务，在国际市场上建立了有影响力的声誉。记录的总事故率和工伤事故损失率降至历史最低水平。2006 年，埃克森美孚的环境石油泄漏事故数量降至历史最低。该公司还致力于全球气候变化和温室气体排放，以减少温室气体排放。与此同时，它支持开发新技术，以显著减少长期排放。

第五节　壳牌公司的安全理念和安全管理

荷兰壳牌公司是一家历史悠久的大型跨国集团公司。1999 年 6 月，长庆石油勘探局承揽了长北壳牌区块“长 1 井”和“长 2 井”的钻井、压裂和试气任务。在施工过程中，壳牌不仅为他们提供了科学的钻井技术和钻孔作业技术，还让他们学习了先进、系统的 HSE(职业健康安全管理体系)管理经验。

一、各级管理人员必须履行其对自己行动的承诺

壳牌要求各级管理人员，无论其职位如何，都要按照自己的承诺工作。在日常管理中，壳牌认为应通过以下措施来履行 HSE 承诺。

(1) 在所有项目的规划、评估和运营中，应优先考虑 HSE 的有效性。

(2) 每个人都担心事故。如果发生事故，公司高级管理层必须仔细研究事故的所有情况，并采取措施避免事故再次发生。参与所有事故的后续调查，并将所有事故通知所有壳牌人员。

(3) HSE 服务机构应配备经验丰富且称职的人员。这些员工可以将他们的技能和感知技能带到 HSE 现场管理中，并将 HSE 工作中获得的经验反馈给管理人员。

(4) 为建立和恢复 HSE 工作条件提供足够的资金。壳牌公司在长三角的环保投资超过 150 万元人民币，占总成本的 10%。

(5) 在起草日常指导文件时，HSE 问题将被列为最优先事项。

(6) 通过公共、商业和出版会议来扩展和促进安全。

(7) 确保所有工人都接受了系统的培训，使所有工人都能实现安全生产。

(8) 良好的 HSE 行为必须是雇用员工的基本条件。壳牌要求任何工作都必须按照程序进行，任何人都不能超越程序。

二、应严格执行标准和法规

公司的每个工厂管理人员都有工作标准和规范，办公室配备了各项工作的标准和细节。工作组织和检查不是由经理的职位决定的，而是严格按照规则进行的。“长 1 井”钻井开幕式后，壳牌公司主管认为，一些整改工作尚未完成，在整改之前，钻井无法继续。然而，中方人员认为，壳牌公司运营经理和总监已经允许钻井，但现场的壳牌公司主管仍然坚持，在按照标准完成整改之前，钻井无法正常进行。

壳牌现场监督首先验证标准，然后根据 HSE 管理计划提出工作要求。除了监督钻井、着陆和生产作业外，壳牌公司的监督主要集中在现场 HSE 管理上。例如：钻台上的一些裂缝和孔洞应该修复；电动制动绞车的冷却进气口应远离井口 7.5m，以满足一级爆炸试验要求；井区和营地内的所有电气房屋和设备应统一；高压燃气管道不得用电线连接，塔架必须有防坠落装置；变更现场驾驶员应接受防御性驾驶培训并取得合格证，安全带应安装在车辆座椅上；生活用水必须经防疫部门检查，饮用水必须经过处理；房间必须配备漏电保护、应急灯和烟雾探测报警器；等等。

三、风险分析和风险控制是主要的管理环节

风险分析和风险控制是整个 HSE 管理过程的主要内容，充分体现了事前预

防管理的思想，也是 HSE 管理中最重要的环节。壳牌认为，触电和起重事故的发生频率更高，因此它特别聘请阿曼国际培训中心的教员对所有参与该项目的员工进行培训。在运营期间，壳牌采取了以下措施加强风险管理：

（1）通过填写停止卡（事故安全控制卡）和运行前安全会议，分析和识别潜在风险和运行中的风险。

（2）制定详细的操作说明文件。每项工作都应事先编写计划和程序，以便每个操作人员都能了解自己的职责、工作内容和 HSE 注意事项，并在现场工作人员和 HSE 工作人员审查及签字后准备和开始工作。

（3）制定具体的控制措施。在 HSE 管理中，高风险作业被称为“顶事件”，发现危险的原因和可能的后果，并进行关键控制。

（4）演练所有类型的应急计划。

（5）卡系统的实施。壳牌公司规定，员工进入现场时，应收到代表自己身份的卡（也称为 T 卡）。当人员在现场时，该卡插入现场动态卡，当人员进入坑块时，该卡插入坑块的识别点，以标记所有人员的位置。

（6）对各种污染物进行认真处理。工业垃圾必须分类集中存放，所有生活垃圾必须用专用垃圾车包装并运至环保部门指定的垃圾处理场进行处理。工业废水必须通过在土壤井中放置不透水组织，以及在良好完工后使用砖和水泥制成的燃烧罐来处理。

第六节　思想政治工作在化工企业安全管理中的应用

安全是企业发展的基础，是企业发展的生命线。要实现安全稳定生产的目标，必须把无形的思想政治工作与有形的安全生产工作结合起来，使思想政治工作与安全生产相伴随。

一、员工思想上的安全隐患分析

“患生于所忽，祸起于细微。”在安保工作中，任何轻微的疏忽都可能导致不可估量的后果。思想隐患是看不见的，隐蔽性很强，不易发现和消除，其主要表现如下所示。

（1）习惯性违反。员工在特定工作和学习环境中的不良习惯是常见违规行为的一个重要因素。许多人没有真正意识到他们的危害性，认为这种违反行为不会导致事故。随着时间的推移，这种习惯变得自然，并使其成为工作中的一种习惯。

（2）失误。作业人员对操作漠不关心，容易发生低级安全事故。忽视系统的存在、不履行操作和职责、冒险、麻痹意识，导致悲剧发生在他们身边。

（3）反叛心态。在公司安全生产中，叛逆心理是指一些员工在正常情况下对公司的生产经营和正常管理或其态度和理解完全相反的心理现象。叛逆的安全心态是对当前主流管理领导力或企业文化所倡导内容的否定，这是不健康的心理行为和心理情绪。

（4）价值取向存在一定偏差。今天，由于受工人思想多样性和利益需求多样性的影响，一些工人偏离了中心价值的方向，降低了他们的职业认同。受社会不正之风、心理失衡、自私自利等因素的影响，安全观念没有共识，生产过程中忽视安全规章制度，忽视和听到周围的违法行为，成为事故的制造者和受害者。

二、员工思想安全隐患的防范与对策

营造良好的安全管理氛围是解决员工潜在思想安全风险的主要对策。良好的安全氛围能够感染、激励和约束人们，直接影响到公司的日常安全管理和员工的行为。要把思想政治工作中的宣传、教育、激励等有力手段贯穿于安全管理的全过程，努力营造良好的安全环境。

（1）牢固树立正确的安全思想和安全观念。要强化法制观念和职工责任意识，树立“不搞好安全环保就是失职”的思想，切实做到责任不放过、管理不放过、监督敢为。要提高安全意识，自觉遵守制度，严格遵守安全规定，以对自己、对家庭、对企业负责的态度，立足本职做好安全工作。充分发挥组织和广告的优势，加强广告宣传和安全理念的实施，加强员工教育，树立正确的全球视角、人生前景和价值观，提高员工对总体情况的认识。要经常调查分析职工思想状况，切实提高思想政治工作的针对性和实效性，为企业安全生产奠定坚实基础。

（2）结合本岗位实际，加强思想安全教育。安全生产中的思想政治工作既要符合公司实际，又要突出“主旋律”。要结合实际，突出特点，突出重点。对于企业领导人来说，必须提高决策层的安全生产意识，提高安全生产管理水平；对于公司的安全管理者来说，必须注重加强安全责任，促进企业安全生产的标准化；对于从事特殊作业的人员，必须提高应急处理能力；一线员工必须履行岗位职责，提高安全意识和安全素质。思想政治工作必须营造良好的氛围，使每个人都有安全感，创造安全的工作环境，激励干部群众的道德情操，激发工作积极性，增强职工的归属感和“自律”意识以共同确保安全。

（3）开展各种形式的广告宣传教育。就业保障思想教育必须从实际出发，与人、与地、与时相适应。根据员工需求，充分利用网络、电视、报纸、微博、微信等新媒体，开展安全经验分享、专栏宣传、视频教育、安全知识竞赛、安全讨论，对典型案例进行专题分析，积极宣传安全知识，加强安全生产教育活动。

（4）解决员工实际问题。当前，社会生活丰富多彩，思想活动的独立性和差异性日益突出，利益机制日益重要。因此，我们应该真正了解员工的想法和行为，有效地帮助员工解决实际问题，让员工降低思想负担，例如：增加对确认和报酬的投资，使工人能够在做出贡献的同时获得相应的报酬；让优秀的员工进入管理岗位，成为管理员工的团队；等等。

（5）加强效率管理和创新方法。在实际工作中，为了充分发挥思想政治工作的最大效能，必须不断创新方式方法，适应安全生产形势演变和企业发展的需要。思想政治工作必须深入生产线和工作全过程，根据员工的思想动态和工作表现，选择不同的角度和方法。当安全管理中的安全因素得到改善时，思想政治工作将成为重点。

总之，安全是公司永恒的主题，安全工作始终在路上。随着企业的发展和社会的进步，安全管理的不断完善和创新也为思想政治工作提供了广阔的空间和舞台。

参 考 文 献

[1] 张艳峰．中国石油安全生产管理的研究[D]．哈尔滨：哈尔滨工业大学，2011.